KB195315

절제 식단

절제 식단

저속 노화와 여성 건강을 위한
45일 간헐적 단식

신시아 서로우 지음

이솔 옮김

Intermittent Fasting Transformation

현익출판

추천사

"여성에게는 남성과는 다른 간헐적 단식이 필요하다! 신시아의 IF:45 프로그램은 당신이 아직 월경 중이든, 폐경주변기든, 폐경기이든 상관없이 에너지 수준을 높이고 수면의 질을 개선하며 체중 증가를 방지하고 그 어느 때보다 건강이 좋아지는 데 필요한 모든 것을 충족시켜 줄 것이다."

– 뉴욕타임스 베스트셀러 《JJ 버진의 777 다이어트》 저자
JJ 버진JJ Virgin

"간헐적 단식을 시작하면 하루가 다르게 몸 상태가 좋아진다. 젊음을 유지할 수 있고 심지어 우리 몸의 시간을 거꾸로 가게 할 수도 있다. 지금 이 책을 읽고 신시아 서로우가 소개하는 간헐적 단식을 시작해 보라."

– 《최강의 식사》 저자 데이브 아스프리Dave Asprey

"2019년 TEDx 강연이 입소문을 탄 후 신시아 서로우는 간헐적 단식 및 여성 건강 분야에서 최고의 리더로 자리 잡았다. 신시아의 저서는 여성을 위한 최고의 조언들을 한곳에 모았다. 간헐적 단식을 안전하게 할 수 있는 자신의 개인적인 경험과 함께 간호

사로서 전문성을 담아 간헐적 단식에 대한 효과적인 설명을 제
공한다."

– 뉴욕타임스 베스트셀러 《단식하라, 맘껏 먹어라,
반복하라 Fast. Feast. Repeat.》,《클리니쉬 Clean(ish)》,
《몸을 바꾸는 간헐적 단식 실천 가이드》 저자 진 스티븐스 Gin Stephens

"한번 읽기 시작하면 금세 빠져든다. 실제 삶에서 실천하기도 쉽
다. 신시아 서로우는 호르몬이 체중 감량에 미치는 영향과 간헐
적 단식이 여성에게 얼마나 중요한지 알기 쉽게 풀어내고 있다.
생활 속에서 실천할 수 있고 자신의 건강과 전반적인 웰빙을 한
단계 끌어올릴 수 있는 방법을 찾고 있다면 반드시 읽어야 할 책
이다."

– 베스트셀러 《팔레오 솔루션 The Paleo Solution》과
《와이어드 투 이트 Wired to Eat》 저자 롭 울프 Robb Wolf

"이 책은 여성 건강을 위한 완벽한 안내서이다. 저자 신시아는
이 책을 통해 단식의 치유 효과를 활용할 수 있는 훌륭한 45일
프로그램을 자세하게 소개하고 있다. 여성은 남성과는 다른 방
식으로 간헐적 단식을 실천해야 한다. 신시아는 모든 연령대의
여성이 올바르게 사용할 수 있는 방법을 공유한다. 많은 사람의
삶을 변화시킬 책이다!"

– 베스트셀러 《케토 플렉스 Keto Flex》 저자이자
케토 캠프 Keto Kamp 설립자 벤 아자디 Ben Azadi

"혼란스러운 팬데믹을 경험한 우리는 여성 건강을 최적화하는 데 도움이 되는 양질의 프로그램이 절실하다. 그 어느 때보다 신시아 같은 전문가의 노력이 필요한 때다. 신시아는 많은 사람의 삶을 변화시키고 수준 높은 과학적 사례를 남기는 데 헌신했다. 또 여성이 자신의 건강과 체중을 관리할 수 있는 틀을 제공하는 데 훌륭한 역할을 했다. 영양/비만 의학 및 노인 의학 분야 전문의 교육을 받은 의사이자 근육 중심 의학 연구소의 설립자인 나 역시 신시아의 연구를 지지하며 이 책이 독자들에게 소개될 기회가 주어져 매우 기쁘다."

- 정골 의학 박사이자 근육 중심 의학 연구소Institute for Muscle-Centric Medicine 설립자 가브리엘 리온Dr. Gabrielle Lyon

"획기적이고 심도 있는 연구를 바탕으로 집필된 이 책은 진정으로 여성에게 맞춤화된 유일무이한 다이어트 계획서다. 모든 여성이 노화를 늦추고 질병으로부터 자신을 보호하며 활기차고 건강한 기분을 느낄 수 있을 것이다."

- 과학자이자 《왜 아플까》 저자 벤자민 빅먼 박사Benjamin Bikman

나를 더 성장시켜 주고

상상할 수도 없었던

꿈을 이루도록 도와준

가족들에게 고마운 마음을 전한다.

목차

1부

건강한 몸과 건강한 호르몬

2부

간헐적 단식 라이프 스타일

3부

45일간의 변화

들어가며

우리는 기쁨, 활력, 의미로 가득한 삶을 원한다. 우리가 그런 삶을 살지 못할 이유도 없다. 지금 우리가 사는 시대의 기대 수명은 역사상 가장 높은 수준이며, 건강을 위한 생활 습관에 어느 때보다 많은 관심을 기울이고 있다. 과거보다 더 다양하고 풍부한 식사를 하고 있으며, 더 효과적이지만 이전보다 덜 힘들게 운동하고, 훨씬 더 풍요로운 삶에서 균형을 찾는 방법을 배우고 있다. 모든 것이 준비되어 있으니 앞으로 기대할 것이 너무 많다. 하지만 나이가 들면서 우리는 더는 예전처럼 젊고 활기차지 못하다는 느낌을 받는다. 내가 예전의 나처럼 느껴지지 않게 된다.

여러분도 이런 기분을 느껴 본 적이 있는가? 그렇다면 한 사람을 소개하고 싶다. 신시아 서로우는 오랜 시간 환자, 보호자, 다른 동료들의 요구를 처리해야 하는 상당한 업무 강도와 수준 높은 지식을 요하는 전문간호사^{nurse practitioner}(추가 교육 과정을 통해 얻은 상급 간호 지식과 기술을 수행하는 실무 간호사)로 일했다.

거기다 초등학생인 두 아들을 키우고 있었는데 바쁜 업무 때문에 아이들의 삶에서 일어나는 많은 일을 놓치고 있다는 생각에 밤에는 잠을 이루지 못했다. 아침이 되면 침대에서 일어날 기운도 없었다. 체중은 점점 늘어났고 스스로 뚱뚱하고 초라하게 느껴졌다. 좌절감으로 가득 찬 그녀는 계속해서 벅찬 삶을 이어 갔다. 영양 구성과 식단을 바꾸어 증상을 개선하기 위해 노력했지만 탄수화물을 너무 적게 섭취하고 운동을 너무 많이 하는 등 무리한 방법 때문에 오히려 건강은 점점 더 나빠졌다.

그 후 그녀는 심각한 장염을 겪었고 글루텐과 유제품에 민감해졌다. 신진대사와 기타 기능을 담당하는 갑상샘 건강도 나빠졌다. 적절한 수준으로 유지되어 정신을 또렷하게 하고 투쟁–도피fight-or-flight 응급 상황에만 추가로 분비되는 스트레스 호르몬인 코르티솔 수치는 만성적으로 높았다.

호르몬 측면에서는 폐경 전 5~7년 동안 호르몬 수치가 급격하게 변동하는 폐경주변기의 초기 단계에 있었다. 프로게스테론 수치는 떨어지고 에스트로겐 수치는 오르락내리락했다. 이러한 호르몬 변화로 체중은 더욱 늘어났고 음식에 대한 끊임없는 갈망이 생겼다. 거기다 생활 속 스트레스 요인으로 감정 기복은 더욱 가중됐다.

더 이상 참을 수 없었다. 그녀는 생활 방식을 바꾸기로 결심했다. 과도한 운동을 중단하고 대신 요가 같은 잔잔한 운동을 시작했으며 염증을 유발하는 음식은 식단에서 제거하고, 영양소를 충분히 섭취했다. 하지만 이런 노력에도 그녀의 체중은 변할 생각이 없었다. 단 0.5kg도 줄지 않았다.

결국 그녀는 갑상샘 기능 저하증 처방 약을 먹게 됐다. 약을 먹으면 마법처럼 살이 빠질 것이라고 믿었지만 결과는 마찬가지였다. 그녀의 담당 의사, 가족, 친구들은 위로랍시고 체중 증가와 기타 증상에 대해 "이제 40대잖아요, 이제는 이게 새로운 일상이에요"라고 말하기도 했다. 그녀는 낙담하고 지친 나머지 무엇을 어떻게 해야 할지 몰랐고 끊임없이 나빠지는 건강 상태 앞에 자포자기했다.

그녀는 바로 나였다. 아내, 엄마, 바쁜 의료인이라는 역할 속에서 스트레스 과다, 수면 부족, 탄수화물 섭취 부족이 쌓여 결국 한꺼번에 터졌다. 내 생활 방식은 더 이상 나와 맞지 않았다. 분명 도움이 필요했다. 결국 나는 모든 것을 바꿀 수 있는 간단한 해결책, 간헐적 단식을 시작했다. 간헐적 단식은 놀랍게도 내 몸을 치유하고 호르몬의 조화를 되찾게 해 주었으며, 다시금 내 삶을 스스로 통제할 수 있다는 놀라운 기분을 느끼게 해 주었다. 원하는 만큼 체중도 감량할 수 있었고, 덕분에 나는 이전보다 훨씬 더 건강해졌다.

그렇다면 간헐적 단식이라는 이 기적과도 같은 방법은 정확히 무엇일까? 이 책을 통해 배우겠지만 간단히 말해서 간헐적 단식은 먹는 양보다는 먹는 시간을 조절해 식사 횟수를 줄이는 전략이다. 처음에는 나 역시 회의적이었다. 너무 극단적이고 기존의 통념에 반하는 다이어트 방법처럼 보였기 때문이다. 하루 세끼 건강한 식사를 하고 영양가 있는 간식을 먹는 게 맞는 것 아닌가 하는 의문이 들었다.

그러나 이 질문에 대한 답은 놀랍게도 "그렇지 않다"이다. 많은 임상적 증거가 이를 뒷받침하고 있다. 이와 관련된 과학적 증거를 파고들어 연구하면서 간헐적 단식의 놀라운 이점에 대해 알게 되었다. 간헐적 단식은 생체 리듬을 회복하고, 지방을 연소하며, 세포 차원까지 건강을 회복시키고, 호르몬을 안정화한다. 결과적으로 비만, 당뇨병, 혈관 질환 및 자가면역 질환이 발생할 가능성이 줄어든다. 또 내가 자주 사용하는 용어인 '신진대사 비유연성'도 예방할 수 있다. 신진대사가 유연하지 않으면 지방이나 탄수화물을 효율적인 에너지로 사용하는 데 어려움을 겪게 되고 인슐린 저항성, 고혈압, 염증 및 기타 질환과 같은 대사성 질환에 걸릴 확률이 높아진다.

이렇게 새로운 사실을 알게 된 나는 흥분을 감출 수 없었다. 그리고 몸 상태가 너무 좋지 않고 어떤 방법으로도 원하는 결과를 얻지 못했기 때문에 뭔가 다른 방법을 시도해야 한다고 생각했다. 그래서 나 자신을 유일한 실험 대상자로 삼아 간헐적 단식을 테스트해 보기로 했다. 그 결과는 놀라웠다. 지긋지긋하던 체중 감량에 마침내 성공했다. 미쳐 날뛰던 호르몬의 균형이 잡혔고, 이전보다 더 활기차게 변했으며, 집중력이 더 높아졌다. 음식을 먹거나 소화하지 않아도 되니 아침에 더 많은 일을 해낼 수 있었다. 그뿐만 아니다. 더 이상 식사와 간식 계획을 세우는 데 시간을 보내거나 일정을 바꾸는 일이 없어져 하루를 더 생산적으로 살 수 있었다. 간헐적 단식은 내 삶을 변화시켰고, 나와 마찬가지로 다른 여성들의 삶도 변화시킬 수 있다는 사실을 깨닫게 해 주었다. 이 모든 것 덕분에 IF:45 프로그램을 만들 수 있었다.

독특한 프로그램인 IF:45는 여성을 위해 특별히 고안된 간헐적 단식 방법으로 각각의 사람에게 개별화된 접근 방식을 취한다. 여성은 남성과는 다른 독특한 해부학적 구조와 생리학적 기능을 가지고 있다. 이 모든 것은 호르몬과 관련이 있는데, 호르몬은 매일매일 달라지며 폐경 전, 폐경주변기, 폐경 이후 등 삶의 단계에 따라서도 크게 달라진다. 간헐적 단식에는 천편일률적인 전략이 없다. 이것이 IF:45 프로그램이 다른 식이 요법과 차별화되는 점이다.

나의 사명

나는 IF:45 프로그램을 통해 많은 여성이 더 나은 삶과 건강을 가질 수 있도록 돕고 있다. 이는 현재 나의 전문 분야이자 주요 커리어이다. 하지만 이 자리에 오기까지 많은 우여곡절이 있었다. 먼저 나는 전문 간호사, 즉 성인 일차 진료 대학원 학위를 취득한 공인 간호사이다. 환자를 살펴보고, 진단을 내리고, 병원에 입원시킨다. 의사처럼 약을 처방하고 환자를 치료한다. 1990년대에는 아무도 예상하지 못했지만 이 분야가 최근 들어 인기를 얻었고, 오늘날에는 전문간호사가 많은 사람의 건강을 관리하고 있다.

나는 처음부터 의학 분야에서 경력을 쌓을 생각은 없었다. 처음에는 변호사가 되기 위해 법학을 공부하려던 학생이었다. 좋은 성적을 받았고 법 공부를 좋아했지만, 법조인이 되고 싶지는 않았기 때문에 그 길을 선택하지 않았다. 그 후 컴퓨터 회사에서 일하기도 했는데 정말 힘든 시간이었다. 인생을 그런 식으로 살 수는 없겠다고 판단했다.

내가 건강 관리 분야로 커리어 방향을 전환한 것은 반려견 때문이었다. 나는 항상 개를 키우고 싶었고, 마침내 개를 키울 수 있게 되었다. 사랑하는 반려동물의 건강을 돌보면서 내가 인간과 동물을 포함한 모든 생명체의 건강을 돌보는 일을 얼마나 좋아하는지 깨닫게 되었다. 그래서 다시 학교로 돌아가 의예과(의학전문대학원 이전 학부 과정) 수업을 듣기로 결심했다. 반려동물 때문에 인생이 바뀔 수 있다는 것이 새삼 놀랍기도 하다.

하지만 의예과에 진학한 후 진로는 다시 한번 바뀌었다. 우연히 한 교수님이 나에게 이렇게 말씀해 주셨다. "의학전문대학원에는 가지 마라. 정말 힘들 거야. 대신 전문간호사가 되는 걸 생각해 보렴." 그 조언이 마음에 와닿았고 맞는 말 같았다. 나는 간호사와 의사 집안에서 태어났으니까 말이다. 간호사란 나에게 가업과 같은 일이었다. 마침내 전문간호사가 내 천직이라는 것을 깨달았고, 내 커리어의 궤도가 완전히 바뀌었다.

마침내 스스로에 대한 명확한 비전이 생겼다. 나는 나 자신이 가치 있고 유능하며 의료 분야에서 변화를 일으킬 수 있는 사람이라고 믿었다. 그리고 결국 존스홉킨스대학교에서 학부와 대학원 학위를 모두 취득했다. 처음에 존스홉킨스를 선택한 이유는 HIV와 에이즈 연구에 관심이 있었기 때문이었고, 존스홉킨스의 명망 있는 HIV 병동에서 학생 인턴으로 일하게 되었다. 일은 보람있었지만 모든 것이 조금 느리게 진행되었다. 나는 아드레날린 중독자라서 좀 더 빠르게 움직이는 업무 환경이 필요했다. 그래서 빠르게 새로운 상황에 대응해야 하는 응급실 간호사로 취직했다.

또 나는 심장 치료 분야에 열정이 있었기에 전문간호사로 심장내과에서 일하기 시작했다. 모든 것이 마음에 들었다. 하지만 한 가지 아쉬운 점이 있었다. 임상 의학 분야에서 경력을 쌓는 동안 대부분의 환자가 병이 나아지기는커녕 더 심해지는 것이 신경 쓰였다. 생명을 위협하는 급성 질환과 응급 상황에 대한 서양 의학의 접근 방식이 효과적이라는 것은 부인할 수 없었지만, 만성 질환을 예방하는 부분은 완전히 무시되고 있었다.

이 무렵 나는 결혼을 하고 첫째 아이를 낳았다. 아이가 생후 4개월이 되었을 때, 모유만 먹였는데도 아들에게 끔찍한 습진이 생겼고 치료할 수 없을 정도로 상태가 악화되었다. 여러 가지 크림을 처방받았지만 그 어떤 것도 도움이 되지 않았다. 나는 습진을 치료할 수 있는 방법을 찾아야 했고, 치료법을 찾을 때까지 멈출 수 없었다. 끈질긴 연구를 통해 나는 아들의 습진이 장 건강이 좋지 않은 데서 시작해 더 깊은 내부 불균형에서 비롯되었을 가능성이 크다는 사실을 발견했다. 나는 아이의 식단을 전혀 가공되지 않은 자연식품과 영양이 풍부한 식품으로 바꿨다. 모든 음식은 내가 직접 만들었고, 시중에서 파는 음식은 하나도 먹이지 않았다. 그 결과 아들의 피부는 다시 깨끗해졌다. 또 아이에게 생명을 위협하는 음식 알레르기가 있다는 것을 알게 되면서 많은 건강 문제가 음식 선택에서 비롯될 수 있다는 사실을 깨달았다.

나는 질병을 치료하는 기존의 의학적 접근 방식에 의문을 품게 되었다. 시간이 지남에 따라 약물 처방에 점점 더 회의를 느꼈고, 영양이 건강과 웰빙에 미치는 영향에 더 많은 관심을 두게 되었다. 환자들이 만성적으로 병에 걸리는 이유를 알고 싶었기에 더 많은 조사를 했다. 이내 나는 질병이 만성 질환으로 발전하기 전에 예방하고 치료할 수 있는 방법을 찾기 시작했다. 박사 학위 취득을 고려했지만 대신 웰니스 코칭 자격증을 취득했다. 그러던 중 기능에 초점을 맞춘 영양 프로그램을 발견하게 되었고, 그것으로 환자를 도울 수 있다는 확신을 얻게 되었다. 나는 이 프로그램에 빠져들었고, 결국 중요한 선택을 해야 할 때라고 판단했다. 나는 전문간호사 일을 그만두고 개인 클리닉을 시작하기로 결심했다. 인생에서 가장 잘한 결정 중 하나였다. 결국 성공적인 비즈니스를 구축하게 되었고, 지금은 수천 명의 여성과 함께 일하고 있다. 나는 여성의 건강과 영양, 간헐적 단식에 대한 강연 요청을 자주 받는다. 2018년에 한 번, 2019년에 한 번 TEDx 강연을 진행했다. 두 번째 TEDx 강연인 '간헐적 단식: 혁신적인 기술'은 입소문을 타고 1500만 회 이상의 조회수(2024년 10월 기준)를 기록했으며, 어느새 간헐적 단식과 여성 건강 분야의 리더가 되었다. 많은 관심과 응원에 감사하며, 스스로 겸손해질 수 있는 시간이었다.

건강의 끝자락에 서 있다고 느끼는 여성들을 안내하고 보살피는 특별한 직업을 갖게 된 것에 감사한다. 이런 기분이 드는 것은 지극히 정상적인 일이다. 특히 기존 의료 기관에서 원하는 답을 얻지 못했을 때는 더욱 그렇다. 여러분에게는 건강 관리에 대한 다른 접근 방식, 즉 안전하고 효과적인 선택지를 통해 삶을 최대한 활용할 수 있는 방법이 필요하고 또 그런 방법을 알 자격이 있다. 이러한 방법을 제공하는 것이 내 인생의 사명이자 소명이 되었다.

나는 우리 모두의 건강한 노화를 지원하고 교육하는 독특한 일대일 프로그램과 그룹 프로그램을 만들었다. 영양, 라이프 스타일, 심신 수련 및 기타 도구를 통해 우리 인생에서 가장 건강하고 유익한 단계로 나아가는 새로운 길을 제시할 방법을 연구 중이다.

우리가 먹는 음식과 먹는 시기, 그리고 체중, 건강, 웰빙의 개선 사이에는 매우 강력한 관계가 있다. 내 몸에 귀를 기울이고 간헐적 단식을 통해 건강을 회복할 수 있다는 사실을 깨닫는다면 힘이 될 것이다. 내 열정은 여러분과 같은 여성들이 간헐적 단식과 영양의 치유력을 통해 건강을 찾도록 돕는 것이며 앞으로도 그럴 것이다.

당신의 여정

지금부터 여러분과 내가 함께할 여정을 소개한다. IF:45는 몇 달 후가 아닌 단 45일 만에 체중을 감량하고 건강을 개선할 수 있는 혁신적인 경험에 참여할 기회다. 45일이라는 시간이 여러분의 삶을 바꾸고 라이프 스타일을 변화시킬 것이다. 신진대사와 생체 리듬을 재설정하고, 호르몬의 균형을 되찾고, 에너지를 높이고, 참을 수 없던 식욕에서 해방되고, 체중을 줄이고, 만성 증상을 개선할 수 있다. 간헐적 단식은 먹는 음식, 먹는 시간, 휴식과 회복 방법 등 몇 가지만 바꾸면 빠르게 건강을 회복할 수 있는 솔루션을 제공한다.

간헐적 단식에 접근하는 방법은 개인마다 다를 수 있다. 모든 여성은 '생물 개체성'이라고 하는 고유한 생화학적 프로필을 가지고 있다. 이는 나이, 성별, 인생의 단계 및 기타 요인에 따라 달라지며, 호르몬, 신진대사 및 기타 특정 건강 요구 사항 등을 의미한다. 우리는 모두 고유한 개성을 가지고 있으며, 이 프로그램은 각자의 생물 개체성에 맞춰 다양하게 설계되었다. 이것이 IF:45가 다른 형태의 간헐적 단식과 다른 주요 이유 중 하나이다.

지난 몇 년 동안 나는 이 프로그램을 통해 천 명 이상의 여성을 지도했다. 대부분의 고객이 체중 감량을 목표로 이 프로그램을 시작했지만, 노화 방지와 그 이상의 건강상의 이점 때문에 이 프로그램을 계속해서 이어 나갔다. 단순한 프로그램을 넘어 하나의 라이프 스타일로 자리잡게 된 것이다.

다음은 최근 진행한 간헐적 단식 마스터 클래스에 참여한 여성들의 후기 중 일부이다.

"저는 총 3.5kg을 감량했어요. 옆구리살의 80%가 사라졌어요. 몸이 더 조화로워진 느낌이고 이제는 장기간 단식도 문제없이 할 수 있게 되었어요. 직장에서 피자와 사탕 등도 거절할 수 있게 됐죠. 더는 피로를 느끼지 않게 된 것도 많은 도움이 되었어요. 단 3주 만에 신체적, 정서적, 정신적으로 완전히 달라졌어요."

"수업을 시작한 후 수면의 질이 높아졌고, 음식을 더 신경 써서 먹게 되었으며 체중은 3kg이나 줄었어요. 58세 갱년기 여성인 제 삶이 순식간에 변화되었죠. 건강을 위해 노력하는 것은 그만한 가치가 있는 일이에요."

"배고픔을 느끼지 않게 되어 만족감을 느낍니다. 대신 건강한 음식에 대한 갈망만 있을 뿐이죠. 혈당 수치도 정상화됐어요. 수면의 질이 좋아져서 밤새도록 잠을 잘 잘 수 있게 되었어요. 에너지가 너무 넘쳐서 러닝머신 걷기 강도를 더 늘릴 정도예요."

"저는 드디어 설탕 중독에서 벗어났어요. 정신이 맑아졌고요. 말하다 중간에 단어를 잊는 일도 없어졌고 체중도 줄었습니다."

"간헐적 단식 덕분에 걷기, 심호흡, 녹차 마시기 등 아침 루틴을 할 수 있는 시간이 생겼어요. 건강 상태가 좋아졌고 불안감이 줄어들어 온라인 비즈니스 구축에 온전히 집중할 수 있게 되었죠. 간헐적 단식 이후 9kg을 감량해 목표 체중에 도달했습니다."

IF:45 프로그램

이 여성들이 실천했던 IF:45 프로그램은 세 단계로 나뉜다. 1주간의 준비 단계인 도입 단계에서는 식료품 저장실을 정리하고, 글루텐과 유제품을 제거하고, 간식을 끊고, 지방 연소를 촉진하는 식품을 선택하는 방법을 알려 준다. 이 간단한 실천만으로 체중이 감소하는 것을 바로 확인할 수 있을 것이다. 피로, 복부 팽만감, 기타 장 문제, 흐릿한 사고의 원인이 되었던 음식을 제거하는 것만으로도 다시 활력을 되찾을 수 있다. 그리고 본격적인 건강 개선이 시작된다.

다음 단계인 최적화 단계에서는 월경 중인지, 폐경주변기인지, 폐경기에 접어들었는지, 폐경기가 지났는지에 따라 나에게 맞는 단식과 식사 기간을 설정한다. 다량영양소(단백질, 탄수화물, 지방) 구성을 결정하고 식사 시간을 정하는 방법을 배운다. 프로그램 첫 주에는 체중 감소에 만족했다면 이번 단계에서는 체중 감소, 식욕 조절, 수면 패턴 안정화, 호르몬 안정화, 정신적 명료성 향상, 에너지 수준 향상, 소화 기능 강화 등 전반적인 건강 상태가 더 극적으로 개선되는 것을 느낄 수 있고 만족스러운 결과를 얻게 된다.

그 후 마지막 단계인 1주일간의 조정 단계에서는 패스팅 윈도우 확대, 단식 시간 다양화, 탄수화물 사이클링 등 고급 전략에 대한 지침을 제공한다. 지금까지 경험한 모든 이점은 이 단계에서도 계속 유지될 것이며 훨씬 더 극적으로 나타날 것이다. 앞서 말했듯이 간헐적 단식을 한번 시작하면 이 라이프 스타일에 푹 빠져서 계속 유지하고 싶어진다. 따라서 유지 관리를 전략적으로 실천할 수 있는 방법도 함께 소개한다. 몸의 긍정적인 변화와 함께 IF:45는 자연스럽고 쉬운 생활 방식이 될 것이다!

이 책은 여러분의 건강 상태를 개선하고 더 나은 삶을 살 수 있도록 도울 것이다. 지금까지 요약한 이점은 간헐적 단식 프로그램을 통해 여러분에게 충분히 일어날 수 있는 일들이다. 간헐적 단식의 원리에 대해 자세히 설명하고 우리 몸이 호르몬과 어떻게 협력하고 있는지 흥미로운 자료를 함께 다룰 것이다. 간헐적 단식이 체중, 다양한 질병과 전반적인 건강에 어떤 영향을 미치고 있는지 소개한다.

후반부에서는 맛있는 레시피와 따라 하기 쉬운 식사 계획으로 최상의 결과를 위해 무엇을 먹어야 하는지를 배운다. 세 단계의 세부 사항을 자세히 살펴보고 각 단계에 맞는 프로그램을 맞춤화하여 실행에 옮길 수 있도록 도와줄 것이다. 여러분이 영감을 얻고 흥미를 느끼며 성공할 수 있도록 모든 단계에서 코칭을 제공한다.

이 책을 읽으면서 여러분이 따를 프로그램과 일, 그 이유에 익숙해지는 것이 좋다. 이전에 누구도 알려 주지 않았던 새로운 정보가 담겨있으니 열린 마음으로 모든 내용을 읽어 보길 권한다. 더 이상 건강상의 문제를 체념하고 포기할 필요가 없다는 사실을 깨닫고 안심하길바란다. 충분히 바뀔 수 있다.

이 프로그램은 유연한 것이 특징이므로 프로그램을 실천하는 동안스스로 여유를 가져야 한다. IF:45는 해야 할 것과 하지 말아야 할 것이많은 딱딱한 계획이 아니다. 간헐적 단식에 익숙해지면 간헐적 단식이평생 활용할 수 있는 전략이라는 것을 깨닫게 될 것이다. 나는 여러분이 처한 상황을 이해하는 사람이라는 걸 기억하라. 나 역시 전통 의학

만으로는 충분하지 않았던 시절에 내 몸에 대한 해답을 간절히 찾던 여성이었다. 살이 찌고 항상 기운이 없었다. 패배감에 휩싸여 절망과 싸우던 그 시절을 잊을 수 없다. 하지만 내 말을 들어보라. 나는 여러분을 지원하고 에너지 부족, 체중 증가, 음식에 대한 갈망과 관련된 문제를 가장 잘 이해할 수 있는 사람이다.

45일 동안 체중을 감량하고, 식욕을 억제하고, 몸에 활력을 불어 넣고, 변화한 일상을 마음껏 행복하게 살아 보길 바란다. 이제 여러분에게 다음과 같은 질문을 던지겠다. 바뀔 준비가 됐는가?

신시아 서로우

1부

건강한 몸과
건강한 호르몬

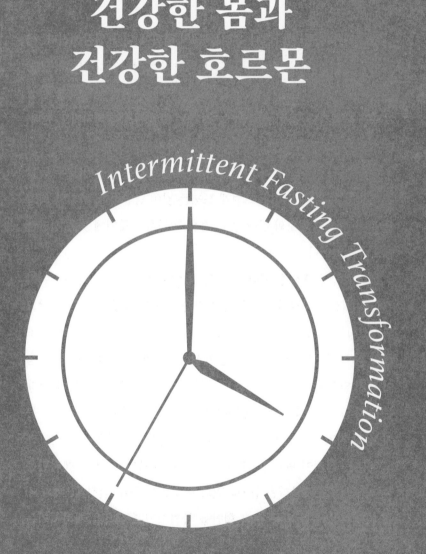

Intermittent Fasting Transformation

1장 왜 간헐적 단식인가?

30대와 40대를 지나면서 우리는 몸의 변화에 더욱 민감해진다. 체중이 늘고 식욕이 증가하며, 침대를 박차고 일어나기가 힘들어진다. 속이 더부룩하고 깊은 잠에 들지 못하며 자주 머리가 멍해지고 감정 기복이 심해진다. 몸이 급격히 늙어 가는 느낌에 불쾌해지기도 한다. 받아들이기 어렵고 절망스러우며 무섭기까지 한 변화다.

이해한다. 정말이다. 나 자신과 내가 도운 수많은 여성이 모두 똑같은 경험을 했기 때문이다. 그렇게 느끼는 것이 당연하다. 하지만 희망을 품자. 예전의 외모와 건강, 맑은 정신, 활력을 되찾기에 늦은 시기란 없으니까 말이다.

헤더의 경우가 좋은 예다. 54세의 나이에 나를 찾아온 헤더는 이미 4년 전 폐경이 시작되었고 힘든 시간을 보내고 있었다. 그녀는 낮고 의기소침한 목소리로 이렇게 말했다. "아무것도 소용이 없었어요. 조금씩 자주 먹어도 봤고 칼로리를 계산하면서 먹어 보기도 했죠. 도움이 되지 않을까 생각하며 운동도 미친 듯이 해 봤어요. 하지만 몸무게는 줄지 않더라고요. 살이 찐 뒤에 얼마나 지치고 나이 든 느낌이 드는지, 정말 지겨워요. 솔직히 이제는 더 이상 희망도 없어요."

헤더는 심지어 펜터민이라는 약까지 복용했다고 한다. 펜터민은 "어퍼upper라고도 불리는 암페타민과 비슷한데, 중추 신경계(신경과 뇌)를 자극하여 심장 박동 수와 혈압을 증가시키고 식욕을 저하시키는 약물이다. 그러나 불면증과 두통, 어지러움, 위험한 수준의 고혈압, 가슴 통증, 호흡 곤란 등 경도에서 중증도까지 이르는 치명적인 부작용을 유발할 수 있다. 나는 헤더에게 내가 생각하는 최고의 다이어트 방법이자 폐경기를 건강하게 헤쳐 나가는 방법, 약물을 처방받지 않고도 자연스럽게 체중을 감량할 수 있는 방법을 소개했다. 내가 준비한 프로그램은 그녀가 겪고 있는 증상을 완화하고 다시 젊고 생기 있는 삶을 살 수 있도록 설계되어 있다고 설명했다.

이야기를 들은 헤더의 얼굴에는 화색이 돌았다. 그녀는 전력을 다해 프로그램에 참여할 준비가 되었다. 식습관을 바꾸며 조금씩 간헐적 단식을 시작했다. 첫 8주 동안 약 5kg을 감량한 것을 시작으로 다이어트에 성공할 수 있었다. 물론 만족스럽지 못하거나 허기지거나 피곤한 느낌 없이 말이다. 현재 헤더는 그 나이에는 불가능할 것으로 생각했던 수준의 활력과 자신감을 유지하고 있다.

여러분 역시 헤더처럼 일반적인 다이어트 방법, 예를 들어 칼로리를 계산하고, 적은 양의 식사를 자주 먹거나 아침을 챙겨 먹는 등 지금껏 익히 들어 온 방법들을 시도해 봤을 것이다. 몇 kg 정도 쉽게 감량했을 수도 있지만 금세 정체기를 맞이하거나 요요 현상을 겪거나 감량한 체중을 꾸준히 유지하기 힘들었을 것이다.

아니면 다른 걱정스러운 증상이 나타났을 수도 있다. 예를 들어 잠을 자도 개운하지 않거나 아침에 일어나 활동을 시작하기까지 많은 시간이 필요했거나 여기저기 자주 아프고 몸이 쑤셨을지도 모른다. 아니면 예전처럼 맑은 정신으로 생각하기가 어렵거나 자주 깜박하는 상태가 이어졌을지도 모른다. 어느새 내 몸이 변하고 있는 것만 같다. 참으로 절망적이고 화나는 상황이다. 다시 건강을 회복하고 싶어도 이런 상황에서는 포기해 버리기 쉽다. 여성들은 '통념'이라는 이름으로 건강과 체중 감량에 대한 잘못된 충고를 수없이 들어 왔다. "더 많이 운동하고 더 적게 먹어라" 같은 통념이 대표적이다. 하지만 이 방법으로 나는 아무런 효과를 보지 못했고 오히려 정반대의 결과만 얻었다. 오히려 체중은 늘었고 당시 내 몸 상태는 더 안 좋아졌다. 여기 중요한 점이 있다. 자책하지 마라. 여러분이 아닌 통념이 잘못된 것이다. 그리고 그 '통념'은 다음의 신조를 중심으로 구성된다.

- 잘못된 신조 1: 가장 중요한 것은 칼로리 섭취량과 소모량이다

만약 체중을 감량하거나 유지하기 위해 끊임없이 칼로리를 계산하고 있었다면 엉뚱한 데 신경을 쓰고 있었던 것이다. 지방 감소와 체중 조절, 건강을 위해 중요한 것은 우리가 섭취하는 단백질, 탄수화물, 지방의 질이지 칼로리가 아니다. 즉 비타민, 무기질, 식이 섬유 등 인간에게 필수적인 영양소를 골고루 섭취할 수 있는 건강한 음식을 먹는 것이 중요하다. 사탕, 과자, 탄산음료 같은 정제 탄수화물이나 빵과 같은 질 나쁜 음식은 체중을 증가시키고 다른 증상도 발생시킨다. 하지만 이는 칼로리 때문이 아니라 몸이 지방을 저장하도록 하는 일련의 반응을 일으키기 때문이다. 이런 음식은 빠르게 당으로 분해되고 이에 대한 반응으로 췌장에서는 인슐린이라는 호르몬이 높은 수준으로 분비된다. 인슐린은 마치 지방 세포를 위한 비료와 같아서 세포가 칼로리를 지방으로 전환하도록 돕는다.

또 다른 문제는 칼로리를 과도하게 줄이면 우리 몸이 이에 반발한다는 것이다. 음식과 에너지를 더 오래 유지하기 위해 신진대사가 느려지고 허기를 더 자주 느끼게 된다. 이는 포만감과 관련된 호르몬인 렙틴과 그렐린의 활동을 방해하기도 한다.

- 잘못된 신조 2: 아침 식사는 세끼 중 가장 중요하다

수많은 잘못된 연구와 시리얼 마케팅 덕분에 우리는 아침을 먹는 것이 건강에 좋다고 믿게 되었다. 아침 식사를 거르는 건 좋지 않은 생활 습관이며 당뇨와 체중 증가를 비롯한 다른 건강 문제를 일으킬 수 있다고 생각하게 된 것이다. 하지만 진실은 이렇다. 아침 식사의 이점에 대한 근거는 많지 않다. 실제로 1990년부터 2018년 사이 발행된 임상 시험 13건을 분석한 한 논문은 이렇게 결론을 내렸다. "아침 식사를 식단 계획에 넣는 것은 기존 아침 식사 습관 유무와 상관없이 체중 감량을 위한 좋은 전략이 아닐 수도 있다. 정반대의 효과를 낼 수 있기 때문에 성인 체중 감량을 목적으로 아침 식사를 추천하는 것에는 주의가 필요하다." 해당 연구는 아침 식사를 거르는 사람들이 아침 식사를 챙기는 사람들보다 체중이 적게 나갔다는 사실을 함께 밝혔다. 이처럼 아침 식사를 거르는 것은 괜찮은 일이다. 괜찮을 뿐 아니라 많은 이점이 있는 좋은 방법이다.

- 잘못된 신조 3: 언제 먹는가보다 중요한 것은 무엇을 먹는가이다

무엇을 먹느냐는 중요한 문제다. 건강하고 영양가 있고 가공되지 않은 음식을 먹는 것이 좋다. 하지만 진짜 차이를 만들어 내는 것은 언제 먹는가이다. 여기서 말하는 '언제'에는 식사 시간을 개개인의 생체 리듬과 맞추는 과정을 포함한다. 생체 리듬이란 수면 주기와 여기에 관련된 모든 호르몬과 신진대사 관련 과정을 통제하는 복잡한 생리적 시스템을 말한다. 간헐적 단식은 생체 리듬과 신진대사를 조정해 인슐린 감수성, 심혈관 위험 인자, 뇌 건강, 전반적인 질병 위험, 그리고 과체중과 비만 등의 건강 지표를 개선한다.

체중 감량과 관련된 딱 맞는 사례가 있다. 10주 동안 사람들을 두 그

룹으로 나눠서 한 그룹은 평소보다 90분 늦게 아침을 먹게 하고 저녁은 90분 일찍 먹도록 했다(이에 따라 식사 시간이 달라졌다). 이들은 음식을 먹을 수 있는 시간에는 무엇이든 먹고 싶은 대로 먹었지만, 평소대로 식사를 한 사람들보다 두 배나 되는 체지방을 제거할 수 있었다. 이처럼 먹는 시간은 매우 중요하다. 먹는 타이밍이 건강한 체중과 질병 예방의 핵심이다.

- 잘못된 신조 4: 조금씩 자주 먹으면 체지방을 태울 수 있고 혈당을 안정시킬 수 있다

우리는 이 이야기를 얼마나 많이 들어 왔는가? 많은 사람이 조금씩 자주 식사하면 신진대사가 활발해지고 이에 따라 우리 몸은 전반적으로 칼로리를 더 많이 태우게 되며 허기를 참을 수 있게 된다고 알고 있다. 하지만 이것 역시 사실이 아니다. 다음은 이에 대한 증거 중 하나다. 오타와대학교의 연구에 따르면 세 끼 식사를 여섯 끼로 나누어 열량을 제한하는 식단은 체중 감량에 아무런 도움을 주지 못했다. 또 다른 연구에 따르면 식사를 세 끼에서 여섯 끼로 바꿨다고 해서 열량 소비나 체지방 감소가 더 활발해지지 않았다. 식욕 조절과 관련해서도 하루에 여섯 끼를 먹었을 때 허기가 감소했다는 근거는 없었다. 반면 한 번 식사할 때 더 많이 먹고 덜 자주 먹으면 전반적인 허기가 감소할 것이며 더 배부른 느낌이 들 것이다.

몇 년 전 나는 카렌이라는 보디빌더와 함께 일했다. 다른 보디빌더들과 마찬가지로 카렌 역시 체중을 감량하고 건강한 상태를 유지할 수 있는 유일한 방법은 하루 동안 먹는 양을 여섯 끼로 나누어 먹는 것이라고 믿고 있었다. 하지만 카렌에게 이 방법은 효과적이지 않았다. 오히려 카렌은 계속해서 식사를 준비해야 했고 지나치게 식단에 집착하게 되었으며 이는 폭식으로 이어졌다. 나는 카렌에 IF:45 프로그램을 소개했고, 결과는 성공적이었다. 카렌은 내게 이렇게 말했다. "간헐적 단식은 제 삶을 완전히 바꾸어 놓았고 덕분에 음식 섭취에 대해 정말 많은 것을 배웠어요. 활력이 생겼고 피부도 좋아지고 잠도 잘 자요. 더 이상 음식에 매이지 않는 삶을 살고 있어요."

이렇게 케케묵은 신조 때문에 한 세대뿐 아니라 다음 세대까지 비만 인구가 이어지고 있다. 신진대사 건강은 악화되었고 삶의 질을 저하하는 질병은 더 많이 늘어났다. 그리고 이러한 건강 위기는 유행병에 가까운 비율로 엄청나게 많은 여성에게 영향을 미치고 있다. 국립보건통계센터National Center for Health Statistics의 자료에 따르면 지난 수십 년간 20세 이상 여성의 비만 유병률은 25.5%에서 40.7%로 증가했다. 2019년 발표된 학술 논문에서는 2030년경 미국 대중의 25% 이상이 중증 비만으로 분류될 것이며 이는 여성에게 흔하게 발생하는 비만 단계가 될 것이라고 밝혔다. 그리고 비만은 심장 질환, 2형 당뇨, 여러 형태의 암, 우울증 등 삶을 위협하는 다양한 질병의 원인이 된다.

이제는 우리 모두가 과체중과 비만, 건강 관련 문제를 해결하는 데 노력을 기울여야 할 때다. 간헐적 단식은 이 문제 해결에 큰 부분을 차지할 뿐 아니라 건강과 체중 문제에서 벗어날 수 있는 명확한 방법을 제시할 것이다.

간헐적 단식은 무엇인가?

간헐적 단식이란 간단히 말해 자주 먹지 않는 것이다. 일정하게 정해 둔 '피딩 윈도우feeding window' 시간에만 음식을 먹는 것을 말한다. 피딩 윈도우 동안에는 칼로리를 신경 쓰지 않고 단백질, 건강한 지방, 비전분성 탄수화물 등을 섭취한다. 대신 언제 먹고, 언제 단식할지를 신중하게 결정하고 의도적으로 한 끼 혹은 여러 끼의 식사를 생략하기로 정해야 한다.

널리 사용되는 간헐적 단식 방법은 크게 세 가지다. 첫째는 하루는 먹고 다음 날은 단식하는 격일 단식, 둘째는 일주일에 이틀을 단식하고 5일을 먹는 5:2 간헐적 단식, 셋째는 자는 시간을 포함해 하루 12~16시간 이상 음식을 섭취하지 않으며, 그 후 지정된 시간 내에 식사를 즐기는 일일 시간제한 단식이다.

내가 운영하는 IF:45 프로그램은 시간제한 식사법으로 16:8 간헐적 단식(16시간 단식, 8시간 식사 가능)이라고도 알려져 있다. 가장 간단하게 실천할 수 있으며 모든 연령대의 여성이 무리 없이 할 수 있는 방법이다. 이 방법을 이용하면 월경, 폐경주변기, 폐경기, 그리고 그 이후 등 개인에게 맞는 식사 시간과 단식 시간을 조절하고 관리해 호르몬 균형을 유지할 수 있다. 또 단식 기간이 길지 않아 부담감도 적다. 조금씩 실천해 보고 몸이 단식에 익숙해지면 점차 시간을 늘려 나가면 된다.

많은 연구를 통해 시간제한 식사법은 식단을 관리하는 다른 다이어트 방법과 달리 중도 포기율이 낮은 것으로 밝혀졌다. 즉 이는 누구나 쉽게 적응해 원하는 만큼 지속할 수 있다는 것이다. 내가 운영하는 프로그램 역시 식사 가능 시간 내에 다양하고 영양가 있는 음식을 섭취할 수 있도록 안내한다. 무엇보다도 16:8 간헐적 단식은 건강에 미치는 이점, 특히 여성을 위한 이점이 많다는 사실이 입증되었다.

대부분의 사람은 간헐적 단식이 최근에 유명해진 새로운 다이어트 방법이라고 생각한다. 그러나 실제로 간헐적 단식의 역사는 우리가 기억하지 못하는 시점까지 거슬러 올라간다. 간헐적 단식은 고대 활동

패턴과 깊이 연관되어 있다. 생각해 보라. 선사 시대나 고대 사람들은 적절하게 시간을 나누어서 하루 세끼 균형 잡힌 식사를 하거나 중간중간 간식까지 챙겨 먹지 않았다. 오늘날처럼 끊임없이 또 쉽게 음식을 먹을 수 있는 환경이 아니었기 때문이다. 음식을 구하기 어려울 때는 어쩔 수 없이 오랫동안 음식을 먹지 못했을 것이다. 계절이나 기후에 따라 어떤 날은 하루에 여러 번 식사할 때도 있었겠지만 어떤 날은 한 끼만, 그도 아니면 아예 한 끼도 먹지 못했을 것이다. 따라서 나는 인간은 단식하는 식사 패턴에 유전적으로 준비되어 있다고 생각한다. 간헐적 단식은 인류 진화의 유산인 것이다!

간헐적 단식은 건강, 호르몬, 여성으로서의 웰빙을 위해 당신이 내릴 수 있는 강력한 선택이다. 간헐적 단식은 어떠한 처방 약보다 강력하다. 더 짧은 시간 동안만 식사하고 더 긴 시간 단식한다면 다음과 같은 엄청난 효과를 얻을 수 있을 것이다.

체지방 연소

삼십 대, 사십 대, 오십 대, 다양한 연령대의 여성 대부분이 수년간 다이어트를 시도했지만 결국 또다시 살이 찌는 경험을 해 봤을 것이다. 나이를 먹을수록 체중은 5kg, 10kg, 15kg씩 늘어나고 결국 옷장에는 지금 입는 큰 치수의 옷과 당장은 입지 못하는 작은 치수의 옷이 가득할 것이다. 이렇게 체중이 늘어났다 줄어들었다 하는 것을 '요요 현상'이라고 부르는데, 사실 이는 건강을 위협하는 현상 중 하나다. 미국 심장협회American Heart Association의 연구 결과에 따르면 요요 현상을 겪은 여성은 수년간 안정적인 체중을 유지한 여성보다 심장 질환 위험 요소를 더 많이 가지고 있다. 이처럼 반복적인 다이어트는 좋은 선택이 아니다. 하지만 충분히 바꿔 나갈 수 있다. 바로 간헐적 단식이 있기 때문이다.

간헐적 단식은 우리 몸에 있는 핵심 호르몬을 활성화하는데 그중 대부분은 지방 분해lipolysis(지방을 태우는 것)를 돕거나, 신진대사 유연성을 개선(연료를 적절히 사용하는 능력)하거나, 우리 몸이 지방을 저장하는 것을 막고 체중 조절에 도움을 주는 등 건강에 여러 긍정적인 영향을 미친다. 이 호르몬에 대해서는 뒤에서 자세히 다루도록 하겠다.

이처럼 단식을 통해 호르몬이 균형을 이루게 되면 신진대사율이 가속화되고 이에 따라 건강한 체중을 유지할 수 있게 된다. 또 한 연구에 따르면 단식을 통해 복부 지방을 4~7퍼센트 감소시킬 수 있다고 한다. 이처럼 간헐적 단식은 체중 감량에 있어 가장 건강하고 효과적인 방법이라고 할 수 있다.

또 다른 요인은 우리 몸에 있는 지방과 관련되어 있다. 우리 몸에는 두 가지 종류의 지방 세포가 있다. 갈색 지방과 백색 지방이다. 갈색 지방은 세포의 발전소라고 불리는 미토콘드리아가 많아 에너지를 발생시킨다. 반대로 백색 지방은 에너지를 저장한다. 둘 중 하나를 골라야 한다면 무엇을 고르겠는가? 물론 갈색 지방일 것이다. 하지만 갈색 지방은 성인에게는 흔하게 나타나지 않는다. 주로 유아의 포동포동한 '아기 지방'이 갈색 지방이다.

좋은 소식은 최근 과학계에서 백색 지방을 갈색 지방으로 바꿀 수 있다는 사실을 발견했다는 것이다! 바로 간헐적 단식을 통해서다. 해당 내용은 실험용 쥐를 이용한 연구에서 밝혀졌다. 한 그룹의 쥐는 격일로 단식하도록 했고 다른 한 그룹은 원하는 시간에 원하는 대로 마음껏 먹을 수 있도록 했다. 해당 연구에서 연구원들은 단식하는 쥐의 장내 미생물 군집 구성이 변화했고 이에 따라 단쇄지방산SCFA 생성이 촉진된 것을 확인했다. 이 반응을 통해 백색 지방이 갈색 지방으로 변화하고 지방 저장 과정이 지방 연소로 전환되어 비만과 인슐린 저항성(당뇨병의 주요 원인 중 하나)이 감소하는 효과가 있었다.

물론, 이 연구는 쥐를 대상으로 한 실험이기에 나 역시 이 점을 인지하며 해당 연구를 인용한다. 그러나 쥐는 인간과 유사한 신진대사를 가지고 있어 이 연구 결과가 얼마나 흥미로운지 말할 수 있다. 중요한 점은 간헐적 단식이 지방 연소를 매우 효과적으로 촉진할 수 있다는 것이기 때문이다.

장 건강 증진

장에 대해 말하자면, 인간의 장내에는 마이크로바이옴이라 불리는 수조 개의 미생물이 서식한다. 이 미생물들은 음식물을 분해하고 비타민 B와 비타민 K 같은 영양소를 합성한다. 또 식이 섬유와 음식에 있는 특정 종류의 전분을 섭취하여 근육 기능과 질병 예방에 중요한 화합물을 생성한다. 장내 세균은 인간의 기분과 사고에 영향을 주기도 하며 뇌와 소화 기관 사이에서 신호를 전달한다. 이들은 염증 감소, 식욕 조절과 같은 다양한 작업을 수행하고 체중과 건강에 영향을 미친다.

장내 체중 조절 세균은 크게 박테로이데테스bacteroidetes와 피르미쿠테스firmicutes 두 가지로 나뉜다. 이 두 세균의 균형은 체중과 관련된 것으로 보인다. 2020년 연구를 포함해 다양한 연구에서 비만인은 보통 체중인 사람들에 비해 피르미쿠테스균이 많고 박테로이데테스균이 적었다. 이 관련성을 명확하게 밝히지 못한 다른 연구들도 있어 아직 결론은 나지 않았다.

체중 감량을 떠나 장내 세균에 적절한 영양분이 공급되면 유익균과 유해균의 균형이 유지된다. 그러나 이 균형에 영향을 미치는 것은 무엇을 먹는지뿐만 아니라 언제 먹는지도 포함된다. 예를 들어 단식을 하면 유익균이 급속하게 늘어난다. 또 여러 동물 실험에서 장내 세균이 자체 생체 리듬을 가지고 있으며 다양한 군집 간에 지속해서 순환한다는 것이 나타났다. 장내 미생물 연구에 따르면 우리가 자면서 단식하는 동안에는 한 종류의 세균이 왕성하게 활동한다. 반면 우리가 깨어 있고 무언가를 먹을 때에는 다른 세균들이 왕성하게 활동하며 이를 대체한다. 이러한 순환은 24시간마다 반복된다.

간헐적 단식은 이동성 위장관 복합운동migrating motor complex, MMC이라고 불리는 중요한 소화 메커니즘을 돕는다. 이 운동은 약 2시간 동안 주기적인 패턴으로 위와 소장의 수축을 조절한다. 이동성 위장관 복합운동은 소장의 청소부 역할도 하고 있다. 즉 소장에서 음식물 조각을 쓸어 내어 대장으로 보낸다. 이동성 위장관 복합운동은 주기적으로 발생하여 단식을 하는 동안 소장을 깨끗하게 청소한다. 하지만 무언가를 먹는 중에는 운동이 멈춘다. 그러므로 식사 사이에 간식을 많이 먹으면 이동성 위장관 복합운동 기능이 저하될 수 있다. 이때 간헐적 단식을 통해 식사 사이에 간격을 두면 이동성 위장관 복합운동 기능이 개선될 수 있다.

단식은 또한 장내 세균, 특히 장 내벽을 구성하는 세균들이 사용하는 에너지 분자인 c-AMP를 자극한다. 이 에너지 교환으로 장 내벽을 보호하는 유전자는 더욱 활성화된다. 이로 인해 장 내벽이 강화되어 세균이나 음식물 조각, 독소가 새어 나가(장 누수 증후군이라고 불리는 증상) 건강에 문제를 일으키지 않도록 한다.

장내 세균의 유익한 활동은 여기에서 끝나지 않는다. 간헐적 단식은 세로토닌을 생성하는 세포를 보존하는 데 도움이 된다. 세로토닌은 기분과 행복에 영향을 주는 신체의 중요한 다목적 호르몬이다. 세로토닌은 신체 몇 군데에서 만들어지는데 주로 간헐적 단식을 통해 보호되는 장 내벽 세포에서 생성된다. 이는 특히 중년기 남성보다 여성에게 더 영향을 주며 많은 여성의 우울증이 완화되었다는 사실이 나타났다.

신진대사 유연성 창출

이 책을 통해 '신진대사 유연성'에 대해 다양하게 다룰 예정이다. 이는 간단히 말해 세포가 번갈아 가며 탄수화물과 지방을 모두 에너지원으로 사용할 수 있는 능력이다. 신진대사가 유연하면 섭취한 탄수화물을 빠르게 연소하고, 섭취한 지방을 연소할 수도 있다. 또는 아예 먹지 않을 때도 지방을 연소한다(간헐적 단식). 요약하자면 신진대사가 유연하다면 음식으로부터 만들어지는 연료이든 이미 몸에 저장된 연료이든 그때마다 사용 가능한 연료를 쓸 수 있다는 것이다.

석기 시대 사람들은 자연적으로 신진대사 유연성을 갖추고 있었다. 이들은 식량이 충분할 때도 있었지만 부족한 날도 있었다. 신체는 단식하는 동안 필연적으로 지방을 연소할 수밖에 없다. 하지만 지금 우리가 살고 있는 시대는 많은 것이 달라졌다. 가공식품이 넘쳐 나며 더는 체지방을 태워 에너지원으로 사용할 필요가 없을 만큼 음식이 풍요로워졌다. 한때는 일반적이었던 현상이 이제는 압도적인 소수만이 경험하는 일이 된 것이다.

그렇다면 신진대사 유연성은 왜 그렇게 중요한 것일까? 신진대사 유연성은 지속적인 에너지 공급, 호르몬 균형 유지, 혈당 변동 감소, 간식 섭취 욕구 감소, 지방 연소 능력 향상 등 여러 가지 장점을 가지고 있다. 또 운동 능력도 함께 향상될 수 있다. 신진대사 유연성이 좋은 사람은 탄수화물 대신 지방을 에너지원으로 사용하기 때문에 쉽게 피곤해지지 않는다. 반면에 신진대사 효율이 떨어지는 사람은 지방을 빠르게 연소하도록 전환하는 것이 어려우며 글리코겐(저장된 탄수화물)을 더 많이 연소하고 더 빨리 피로를 느낀다.

간헐적 단식은 신진대사 유연성을 개선하는 데 가장 좋은 방법 중 하나이다. 간헐적 단식을 통해 탄수화물 섭취를 줄이고, 우리 몸이 지방 저장소를 사용하도록 만들 수 있다.

미토콘드리아 건강 증진

우리 몸속 세포에는 미토콘드리아라고 불리는 수천 개의 소기관이 있다. 이는 세포의 발전소 역할을 하며 산소를 처리하고 우리가 먹는 음식의 영양소를 에너지로 변환한다. 미토콘드리아는 몸이 기능하는 데 필요한 에너지의 90%를 생산하며, 충분한 에너지를 생성하지 못하면 미토콘드리아 질환이 발생할 수 있다. 선천적인 이유나 건강하지 않은 생활 습관 때문에 발생하는 미토콘드리아 질환은 뇌, 신경, 근육, 신장, 심장, 간, 눈, 귀, 췌장을 포함한 대부분의 신체 부위에 안 좋은 영향을 줄 수 있다.

단식은 미토콘드리아를 건강하게 유지할 수 있도록 돕고 새로운 미토콘드리아를 생성하는 데도 도움을 준다. 또 단식을 통해 세포가 최선의 상태로 활동하도록 보장하는 단백질의 한 종류인 '시르투인sirtuin'이 증가한다. 시르투인은 지방과 글루코스 대사를 조절하고 만성 염증을 억제하며 활력 수준과 주의력을 높이고 세포 내 손상된 유전 물질을 회복시킨다. 또 새로운 미토콘드리아 생성에 관여하기도 한다.

시르투인은 니코틴아마이드 아데닌 다이뉴클레오타이드nicotinamide adenine dinucleotide의 줄임말인 NAD+라는 분자와 함께 조화롭게 작용한다. NAD+는 시르투인이 다양한 역할을 수행하는 데 필요한 에너지를 공급한다. 나이가 들면서 NAD+ 수치가 자연스레 감소하는데, 이것은 우리가 쉽게 피로해지고 머리가 흐릿해지거나 면역력이 약해지는 이유 중 하나이다. 단식과 같은 방법을 통해 NAD+를 증가시키면 노화를 늦추고 수명을 연장할 수 있다.

단식은 시르투인뿐만 아니라 AMPK, 즉 아데노신 5' 모노포스페이트 활성 단백질 키나아제adenosine 5' monophosphate-activated protein kinase라는 효소를 통해서도 새로운 미토콘드리아를 만드는 경로를 자극한다. AMPK는 몸의 에너지 대사 대부분을 조절하는 것으로 알려져 있으며 지방 연소를 촉진한다. 과학계는 노화가 진행됨에 따라 AMPK 활동이 감소한다고 본다. 이것이 나이를 먹을수록 식욕과 체중이 늘어나고, 에너지 수준 등의 변화를 경험하는 또 다른 이유이다. 에너지 소진, 즉 단식으로 바로 이 AMPK 활동을 촉진할 수 있다.

불량 세포 제거

단식은 세포 재생 과정인 오토파지autophagy(자가 포식)를 일으키는 가장 효과적인 방법이다. 오토파지는 1970년대 인슐린을 연구 중이던 벨기에 과학자 크리스티앙 드 뒤브Christian de Duve에 의해 발견되었다. 이는 우리 몸이 스스로 손상되거나 기능이 저하된 노화 세포를 제거하여 세포를 정화하는 과정을 말한다. 이에 따라 세포는 더 건강해지고 효율적으로 작동한다. 쓰레기 처리기에 비유할 수 있는 이 과정을 통해 폐기물을 분해하고 제거하며 주방을 깨끗하게 만든다. 드 뒤브가 만들어 낸 '오토파지'란 단어는 그리스어로 '자기 자신auto'과 '먹는 것 phagy'을 의미한다.

1983년에 이스트 관련 실험을 수행하던 연구자 오스미 요시노리 Yoshinori Ohsumi는 유전자가 오토파지를 조절하며 해당 유전자가 없으면 이 메커니즘이 작동하지 않고 세포가 스스로 회복될 수 없다는 사실을 발견했다. 두 연구자는 모두 노벨상 수상자다. 세포의 스트레스가 오토파지를 촉진한다는 사실은 매우 흥미롭다. 세포 스트레스의 한 예시는 세포에 공급하던 영양분을 박탈하는 것(단식)이다. 따라서 단식은 오토파지를 촉진하고 모든 세포의 기능을 개선하는 방법이다.

오토파지는 노화 방지와 수명 연장에 중요한 역할을 한다. 오토파지 과정에서 세포는 자신의 일부를 분해하고 이를 액포(세포 안에 공기로 채워진 작은 공간)에 격리한 후 소화한다. 그 결과 세포는 주로 죽은 세포 소기관, 손상된 단백질과 산화된 입자와 같은 폐기물을 생성한다. 이 폐기물이 제대로 처리되지 않으면 세포에 해를 가할 수 있고, 더 나아가 노화가 촉진된다. 피부가 노화하고 몸이 느려지며 활력이 떨어지고, 호르몬의 균형이 깨져 기능이 저하된다.

이때 필요한 것이 바로 단식이다. 단식은 노화 시계를 되돌리는 데 도움을 준다. 단식할 때 오토파지는 평균적으로 24시간에서 48시간 이후에 가속되며 몸을 케토시스ketosis 상태로 만든다. 이는 몸이 글루코스(포도당) 대신 지방산을 에너지원으로 사용하는 상태다. 단식을 시작하고 약 12시간이 지나면 초기 케토시스 단계로 진입하여 몸이 탄수화물에 의존하지 않고 체내 지방 저장소를 대신 연소하기 시작한다.

피딩 윈도우를 활용하는 것에 더하여 탄수화물 섭취를 줄이고 초지 방목 버터, 기ghee 버터, 코코넛 오일, 올리브, 엑스트라 버진 올리브 오일 및 아보카도와 같은 건강한 지방을 더 많이 섭취하면 오토파지를 더욱 활성화시킬 수 있다. 이때는 먹는 양에만 주의하자. 식이 지방이 과도하게 많아지면 몸은 지방 저장소를 연료로 사용하는 대신 식이 지방을 연소할 것이다.

식품에 있는 특정 천연 화합물도 오토파지를 촉진한다. 아피제닌(파슬리, 샐러리, 각종 허브류), 피세틴(딸기, 오이, 양파), 인돌(브로콜리, 방울양배추, 양배추, 콜리플라워), 퀘르세틴(케이퍼, 사과 껍질, 케일), 레스베라트롤(땅콩, 포도, 레드 와인, 화이트 와인, 블루베리, 크랜베리, 코코아) 등이 대표적이다.

이 외에도 오토파지를 촉진하는 다른 방법이 있다. 커피나 허브차, 약용 버섯, 사과식초를 섭취하거나, 커큐민이나 강황, 카옌 고추 등으로 음식 양념을 하는 것이다. 식물에서 발견되는 천연 화학 물질인 베르베린을 섭취하는 것도 도움이 된다. 생활 습관을 통해 몸을 열과 추위에 노출시키거나 고강도 인터벌 훈련HIIT을 이용해 운동하고 양질의 수면을 취하는 것 등이 오토파지 개선에 도움이 된다.

오토파지의 놀라운 이점

노화 방지 효과 외에도 다음과 같은 효능을 가지고 있다.

- 세포 내 소기관 건강을 증진함으로써 대사 효율성을 향상한다.
- 치매 및 알츠하이머병과 같은 신경퇴행성 질환을 예방한다.
- 많은 질환의 기초가 되는 만성 염증을 줄인다.
- 세균과 바이러스를 제거하여 면역 체계를 강화한다.
- 만성 염증을 억제하고 손상된 DNA를 회복시켜 암을 예방한다.

뇌 건강 향상

간헐적 단식을 생활에 도입하다 보면 정신이 더 맑아지는 느낌을 경험하게 된다. 이유는 무엇일까? 단식은 다음과 같은 효과를 가져오기 때문이다.

- BDNF^{brain-derived neurotrophic factor}(뇌유래신경영양인자) 수준을 높여 준다. BDNF는 뇌 호르몬으로, 공급이 부족할 경우 머리가 멍해지거나 우울증이 생길 수 있으며 그 외 정신 건강의 문제로 확대될 수 있다. BDNF가 충분하면 기분을 좋게 만드는 뇌 화학 물질인 세로토닌이 증가한다.
- BDNF를 돕는 성분은 간에서 자연스럽게 만들어지며 체내에서 가장 풍부한 케톤인 베타-하이드록시부티레이트^{beta-hydroxybutyrate, BHB}다. BHB는 단식 중이거나 저탄수화물 식단을 할 때 더 빠르게 만들어진다. BHB는 뇌세포와 그사이의 연접(시냅스)을 성장시키고 뇌에 에너지를 공급하며 알츠하이머병과 같은 신경 퇴행성 장애로부터 뇌를 보호한다. 성장 호르몬의 분비를 증가시켜 뇌를 보호하고 뇌세포를 재생하며 뇌세포가 죽어 가는 것을 막는다.
- 치매의 원인이라고 알려진 단백질 덩어리 베타 아밀로이드 플라크^{beta-amyloid plaques}를 뇌에서 제거함으로써 신경 퇴행을 막고 뇌조직이 손상되는 것을 예방한다.
- 많은 사람이 두뇌의 인지 및 에너지의 주 연료를 글루코스라고 생각한다. 그러나 사실 두뇌는 글루코스가 아닌 케톤류인 BHB를 에너지원으로 삼는 것을 더 좋아한다. 글루코스가 과하게 많으면 두뇌에 좋지 않은 영향을 끼치며 이는 알츠하이머병과 같

은 상황에서 자주 나타난다. 케톤, 특히 BHB는 훨씬 나은 에너지원이다. 알츠하이머병, 발작, 외상성 뇌손상 환자의 두뇌에 케톤이 도움을 준다는 것이 여러 연구에서 입증되었다.

- 앞서 언급한 대로 단식을 할 때 케톤이 활발하게 형성된다. 케톤은 우리 뇌 연료의 50%에서 75%를 제공하며 이외는 글루코스 합성(글루코네오제네시스 gluconeogenesis)으로 충당된다. 만약 브레인 포그brain fog, 생산성 저하, 또는 인지 능력 감소 등의 증상이 있다면 케톤 생성을 위한 해결책으로 간헐적 단식이 도움이 될 수 있을 것이다. 충분한 양의 케톤 생산이 시작되면 뇌 기능이 좋아지고, 인지 능력이 개선되기 때문이다. 뇌는 케톤을 연료로 쓰는 것을 좋아한다!

면역력 강화

코로나19 팬데믹을 겪으며 우리는 면역력에 대한 많은 정보를 접하게 되었다. 면역력은 병원균에 감염되었을 때 나타나는 몸의 저항으로 주로 우리의 면역 시스템이 만들어 낸다. 이것은 우리 몸의 방어 담당 부서인데 세포와 조직, 장기의 복잡한 네트워크가 함께 모여 침입자로부터 몸을 보호한다.

이 놀라운 방어 시스템은 여러 전선에서 작동한다. 일부는 세균이 몸 안으로 들어오지 못하게 장벽을 만든다. 다른 일부는 그 장벽을 뚫고 들어온 세균을 공격한다. 여기서 실패하면 침입한 세균들이 증식을 시도할 때 더 강력한 방어를 펼친다.

건강해지기 위해서는 튼튼한 면역 시스템이 필요하지만 이를 위한 방법은 하나가 아니다. 여러 가지 건강한 습관이 모이면 면역력을 강화하는 데 도움이 된다. 그러한 습관 중 하나가 바로 간헐적 단식이다. 그러나 생각해 보면 역설적으로 느껴지기도 한다. 영양소를 섭취하지 않는데 어떻게 면역력을 강화할 수 있다는 말인가?

이렇게 생각해 보자. 자연 상태에서 동물은 아플 때 먹는 것을 멈추고 쉬는 데 집중한다. 내가 키우는 반려동물도 마찬가지고 아마 당신의 반려동물도 그랬을 것이다. 이것은 내부 시스템에 대한 스트레스를 줄여 몸을 쉬게 하고 이로써 몸이 빨리 회복할 수 있도록 하는 원초적 본능이다. 모든 에너지는 면역력과 치유를 위해 사용된다. 즉 아플 때도 음식을 먹는 유일한 종은 인간 뿐이다. 그러나 주기적으로 단식을 실천한다면 다음과 같은 중요한 면역 형성 활동이 시작된다.

- 소화 시스템을 깨끗하게 하고 해로운 미생물을 장내에서 제거하여 면역력이 떨어지지 않도록 한다.
- 면역 시스템이 치유에 집중하고 침입 세균을 방어하는 데 더 적극적으로 에너지를 쏟게 만든다.
- 염증성 사이토카인cytokine의 분비를 줄인다. 면역 시스템에 의해 생성되는 이 단백질은 과다 생산되면 장기와 조직에 손상을 줄 수 있다.
- 노화되고 손상된 면역 세포를 제거하고 새로운 면역 세포를 생성한다.
- 세포 독소에 대한 저항을 형성한다.
- 장 줄기세포의 재생을 개선하여 기능을 향상시키고 장 내벽의 완전성을 개선한다(성인 줄기세포 기능의 저하는 노화에 이바지한다).

면역 시스템의 모든 부분이 함께 작동한다는 것은 생리학적으로 매우 경이로운 일이다. 간헐적 단식은 우리의 면역력을 건강하고 강하게 유지시키는 탁월한 방법이다.

염증 감소

간헐적 단식의 또 다른 강력한 효과는 신체의 염증을 줄인다는 것이다. 염증에는 급성과 만성 두 가지 유형이 있다. 급성 염증은 상처, 부상 또는 감염과 같은 손상에 대한 신체의 초기 반응이다. 이것이 치유되면 염증은 사라진다.

반대로 만성 염증은 사라지지 않는 감염, 정상적인 조직을 실수로 공격하는 비정상적인 면역 반응 또는 비만에 의해 유발된다. 이러한 종류의 염증은 심장 질환, 뇌졸중, 암 등 여러 질병과 깊은 관련이 있다. 하지만 긍정적인 소식도 있다. 연구에 따르면 단식 중에는 염증 세포인 단핵구가 몸에서 덜 활성화되며 혈류에 방출되는 단핵구 역시 줄어든다. 이는 단식을 통해 염증 반응이 자연스럽게 완화된다는 것을 의미한다.

우리 몸의 세포를 공격하는 파괴적인 분자인 자유 라디칼free radical도 만성 염증과 관련되어 있다. 이들은 몸 안에서 일어나는 정상적인 대사 과정이나 기능이 저하된 미토콘드리아에 의해서, 또는 음식이나 환경적인 요인으로 인한 독소에 노출되며 만들어진다. 자유 라디칼은 염증의 원인이자 결과이다. 세포 손상은 염증을 유발하고, 염증 자체는 많은 자유 라디칼을 만들어 낸다. 그야말로 악순환의 반복이다.

단식은 염증으로부터 우리 몸을 보호한다. 단식이 어떻게 자유 라디칼을 줄일 수 있는지는 정확하게 알려지지 않았지만, 이는 여러 연구를 통해 관찰된 바 있다. 과학자들은 식사와 단식을 전환하는 과정에서 세포가 글루코스(혈당)를 박탈당하게 되고 이에 따라 지방산과 같은 다른 에너지원을 사용할 수밖에 없게 된다고 본다. 이 세포 반응은 사실 긍정적인 결과를 가져온다. 세포는 기능이 떨어지는 미토콘드리아를 제거하고 건강한 미토콘드리아로 대체되는데 이를 통해 자유 라디칼 생성이 줄어들기 때문이다.

노화 억제

내가 가장 좋아하는 간헐적 단식의 장점 중 하나다. 간헐적 단식은 젊음 유지를 돕는다. 그 이유는 앞에서 다룬 미토콘드리아 건강과 오토파지를 통한 세포 갱신 및 재생과 관련이 있다. 간헐적 단식은 비만과 당뇨병, 심혈관 질환, 뇌 질환, 심지어 종양 성장과 같은 수명을 단축하는 질병을 예방함으로써 노화와 싸운다. 결론적으로 간헐적 단식은 노화 방지 메커니즘을 활성화하고 우리 몸을 더 젊고 건강한 상태로 유지하는 데 도움을 준다.

뜻밖의 선물

간헐적 단식이 내 일상의 큰 부분이 된 후 나의 삶은 예상치 못한 방향으로 변화했다. 단식 덕분에 매일 원하는 일을 하는 데 더 많은 시간을 투자할 수 있었다. 나의 반려동물 래브라두들(래브라도 리트리버와 푸들의 혼종견) 쿠퍼, 골든두들(골든 리트리버와 푸들의 혼종견) 백스터와 함께 더 많은 시간을 산책할 수 있게 되었다. 가족과 함께하는 시간, 휴식, 수면과 같은 일상적인 활동을 일관되게 유지하는 것이 더 수월해졌다. 집을 정리하고 청소하는 등의 활동에 추가적인 시간을 할애할 수 있었다. 간헐적 단식은 내 삶을 간소화하고 중요한 것들을 이루기 위한 시간의 문을 열어 주었다. 하루 또는 일주일에 먹는 식사 횟수를 줄인다면 당신도 이렇게 놀라운 이점들을 경험하게 될 것이다.

간헐적 단식은 많은 사람에게 정신적 깨달음을 주기도 한다. 생각해 보면 단식은 자기 통제부터 깨달음에 이르기까지 정신적인 목적을 위해 대부분 주요 종교에서 실천하는 오래된 전통 중 하나였다. 단식은 인간을 물질적인 것들에게서 멀어지게 하고 마음을 가라앉히며 내적인 고요함을 증진하고, 정신적인 연결을 강화시킨다. 궁극적으로 단식을 신체적, 정신적, 영적 루틴의 아주 중요한 부분으로 간주할 수 있다. 이후에 이어질 장에서 간헐적 단식과 호르몬 균형에 대해 더 깊이 있게 다루도록 하겠다.

2장 마스터 호르몬 균형 맞추기

　처음에는 혼자서 연구를 진행했고, 이후에는 진료소를 통해 만난 여성들과 함께 간헐적 단식을 실천하며 단식이 호르몬 균형을 유지하는 데 얼마나 도움이 되는지 알게 되었다. 결과는 그야말로 놀라웠다. 호르몬은 우리의 신체적, 정서적, 심지어 영적 건강과 웰빙에 결정적인 역할을 하기에 호르몬을 자연스러운 방법으로 관리할 수 있다는 것은 선물과 같았다. 간헐적 단식에 참여한 여성들은 체력과 활력 수준이 높아졌으며 스스로 더 강해지는 느낌을 받았다고 말해 주었다. 많은 사람이 스트레스에 대처하는 방식이나 인생의 어려운 전환기를 헤쳐 나가는 방식, 또는 인생에 대한 열정을 되살리는 방식에서 긍정적인 변화를 이룰 수 있었다. 간헐적 단식은 단순한 체중 감량을 넘어 깊이 있고 흥미로운 방법으로 호르몬에 영향을 준다.

　크리스의 사례가 대표적이다. 45세 엄마인 크리스는 나를 찾아왔을 때 건강을 회복하기 위해서라면 무엇이든 하고 싶다고 말했다. 크리스는 '변화 전의 변화'라고도 불리는 인생의 단계인 폐경주변기를 겪고 있었다. 생식 가능 기간reproductive years의 시작과 끝에 찾아오는 불규칙한 월경 주기, 수면 문제, 피로, 체중 증가 등 다양한 증상을 겪고 있는 40세에서 55세 사이 수백만 명의 여성 중 한 명이었다.

　크리스는 매일 밤 잠에서 깨 몇 시간 동안 뒤척이곤 했다. 그 연령대에서 나타나는 흔하지만 골치 아픈 증상 중 하나였다. 질병통제센터

CDC에 따르면 폐경주변기 여성의 56%는 24시간 중 평균 수면 시간이 7시간 미만으로 폐경 후기(40.5%)와 폐경 전기(32.5%) 여성들보다 수면 문제의 비율이 높게 나타난다. 크리스는 정상적인 생활이 거의 불가능할 정도로 극심한 피로감을 호소하고 있었다.

또한 갑작스러운 열감을 자주 느꼈으며 월경량이 늘었고 주기는 불규칙하게 변했다. 매년 받는 건강 검진에서 혈압과 공복 혈당이 높게 나왔고 콜레스테롤 수치가 정상 범위를 벗어났다. 크리스의 건강은 급속도로 악화하여 담당 의사는 당뇨병 약과 스타틴(콜레스테롤을 낮추는 대표적인 약물)을 처방하려고 했다. 아이들과 좋은 시간을 보내고 싶은 에너지와 욕구도 생기지 않았고 이 때문에 엄마로서 죄책감을 느끼기도 했다. 크리스의 모든 문제는 불균형한 호르몬, 그중에서도 특히 세 가지 마스터 호르몬인 인슐린, 코르티솔, 옥시토신과 관련이 있었다. 이 호르몬들이 균형을 잃어 크리스의 건강이 위협받고 있었다.

나는 크리스에게 이런 증상은 충분히 개선될 수 있다는 확신을 주었다(당신이 겪고 있는 증상 역시 마찬가지다). 크리스는 나의 IF:45 수업에 등록했고 불과 2주 만에 밤사이 깨지 않고 잠을 잘 수 있게 되었다고 말했다. 활력 수준이 높아졌고 심지어 소화 기능도 개선되었다고 한다. 탄수화물 섭취를 줄이고 근력 훈련 프로그램을 시작한 뒤 얼마 지나지 않아 5kg을 감량했다. 혈당이 안정되고 월경 주기가 규칙적으로 돌아왔으며 월경량도 이전에 비해 줄어들었다고 말했다.

간헐적 단식을 생활 속에서 실천한 지 6주 뒤, 크리스의 인슐린 수준은 정상 수치로 자리 잡았고 20kg 이상을 감량할 수 있었다. 혈압은 정상 범위로 돌아왔으며 지질 농도lipid profile도 개선되었다. 중성 지방은 적어졌고 고밀도 지단백HDL은 높아졌으며 총 콜레스테롤은 낮아졌다. 간단하지만 매우 효과적으로 여러 가지 방법과 간헐적 단식을 병행하여 건강을 되찾은 것이다. 이를 통해 크리스의 삶은 완전히 달라졌다. 당신의 삶도 충분히 달라질 수 있다.

균형 유지하기

호르몬은 여러 분비샘(내분비계라고 함)에 의해 혈관에 분비되는 화학 정보 전달자다. 호르몬이 분비되면 몸 전체를 돌아다니며 호르몬 '수용체'를 가진 모든 세포에 영향을 미친다. 수용체는 자물쇠와 열쇠 같은 원리로 작동한다. 열쇠가 자물쇠와 맞으면 문이 열리는 것처럼 호르몬이 세포 수용체에 맞으면 세포를 열어 호르몬을 허용한다.

모든 호르몬 생성은 뇌에서 시작되며, 다양한 조직이 마치 몸속에서 콘서트를 여는 것처럼 몸의 다른 기관 및 분비샘과 협력하여 특정 역할을 수행한다. 호르몬의 실제 지휘 본부는 시상 하부 뇌하수체 부신 축hypothalamic-pituitary-adrenal axis, 짧게 말하자면 HPA이다. HPA는 우리 몸의 체온, 허기, 소화, 면역, 기분, 성욕과 에너지를 조절한다. 또 신체적 또는 정신적 스트레스에 대한 반응을 지배하기도 한다.

시상 하부 및 뇌하수체 분비샘은 뇌에 있다. 시상 하부는 특히 허기와 피로, 수면, 체온을 조절하고 여러 가지 다양한 호르몬을 분비한다. 그리고 뇌하수체와 협력하여 부신, 갑상샘, 난소, 고환 및 다른 분비샘과 소통한다. 뇌하수체는 대사, 성장, 성적 발달, 생식, 혈압 등에 영향을 미치는 호르몬을 분비한다.

HPA가 정상적으로 작동할 때는 수면, 허기, 목마름 등 생존에 중요하게 작용하는 생물학적 필요에 따라 호르몬 간의 균형을 조절한다. 그러나 질 나쁜 수면, 스트레스, 음식 등 여러 요인 때문에 불균형이 발생할 수 있다.

앞으로 몇 장에 걸쳐 상기 호르몬들을 각각 설명하겠지만 모든 호르몬이 함께 작동해야 한다는 것을 기억하자. 호르몬을 오케스트라처럼 생각하면 쉽다. 각 호르몬은 독특한 악기로, 때로는 다른 호르몬보다 두드러지지만 각각의 호르몬이 정확한 음을 연주해야 한다. 만약 하나 이상의 호르몬이 필요한 것보다 많거나 적게 만들어지면 오케스트라 전체는 불협화음을 내고 말 것이다.

세 가지 마스터 호르몬

호르몬 오케스트라에는 세 명의 지휘자가 있다. 인슐린, 코르티솔, 옥시토신이다. 나이를 먹으면서 겪게 되는 호르몬 불균형은 대부분 이세 가지 호르몬에서 발생한다. 예를 들어 인슐린은 성호르몬인 에스트로겐, 프로게스테론, 테스토스테론 등 다른 호르몬에 영향을 준다. 인슐린을 균형 있게 조절하면 이 호르몬들은 최적의 상태를 유지하게 되고 신체는 더 건강하고 강해지며 변화에 유연하게 대응할 수 있게 된다.

코르티솔 역시 적절한 균형을 유지해야 한다. 코르티솔이 높아지면 에스트로겐, 테스토스테론, 그리고 중요한 활력과 노화 방지 호르몬인 DHEA^{dehydroepiandrosterone}(디하이드로에피안드로스테론)에 영향을 준다. 코르티솔과 갑상샘 호르몬 사이에도 미묘한 균형이 존재한다. 이 균형이 깨지면 갑상샘과 관련된 건강 문제가 발생할 수 있고, 과다한 코르티솔은 인슐린 기능을 방해할 수도 있다.

상대적으로 친숙하지 않은 옥시토신은 다목적 호르몬이다. 옥시토신은 코르티솔을 억제하고 인슐린 문제를 개선한다. 프로게스테론, 에스트로겐, 테스토스테론 등 다른 호르몬의 균형 유지를 돕는다. 이 세 가지 호르몬은 모두 몸의 다른 호르몬 기능에 있어 중요한 역할을 한다. 간헐적 단식을 통해 이들 호르몬의 균형 상태를 최적으로 맞출 때 건강을 효과적으로 지킬 수 있다.

인슐린: 핵심 대사 호르몬

간헐적 단식을 할 때 특히 효과적으로 반응하는 호르몬은 바로 인슐린이다. 췌장에서 분비되는 인슐린은 몸에서 매우 중요한 역할을 하며 혈당(글루코스) 수준, 대사, 세포 성장과 회복, 뇌 기능과 체중 조절을 담당한다.

중요성

소화기 계통은 식사 후 음식을 분해하여 몸의 세포와 조직이 영양소를 흡수할 수 있도록 돕는다. 음식에 있는 탄수화물은 글루코스라는 종류의 당으로 분해된다. 음식에 들어 있는 글루코스는 음식에 대한 반응으로 혈관에 흡수되어 일시적으로 상승한다. 이때 췌장은 글루코스를 세포로 이동시키기 위해 인슐린을 분비한다. 혈중 글루코스가 많을수록 췌장이 분비하는 인슐린도 많아진다.

정상적인 상황에서 인슐린은 에너지를 얻기 위해 글루코스를 세포로 이동시킨다. 인슐린이 몸 전체 세포에 있는 인슐린 수용체에 붙어 세포가 열리고 글루코스가 들어갈 수 있도록 지시한다. 따라서 인슐린이 정상적으로 분비되어 글루코스를 세포로 옮기는 것은 신진대사 유연성을 유지할 수 있는 중요한 작용이다. 즉 몸이 사용할 수 있는 연료인 지방, 글루코스 또는 글리코겐(저장된 글루코스)을 에너지로 활용할 수 있게 된다.

글루코스가 세포에 들어가면 보통 2~3시간 안에 혈당 수준이 정상으로 돌아온다. 이 과정은 음식을 섭취할 때마다 계속 반복되는데, 식사를 하면 글루코스가 상승하고 이때 인슐린이 분비되어 글루코스를 다시 정상 수준으로 내린다. 이 과정에서 인슐린을 돕는 호르몬은 글루카곤glucagon이다. 글루카곤은 인슐린과 함께 혈당 수준을 조절하고 적절한 범위 안에서 유지한다.

우리 몸은 글루코스를 에너지로 사용할 필요가 없을 때 글루코스를 글리코겐 형태로 만들어 간과 근육에 저장한다. 간단하게 말하면 글리코겐은 많은 글루코스 분자가 연결된 형태로 구성되어 있다. 에너지를 빠르게 높여야 하거나 몸이 음식을 통해 충분한 글루코스를 얻지 못하면 글리코겐은 글루코스로 분해되어 바로 쓸 수 있는 연료로 사용된다. 또 인슐린은 글루코스로부터 글리코겐이 생성되고 저장되도록 자극한다.

간은 약 100g의 글리코겐을 저장한다. 근육의 글리코겐 함량은 사람마다 다르지만 2011년 〈생리학의 최전선Frontiers of Physiology〉에 발표된 연구에 따르면 대략 500g이라고 한다. 이 저장량은 식단과 운동을 통해 소비하는 글리코겐 저장량과 밀접한 연관이 있다. 글리코겐 저장량이 최대치에 도달하면 초과한 글리코겐은 중성 지방으로 바뀐다. 이 지방은 혈류에서 지속적으로 순환하며 에너지를 생성한다. 또는 지방 조직에 저장될 수도 있다.

또 몸이 저장할 수 있는 것보다 많은 양의 탄수화물을 지속적으로 섭취한다면 몸은 탄수화물을 지방 세포 안에 저장할 수밖에 없다. 이 과정을 지시하는 것이 인슐린이며 이를 통해 체중 증가가 일어나는 것이다. 이 상황에서 인슐린은 지방 분해(에너지를 위한 지방의 분해)를 억제한다. 즉 인슐린 작용으로 인해 우리가 먹은 커다란 치즈케이크가 결국 우리의 잉덩이와 허리, 허벅지에 쌓일 수 있다는 것이다.

불균형

과도한 인슐린 분비는 주로 설탕과 정제된 탄수화물을 과다 섭취하는 식습관 때문에 발생한다. 그로 인해 인슐린 저항성이 생길 수 있는데, 세포의 수용체가 인슐린을 통해 혈류에서 세포로 포도당을 이동시키지 못하게 될 때 주로 발생한다. 이는 포장된 상품(글루코스)을 배송하려 하는 배송 기사(인슐린)로, 배송해야 할 상품들이 너무 많아지면 이들을 거부하게 되는 현상으로 이해하면 쉽다.

이는 제2형 당뇨병, 일부 암 종류, 심장 질환과 기타 질환으로 이어질 수 있고, 건강하지 못한 체중 증가로 이어지기도 한다. 인슐린 저항성은 에스트로겐 결핍, 혈당 변동, 식품 민감성 및 기타 요인에 의해 발생할 수 있는 열성 홍조나 야간 발한을 더욱 악화시킬 수 있다.

인슐린 저항성은 만성 스트레스가 요인이 되기도 한다. 스트레스를 심하게 받으면 인슐린과 코르티솔이 모두 증가한다. 코르티솔은 혈당을 증가시켜 근육에 에너지원을 공급하여 신체가 스트레스에 대처할 수 있도록 준비시킨다. 코르티솔은 글루코스가 저장되는 것을 방지하기 위해 인슐린 생산 속도를 늦춘다. 따라서 스트레스를 받으면 글루코스를 즉시 사용하는 상태로 바뀌는 것이다. 하지만 코르티솔 수치가 만성적으로 높게 유지되고 있다면 신체는 인슐린 저항성 상태로 전환될 수 있다.

인슐린 불균형이 있는 사람은 대사적으로 유연하지 않다. 앞서 언급했듯이, 이는 신체가 탄수화물과 지방을 효율적으로 전환하여 연료로 사용할 수 없음을 의미한다. 연구에 따르면 인슐린 저항성, 당뇨병 전증 또는 제2형 당뇨병을 앓는 사람들은 보통 대사적으로 유연하지 않았다. 다행히도 이 문제는 간헐적 단식과 적절한 영양 섭취 및 기타 생활 습관을 바꾸는 것만으로도 충분히 해결할 수 있다.

추가로 인슐린 불균형은 여성들을 다음과 같은 문제에 노출시킨다.

- 과도한 에스트로겐으로 말미암은 에스트로겐 우세증. 이에 따라 월경 전 증후군PMS, 자궁내막증, 난소 낭종, 심한 월경 출혈, 양성 유방 질환 및 빠른 노화 등이 나타날 수 있다.

- 걷잡을 수 없을 정도로 달콤한 음식과 탄수화물이 계속 먹고 싶어지는 식욕 변화. 솟구치는 식욕은 대개 인슐린 저항성으로 혈당이 불안정해졌기 때문에 나타난다. 혈당이 급격하게 떨어질 때마다 뇌의 특정 세포는 시상 하부에 강력한 신호를 보내 미친 듯이, 또 계속해서 음식이 먹고 싶어지도록 만든다.

- 인슐린 저항성은 두 가지 '행복 호르몬'인 도파민과 세로토닌의 균형을 깬다. 이들은 정상적인 식욕 신호를 책임지는 역할을 하지만 균형이 깨지면 평소보다 더 자주 배고픔을 느낄 수 있다.

- 다낭성 난소 증후군PCOS은 생식 기능이 있는 일부 여성에게 흔하게 나타나는 호르몬 장애이다. 메이요 클리닉Mayo Clinic에 따르면 다낭성 난소 증후군은 인슐린 과다, 유전, 염증 및 남성 호르몬의 과잉 생산 때문에 발생할 수 있다. 흔한 증상으로는 불규칙하거나 장기간 지속되는 월경, 임신 불능, 난소 낭종이 있다. 의료 서비스 제공자는 로테르담 기준Rotterdam criteria이라는 체계를 사용하여 다낭성 난소 증후군을 진단할 수 있는데, 이는 경증에서 중증에 이르는 다양한 증상에 기반한다.

- 체액 저류. 왜 몸이 부은 것처럼 느껴지는지 궁금했던 적이 있는가? 그 이유 중 하나로 인슐린 수준이 높기 때문일 수 있다. 이는 신장이 소금과 물을 가두게 하여 몸이 체액을 유지하게 만든다. 한 가지 해결책은 탄수화물을 제한하여 인슐린 수준을 낮추는 것이다. 탄수화물을 줄이면 몸이 소변을 통해 염분(소듐)을 잃

게 되는데, 이 과정을 '이뇨'라고 부른다. 이뇨가 발생하면 부종이 줄어든다.

- 이뇨는 저탄수화물 식단을 시작한 후 처음 며칠 동안 빠르게 체중이 감량되는 이유 중 하나이다. 이는 글리코겐 및 글리코겐과 물 저류의 상관관계와 관련이 있다. 글리코겐 1g은 물 3~4g을 보유한다. 따라서 몸이 글리코겐 저장소를 태우면 글리코겐에 붙어 있던 물이 빠져나와 일반적으로 체내 수분이 빠지면서 체중이 줄어드는 효과를 볼 수 있다.

간헐적 단식과 인슐린

간헐적 단식을 생활화하면 건강한 인슐린 수준을 유지할 수 있다. 그 이유는 다음과 같다. 음식은 인슐린 분비의 원동력이다. 무언가를 계속 먹으면 인슐린은 계속 분비된다. 인슐린 수준이 높아지면 더 많은 지방을 저장하고, 잠재적으로 인슐린 저항성과 신진대사 유연성이 높아질 수 있다. 하지만 단식을 하면 몸속 인슐린 수준이 낮아진다. 이 덕분에 세포는 인슐린에 더 민감해지고, 몸은 저장되어 있는 당분을 먼저 사용한 다음, 궁극적으로 지방을 연료로 사용하게 된다.

2018년 연구에서 연구자들은 단식이 인슐린 저항성을 개선하고 단식 후 혈당 수준 역시 변하지 않아 인슐린 치료를 중단할 수 있다는 사실을 발견했다. 단식은 환자들의 체중을 감량하고 허리둘레를 줄이는 데에도 도움을 주었다.

간헐적 단식과 인슐린 저항성을 분석한 또 다른 연구에서는 단식을 시행한 참가자들의 혈당이 36% 감소했으며 인슐린 수치가 20~31% 감소했다고 한다. 이 연구에 참여한 연구자들은 단식이 체중 감량을 가속화하고, 심장 건강을 보호하며, 제2형 당뇨병을 예방하는 데 칼로리 제한만큼 효과적이었다고 말했다. 간헐적 단식을 하면 신체의 인슐린 수준이 오랜 시간 동안 낮게 유지되는데 그 결과 지방 연소를 포함한 많은 이점이 만들어진다.

코르티솔: 주요 스트레스 호르몬

스트레스를 받으면 몸은 공격받는 상태가 된다. 인지된 스트레스 요인과 싸우거나, 그것으로부터 도망치거나, 혹은 얼어붙게 되는데, 모든 것은 교감 신경계^{SNS}에서 조절한다. 교감 신경계는 시상 하부에 의해 활성화되고, 이곳에서 신호를 보내면 부신에서 호르몬 에피네프린(아드레날린으로도 알려져 있다)을 분비하게 한다. 이에 따라 혈액이 근육과 심장 등 다른 중요한 장기로 향하게 되고, 맥박수와 혈압이 상승하며 호흡이 빨라진다.

위협이 계속되면, 시상 하부에서 코르티코트로핀 분비 호르몬^{CRH}을 방출한다. 이 호르몬은 뇌하수체로 이동하여 부신 겉질 자극 호르몬^{ACTH}을 촉진하고, 이 호르몬은 부신으로 이동하여 다시 코르티솔의 생성을 돕는다. 코르티솔은 혈당을 사용할 수 있게 하여 우리가 자신을 방어할 수 있는 힘과 에너지를 제공한다. 또 혈압을 높여 신체 모든 부분에 산소와 영양분 공급을 증가시킨다.

위협이 사라지면 일반적으로 코르티솔 수준은 떨어지고, 대립하는 시스템인 부교감 신경계^{PNS} 덕분에 몸은 이전과 같은 정상 상태로 돌아온다. 위험이 지나가면 부교감 신경계가 작동하여 몸을 진정시킨다. 이때 두 시스템을 다음과 같이 생각해 볼 수 있다. 교감 신경계는 차의 가속 페달과 같아서 스트레스 반응을 가속한다. 반면 부교감 신경계는 브레이크 페달처럼 스트레스 반응을 멈추게 한다.

하지만 내가 만난 대부분의 사람이 만성 스트레스 때문에 끊임없는 투쟁–도피fight-or-flight 상태에 놓여 있었다. 이는 교감 신경계가 과도하게 작동하고 있다는 것을 의미한다. 이런 상황에서는 뇌의 일부인 편도amygdala가 나서게 된다. 이것은 도마뱀이 가지고 있는 원시적 두뇌 기능의 전부이기 때문에 '도마뱀 두뇌'라고도 불린다. 편도는 뇌의 전두엽 피질 '사고와 추론' 부분을 작동하지 못하게 만든다. 즉 더는 합리적인 결정을 내릴 수 없게 하는 것이다. 스트레스를 통제하는 것이 이렇게나 중요하다.

중요성

코르티솔은 우리의 건강과 웰빙에 중요하게 작용하며, 이것 없이는 건강한 삶을 살기 어렵다. 스트레스에 대비하는 것 외에도 코르티솔은 다음과 같은 다른 중요한 기능을 하고 있다.

- 부상, 관절염 또는 알레르기로 몸이 공격을 받으면 천연 항염증 작용을 한다.
- 면역 시스템을 자극한다.
- 민첩성, 집중력, 기분 및 기타 인지 기능을 향상한다.
- 식욕을 조절하고 간식 욕구와 싸운다.
- 심혈관 건강을 지킨다.
- 생식 능력 향상을 돕는다.
- 근육이 운동에 반응하는 데 도움이 된다.

불균형

코르티솔은 분명히 이로운 호르몬이다. 하지만 스트레스(인식하고 있거나 인식하지 못하는 스트레스)가 해소되지 않아 코르티솔이 지속해서 증가한다면 여러 단점이 나타난다. 못된 직장 상사, 경제적 어려움, 건강하지 않은 대인 관계와 같은 지속적인 스트레스는 코르티솔이 넘치게 만들고 이는 우리 신체에 해롭게 작용한다. 코르티솔이 높은 상태가 지속되면 인슐린, 옥시토신, 프로게스테론, 에스트로겐, 테스토스테론 등의 성호르몬 같은 다른 호르몬의 생성을 방해한다. 교감 신경계가 과도한 투쟁-도피 상태에 머무르면 몸이 닳아 버릴 수 있다. 그리고 인슐린 과다, 만성 염증, 면역력 저하, 스트레스 관련 소화 문제 등 다양한 대사적 혼란이 발생한다.

과도한 코르티솔은 체중 증가와 비만이라는 문제를 만든다. 코르티솔은 세 가지 방법으로 체중 증가 가능성을 높인다. 첫째, 코르티솔이 지속적으로 높은 상태를 유지하면 '내장 지방'이 쌓일 수 있다. 이 지방은 복부의 백색 지방 아래에 숨어 있으며 내장을 보호하는 역할을 한다. 간과 창자 같은 기관을 보호하기 위한 것이다. 다만 이런 내장 지방이 과다할 경우에는 염증을 증가시키기 때문에 인슐린 저항성, 당뇨병, 심장 질환 및 유방암과 같은 심각한 건강 문제로 이어질 수 있다.

코르티솔은 저장된 중성 지방을 내장 지방 세포로 옮겨 내장 지방의 축적을 촉진한다. 이 지방 세포 내부에는 더 많은 코르티솔을 생성하는 효소들이 있으며 이는 부신이 이미 많은 코르티솔을 분비하고 있는 상황에서 아픈 곳에 소금을 뿌리는 것과 같은 효과를 낸다.

중성 지방은 피부 아래 두 손가락으로 잡을 수 있는 지방인 피하 지방보다 코르티솔 수용체가 40배 많은 내장 지방에 자석처럼 끌린다. 이렇게 코르티솔 수용체가 많아지면 스트레스로 허리 주변에 살이 찌는 '코르티솔 복부' 현상이 나타나기도 한다.

둘째, 혈당 수치가 높아지면 코르티솔 수치가 높아지고 이는 내장 지방의 저장을 촉진한다. 과도한 코르티솔은 '글루코스신생합성 gluconeogenesis'을 자극한다. 이는 몸이 단백질 저장소를 분해한 뒤 변환하여 연료로 사용하거나 저장하는 과정이다. 이 과정은 몸의 다른 부분에서 지방을 이동시켜 내장 지방으로 옮긴다. 이처럼 지속해서 스트레스를 받을 때 몸에 내장 지방이 쉽게 쌓이게 되는 것이다.

셋째, 다양한 연구에서 나타났듯이 코르티솔은 식욕을 증가시킬 뿐 아니라 탄수화물이 많이 들어 있고 설탕이 많은 음식을 먹고 싶게 만든다. 캘리포니아 대학교 샌프란시스코 캠퍼스에서 진행한 연구에 따르면 실험실에서 스트레스 유발 상황을 시뮬레이션한 후 코르티솔을 더 많이 분비하는 폐경주변기 여성들이 그렇지 않은 여성보다 설탕과 지방 함량이 높은 음식을 더 많이 먹는 것으로 밝혀졌다. 식욕이 솟구치면 이는 자연스럽게 체중 증가로 이어지는 것이다.

코르티솔은 수치가 높을 때 가장 많은 문제가 발생하지만, 어떤 경우에는 코르티솔 수준이 지나치게 낮아지기도 한다. 코르티솔 결핍은 부신이 충분한 코르티솔을 생산하지 못할 때 발생하는데, 주로 애디슨병 Addison's disease이나 뇌하수체 질병이 원인이 되기도 한다.

간헐적 단식과 코르티솔

단식과 코르티솔을 논할 때, 단식은 '호르메시스 스트레스'로서 도움이 되는 스트레스로 분류된다는 사실이 중요하다. 이는 세포 내 반응을 생성해 미래의 더 강한 스트레스 요인에 대비하도록 몸을 준비시킨다. 그러나 현재 이미 많은 스트레스를 받고 있다면 단식은 좋지 않은 선택일 것이다. 적어도 당장은 그렇다. 왜냐하면 단식은 코르티솔을 낮추지 않고 오히려 높일 가능성이 있기 때문이다.

그래서 나는 간헐적 단식을 하고 싶어 하는 여성들에게 수면과 영양, 스트레스 관리와 같은 요소들을 통제할 수 있게 된 후에 IF:45 프로그램을 시작하도록 권한다. 그렇게 하면 코르티솔 균형을 포함한 간헐적 단식의 모든 이점을 효과적으로 얻을 수 있다. 이 책을 통해 다양한 자기 관리 전략으로 간헐적 단식을 성공적으로 돕는 라이프 스타일을 배울 수 있을 것이다.

옥시토신: 모성 호르몬

옥시토신을 들어본 적이 있는가? 옥시토신은 사랑과 유대감을 나타내는 호르몬이다. 옥시토신은 뇌하수체에서 생산되며 혈관에 분비된다. 뇌, 자궁, 태반, 난소 및 고환과 같은 다른 조직에서 분비되기도 한다. 심지어 소화 기관의 세포에도 옥시토신 수용체가 있다. 이 호르몬은 위액과 호르몬을 자극하여 몸이 더 많은 영양분을 흡수할 수 있게 돕는다. 올바른 수치가 유지될 때 신체적, 정신적, 감정적 건강을 개선할 수 있는 놀라운 호르몬이다.

중요성

옥시토신은 수유 중에 분비되어 엄마가 신생아와 유대감을 형성하는 데 도움을 준다. 성적 친밀감, 특히 오르가슴 상태에서도 역시 수치가 급증한다. 옥시토신은 여성의 월경 주기 동안 오르내리다가 배란 시기가 되면 최고점에 이른다. 놀랍게도 이에 따라 좀 더 애정이 넘치고 격렬한 기분을 느낄 수 있는데, 이는 임신 확률을 높이려는 신체의 시도일 수 있다. 옥시토신은 에스트로겐, 프로게스테론과 함께 배란 후 황체기 동안 감소하는데 이 때문에 기분 변화가 나타날 수 있다.

인슐린과의 관계에 있어서 옥시토신은 세포를 인슐린에 더 민감하게 만든다. 이것은 신체에 좋은 작용이다. 대사 유연성이 높아져 세포가 연료를 더 효율적으로 사용할 수 있도록 하기 때문이다. 또한 코르티솔을 상쇄하고 낮추어 스트레스를 관리하는 데 도움을 준다. 옥시토신이 부족하면 스트레스를 더 많이 느끼고 다른 사람들과의 소속감이 떨어지거나 자신에 대한 확신이 낮아질 수 있다. 그러나 안정적인 수준에서 분비되는 옥시토신은 우리를 행복하고 평온하게 만들어 준다. 만족스러운 성생활을 가지게 하며 열정을 솟구치게 하고, 건강과 치유를 촉진하여 젊음을 유지하고 느끼도록 도와준다.

최근 몇 년 동안 옥시토신이 건강의 다른 측면에 미치는 흥미로운 발견이 있었다. 그중 하나는 당뇨 및 체중과 관련이 있다. 한 연구진은 비만인 실험 쥐를 대상으로 옥시토신이 인슐린 저항성을 완화하고 글루코스 내성을 개선했다는 것을 확인했다. 인슐린 기능이 개선되면 체중 감소가 따라온다. 연구진은 당뇨가 없는 비만인을 대상으로 하여 연구를 계속했다. 그리고 옥시토신을 통해 좋은 콜레스테롤HDL이 상승하고 나쁜 콜레스테롤LDL, 체중, 식사 후 혈당 수치가 모두 하락하는 것을 발견했다.

옥시토신은 골다공증의 통제와 예방 측면에서도 큰 도움이 될 수 있다. 여성은 25세에서 30세 사이가 되면 점차 골 질량이 감소하기 시작한다. 체내 에스트로겐의 양의 변화로 폐경 후에는 골 질량 감소가 가속한다. 브라질 상파울루대학교의 과학자들은 생식 기간이 끝난 암컷 쥐에게 옥시토신을 투여했을 때 옥시토신이 골다공증의 일부 유발 요인을 반대로 바꿨다고 밝혔다. 골다공증은 골밀도 감소, 골 강도 저하, 그리고 골 형성에 필요한 물질의 결핍이 유발 요인으로 포함된다.

불균형

신생아와 유대감을 형성하지 못한다거나, 사랑하는 이들에게 소속감을 느끼지 못하거나, 일반적인 사랑 관계에 관심이 없는 세상을 상상해 보라. 그것이 바로 옥시토신이 없는 세상이다. 꽤 충격적이지 않은가? 옥시토신의 중요성은 아무리 강조해도 지나치지 않다. 옥시토신은 중간이 없다. 옥시토신은 제대로 분비되면 놀라운 역할을 수행하지만, 제대로 분비되지 않을 땐 여러 괴로운 증상으로 나타난다.

옥시토신이 낮다는 징후는 다음과 같다.
- 성적인 쾌락이 거의 없거나 전혀 없다.
- 관계에서 정신적 유대감을 형성하지 못한다.
- 사회적 상호 작용에 관심이 없다.
- 지속적으로 스트레스를 받는 느낌이 있다.
- 우울증과 불안증이 있다.

이것들은 단지 몇 가지 증상에 불과하며 옥시토신 수치가 낮아지면 전반적인 정신적 건강과 신체적 건강 모두에 좋지 않다. 다행히도 옥시토신에는 많은 이점이 있어 우리는 자연스럽게 옥시토신을 증가시키고 싶어 한다. 옥시토신을 증가시키는 방법은 엄마와 아이의 유대감 형성이나 성적 친밀감 외에도 다양하다. 포옹하기, 요가하기, 명상하기, 마사지 받기, 아이들이나 반려동물과 놀기, 심지어 쇼핑까지도 옥시토신 분비를 돕는다.

간헐적 단식과 옥시토신

옥시토신 수치를 높이면 배고픔과 간식 욕구를 억제하여 더 오랫동안 단식을 유지할 수 있다. 연구에 따르면 옥시토신은 다이어트하는 사람들이 더 오래 배부름을 유지하고 식사 사이의 간식 욕구가 줄어들도록 돕는다.

한 연구에서 과체중 및 비만인 남성 10명에게 고칼로리 음식의 이미지를 보여 주었다. 그들이 이미지를 볼 때 먹는 기쁨과 관련된 뇌 일부가 활성화되었다. 그런 다음 참가자들에게 옥시토신과 위약(가짜 약) 중 하나를 주었다. 옥시토신을 복용한 남성은 해당 영역의 뇌 활동이 약해졌다. 즉 옥시토신이 고칼로리 음식에 대한 욕구를 줄인 것이다.

물론 식욕과 옥시토신의 연관성에 대한 더 많은 과학적 연구, 특히 여성을 대상으로 한 연구가 필요하다. 현재로서 내가 제안하는 것은 다음과 같다. 단식을 할 때 하루 중 여러 번 애정 표현, 포옹, 키스 등 다양한 유대감 형성을 통해 소속감을 느끼도록 하라. 유대감 호르몬은 3~5분 간격으로 사라지기 시작하니 하루에 조금씩 시간을 내서 옥시토신을 건강한 수준으로 유지할 필요가 있다.

마스터 호르몬은 다른 모든 호르몬과 마찬가지로 건강에 상당한 영향을 미치며, 인생의 단계에 따라 지속적으로 변화한다. 신체적, 정서적 측면에서 모든 호르몬이 우리의 삶을 만들어 나간다. 그뿐만 아니라 호르몬은 여성을 여성답게, 남성을 남성답게 만든다. 호르몬은 몸의 모든 기능에 있어 중요한 역할을 하며 이는 결코 과장이 아니다. 호르몬의 적절한 균형이 이루어지지 않는다면 제대로 살아갈 수 없다. 이 책을 통해 소개하는 IF:45 프로그램은 호르몬 균형을 회복하는 데 분명히 도움이 될 것이다.

3장 체중 조절 호르몬 활성화하기

"무슨 짓을 해도 체중이 줄지 않아요."

내가 맡은 환자와 고객들이 가장 많이 하는 말이다. 이들은 나이가 들면서 찾아온 몸의 변화 때문에 고통스러워했고, 지치고 부끄럽다고 생각했다. 자기 모습을 마음에 들어 하지 않는 것이다. "그냥 이제 나이를 먹는 거야. 할 수 있는 것이 없으니 받아들여야 해"라는 말은 그만 듣고 싶어 했다.

그럼에도 이들은 체중 감량을 목표로 간헐적 단식을 시작하고자 하는 의지에 불타고 있다. 나도 충분히 이해한다. 나 역시 같은 이유로 시작했기 때문이다. 갱년기 동안 내 몸에 붙은 부담스러운 체중을 감량하고 싶었다.

나이가 들어감에 따라 호르몬이 변하고 몸의 형태가 변해 근육보다 지방이 더 많아진다. 평균적인 성인 여성은 식사 습관의 변화가 없음에도 30대부터 70대까지 평균 6kg가량 체중이 늘어난다고 추정한다. 근육은 (근력 운동을 하지 않는 한) 손실되기 마련이며 지방이 쌓여 허리와 엉덩이, 허벅지와 같은 부위로 이동한다. 한때 매끈하고 근육질이었던 몸이 점점 처지게 되는 것이다.

우리는 모두 이전의 외모를 다시 찾고 싶고 상쾌한 기분을 느끼고 싶다. 거기에 도달할 수 있다면 다른 놀라운 장점들도 함께 누릴 수 있을 것이다. 나는 여성들에게 체중을 줄이기 위한 싸움에는 단순히 아름다운 외모를 갖는 것 이상의 의미가 있다고 말한다. 체지방이 과도해지면 인슐린 저항성이 생기거나 당뇨병이 발병할 위험이 있고, 고혈압이 생기거나 심혈관 질환을 앓게 되거나, 골관절염에 시달릴 수 있다. 모두 비만과 관련된 질환이다. 날씬한 상태를 유지하는 것은 건강한 상태를 유지하는 것을 의미한다.

이를 달성하기 위한 최고의 방법은 무엇인가? 당신과 나, 우리 모두는 이미 무엇을 먹어야 할지, 어떤 운동을 해야 할지에 대해 많은 방법이 이미 나와 있다는 것을 안다. 어떤 다이어트 방법은 의학적으로 타당하고, 어떤 방법은 빠른 감량이 가능하지만 잠재적으로는 위험하다. 맞다. 우리는 식단에 신경을 써야 하고 활동적인 생활을 유지해야 한다. 둘 다 효과가 있을 것이다. 하지만 그것만으로는 충분하지 않다. 중요한 점은 체중 증가와 지방 재분배의 기저에 있는 호르몬 문제를 바로잡아야 한다는 것이다. 호르몬 불균형은 체중 감량과 유지를 어렵게 만들고 비만 위험을 더욱 높일 것이기 때문이다.

식단과 운동만으로는 문제를 해결하지 못한다. 호르몬의 불균형을 바로잡아야 한다. 체중 조절 호르몬을 비롯한 호르몬 문제를 다루지 않는 다이어트 방법은 당신에게 해가 되고 영구적인 결과를 가져다주지 못한다. 특정 호르몬이 불균형하거나 나이와 함께 감소하면 체중 증가를 촉진하고 호르몬 결핍과 관련된 이차적인 문제를 일으킨다.

이제 좋은 소식을 이야기하겠다. 간헐적 단식을 더 나은 영양 섭취와 생활 습관을 바탕으로 병행한다면 일반적인 다이어트보다 훨씬 더 큰 효과를 볼 수 있다. 이렇게 되면 호르몬을 치유하고 재균형을 맞추며, 결핍과 대사 문제를 바로잡을 수 있다. 이상적이고 안정적인 체중을 유지할 수 있게 되며, 그 결과 앞서 이야기한 삶을 바꿔 놓는 혜택을 누릴 수 있을 것이다.

체중 조절 호르몬

사실 모든 호르몬이 대사율, 식욕, 근육 조직, 에너지를 위한 글루코스 사용 능력, 스트레스 수준, 수면 및 수분 보유 등에 영향을 미치기 때문에 모든 호르몬이 체중에 영향을 준다고 할 수 있다. 우리는 앞서 코르티솔과 인슐린 불균형과 같은 체중에 영향을 주는 호르몬 문제에 대해 이야기했다. 그에 더해 다른 더 미묘한 부분들이 당신이 원하는 몸을 얻는 것을 방해하고 있다. 이러한 문제를 관리하면 체중, 체형, 식욕에 도움이 될 것이다.

렙틴과 그렐린: 배고픔 호르몬

그동안 내 고객 중에는 단식을 하면 배고픔을 견디기 힘들 것이라고 걱정하거나. 몸이 약해지는 느낌이 들거나 정신이 맑지 않을 것이라고 생각하는 사람이 많았다. 하지만 믿어 보자. 전혀 그렇지 않다. 이는 간헐적 단식이 포만감을 높이는 렙틴과 식욕을 높이는 그렐린이라는 두 가지 주요 배고픔 호르몬을 조절하기 때문이다.

중요성 - 렙틴

'포만감 호르몬'으로 알려진 렙틴은 1994년에 처음 발견되었다. 과학자들은 배고픔을 줄이는 역할을 하는 이 호르몬이 비만과 체중 증가의 생리학적 원인을 밝혀낼 수 있는 열쇠가 될 수 있다고 생각했다. 이 호르몬은 주로 백색 지방 세포(아디포사이트)에서 생산되며, 갈색 지방 조직, 난소, 골격 근육, 위의 하부 등 몇몇 다른 부위에서도 만들어진다.

배부름을 느꼈을 때 먹던 숟가락을 멈추고 식탁에서 몸을 일으키도록 하는 것이 렙틴의 역할이다. 렙틴이 제대로 작동하면 만족스러운 만큼만 먹은 뒤에는 더 이상 음식을 먹고 싶지 않게 된다. 또 렙틴은 에너지와 음식 섭취를 조절함으로써 체중을 유지하는 데 도움을 준다.

렙틴이 발견된 이후로 신체 안에서 렙틴이 어떤 역할을 하고 있는 지 밝혀졌다. 렙틴은 단순히 식욕을 억제하는 '배고픔 호르몬' 이상으로 다음과 같은 역할을 한다.

- 혈중 지방(중성 지방)을 연료로 사용
- 백색 지방을 갈색 지방으로 전환
- 지방 저장 관리
- 운동에 영향을 줌(적절한 활동이 렙틴 민감도를 향상함)
- 뼈 형성에 관여
- 면역 및 염증 반응 조절
- 새로운 혈액 세포와 새로운 혈관 생성 도움
- 상처 치유에 도움
- 사춘기를 시작
- 혈압, 심장 박동 수, 갑상샘 기능 및 월경 주기를 조절

불균형 - 렙틴

어떤 사람의 뇌는 렙틴을 잘 감지하지 못한다. 즉 '배부름' 반응이 나타나지 않는다. 이는 렙틴 저항이라고 불리는 호르몬 불균형의 한 유형이다. 렙틴 저항은 신진대사 유연성을 떨어트리고 인슐린 저항을 유발하거나 이의 원인이 될 수 있다. 또 당이 함유된 탄수화물 같은 음식을 더 많이 찾도록 만든다. 이러한 과정이 계속되면 다음과 같은 악

순환이 반복된다. 더 많이 먹을수록 지방이 쌓이고 렙틴에 대한 몸의 민감도는 줄어든다. 그동안 체중이 증가하고 살을 빼기는 어려웠다면 렙틴 저항이 그 이유일 수 있다.

다른 부작용도 있다. 렙틴 저항은 갑상샘 건강을 손상시켜 신진대사를 느리게 할 수 있다. 이에 따라 혈압이 높아질 수 있는데, 이는 심혈관 건강에 좋지 않다. 또 불안과 우울감 같은 기분 장애를 악화시키며 다른 많은 문제를 일으키기도 한다.

렙틴 저항의 원인은 무엇인가? 다음과 같은 요인들이 있다.
- 비만
- 만성적으로 높은 인슐린 수치
- 시상 하부 염증
- 특히 설탕처럼 염증을 일으키는 음식이 많은 식단
- 수면 부족과 불면증
- 운동 부족

중요성 - 그렐린

그렐린은 흔히 '배고픔 호르몬'으로 알려져 있다. 그렐린은 식후 어느 정도 시간이 지났을 때, 식사 때가 아닌데도 '뭐 좀 먹어라'라고 말하는 엄마나 할머니처럼 나타난다. 그렐린은 식욕을 자극하고 음식 섭취량을 증가시키며 지방 저장을 촉진한다. 내분비학회 Society of Endocrinology에 따르면 그렐린을 투여받은 성인은 음식 섭취량이 30% 증가했다고 한다.

그렐린은 주로 위에서 생성되고 분비되며 소장, 췌장, 뇌에서도 소량이 분비된다. 그렐린을 조절하는 곳은 소화에 큰 영향을 미치는 부

교감 신경계다. 그렐린이 배고픔을 자극한 뒤 식사로 배고픔을 충족시
키면 부교감 신경계는 소화계에 '이제 그만 쉬고 소화하라'라고 지시
하고 이후 그렐린 농도가 감소한다. 그렐린은 성장 호르몬의 분비를
활성화해 지방 조직을 분해하고 근육 조직의 성장을 촉진한다. 또 심
혈관계를 보호하고 인슐린 분비를 조절하는 데 도움을 준다.

불균형 - 그렐린

그렐린 수치는 체중 감량 다이어트를 시작하면 크게 상승한다. 다
이어트를 오래 할수록 수치가 더 상승하는데, 이것이 바로 전형적인
다이어트가 장기적으로 효과가 없는 이유 중 하나다. 한 연구에서 6개
월간 다이어트를 한 사람들의 그렐린 수치가 24% 증가했다는 것을 발
견했다. 따라서 체중을 줄이기 위해서는 그렐린 수치를 낮추는 것이
도움이 될 수 있다.

그렐린 수치는 식욕 장애인 거식증이 있는 사람들에서도 높게 나타
난다. 식품 섭취를 자극하여 체중 증가를 촉진하려는 몸의 방어 메커
니즘의 일종인 것이다. 그렐린은 주로 위에서 생성되기 때문에 위 절
제 수술 후 나타나는 체중 감소가 그렐린 분비 장애를 일으킬 수 있다.

이렇게 호르몬들은 각자의 목적이 있으며 대부분은 잘 작동한다.
하지만 그렐린과 렙틴 균형에 어떤 변화가 생긴다면 식욕 증가, 달콤
한 음식과 단순 탄수화물에 대한 갈망, 과식, 충동적인 음식 섭취, 그리
고 신진대사 감소와 같은 현상이 발생할 수 있다.

간헐적 단식과 배고픔 호르몬

간헐적 단식을 하는 시간 대부분은 밤에 잠을 자는 시간이다. 다행
히도 렙틴 수치는 수면 중에 상승한다. 이는 뇌가 잠자는 동안에는 깨

어 있을 때보다 훨씬 적은 에너지가 필요하다고 몸에 전달하고 있기 때문이다.

단식과 렙틴 수치와 관련하여 라마단 동안 사람들에게 어떤 일이 일어나는지 연구한 사례가 있다. 라마단 기간 중 이슬람교도들은 낮 동안 아무 음식과 음료도 섭취하지 않고 단식한다. 한 연구에서는 라마단 동안 단식하는 여성들의 렙틴 수치가 매우 증가하여 단식하는 동안에는 크게 배고프지 않고 만족감을 느꼈다고 발표했다.

일반적으로 단식으로 위가 비어 있는 상태에는 그렐린이 더 많이 분비되어 배고픔을 많이 느낄 것이라 생각한다. 하지만 놀랍게도 이는 사실이 아니다. 오히려 단식은 그렐린을 감소시켜 허기를 줄인다.

한 연구에서 참가자들은 33시간 동안 단식을 했고 20분마다 그렐린 수치를 검사받았다. 해당 연구에서 가장 큰 발견 중 하나는 단식 중 그렐린 수치가 안정적이었다는 것이다. 즉 33시간 동안 음식을 섭취하지 않아도 시작할 때와 마찬가지로 배고픔이 더 심해지거나 줄어들지 않았다. 음식 섭취 여부와 관계없이 허기 수준은 같았고, 또 다른 연구에서는 3일간의 단식 동안 그렐린이 점진적으로 감소했다. 참가자들은 3일 동안 음식을 먹지 않았음에도 허기를 훨씬 덜 느꼈다.

하지만 그렇게 긴 시간 동안 단식할 필요는 없다. 한 연구에서 16:8 단식 방법을 연구한 결과 8시간 동안만 음식을 섭취하는 방법을 4일간 시도했을 때도 전체적인 참가자들의 그렐린 수치가 낮아지고 허기 수준 역시 상당히 낮았다고 밝혔다. 이러한 현상의 원인 중 하나는 음식을 먹지 않으면 인슐린이 분비되지 않고 혈당이 오르내리지 않기 때문에 배고픔이나 음식에 대한 갈망을 느끼지 않는 것이다.

허기 호르몬에 대한 해당 연구의 최종 결론은 단식한다고 해서 배고픔이 감당하기 어려운 수준으로 증가하지 않는다는 것이다. 단식할 때는 오히려 허기를 잘 못 느낀다. 바로 우리가 원하는 결과다.

이는 칼로리 제한 다이어트 방법으로는 불가능하지만, 간헐적 단식을 통해서는 가능하다. 추가로 강조하고 싶은 것은 간헐적 단식과 더불어 질 좋은 수면을 해야 한다는 것이다. 수면의 질이 나쁘면 그렐린이 증가하기 때문이다. 따라서 잠이 부족한 사람은 온종일 배고픈 상태로 케이크, 쿠키, 사탕과 같은 가공 탄수화물과 다른 정크 푸드를 먹고 싶어 할 것이다.

다른 배고픔 관련 호르몬

다른 호르몬들도 배고픔과 식욕에 보조 역할을 한다.

- 신경펩타이드 Y[NPY]. 주로 시상 하부에 있는 NPY는 식사 중 포만감이 느껴지는 것을 지연시킨다. 렙틴은 NPY의 작용을 멈추게 도와 음식을 먹으라는 신호를 차단한다.
- 펩타이드 YY[PYY]. 이 호르몬은 식사 후 장에서 만들어진다. 그 후 혈류에 들어가 시상 하부로 이동하여 NPY를 억제해 식욕을 줄인다.
- 콜레사이스토키닌[CCK]. 처음 발견된 포만 호르몬인 CCK는 위장관, 특히 소장에서 분비된다. CCK는 식사 후 빠르게 상승하며, PYY의 초기 분비를 촉진한다.
- 글루카곤 유사 펩타이드-1. GLP-1로 약칭되는 이 호르몬은 식사 후 소화 기관에서 분비되어 포만감을 느끼게 도와준다.
- 아디포넥틴. 이 호르몬은 인슐린 민감도를 개선하고 혈당 수준

을 조절하여 배고픔을 느끼지 않고 과식하지 않도록 돕는다. 또 지방 연소와도 관련이 있다.

글루카곤: 지방 방출 호르몬

췌장에서 분비되는 글루카곤은 인슐린과 함께 혈당(글루코스)을 조절하고 안정화하는 역할을 한다. 글루카곤의 주요 역할은 혈당이 너무 낮아지지 않도록 막는 것이며, 이는 주로 간에 저장된 탄수화물을 글루코스로 전환하며 이루어진다. 뇌는 음식이 필요하다는 메시지를 받으면 글루카곤을 분비한다. 글루카곤은 지방 연소와도 관련이 있다. 인슐린이 지방을 생성하는 반면 글루카곤은 지방을 분해하고 우리 몸이 장기적으로 지방을 에너지로 사용할 수 있도록 돕는다.

중요성

글루카곤은 저혈당을 막기 위해 간과 관련해 다음의 세 가지 방법으로 작용한다. 첫째, 간에 저장된 탄수화물(글리코젠)을 글루코스로 전환하여 이 연료가 에너지로 사용되도록 혈류에 들어갈 수 있게 한다. 이 과정을 글리코겐 분해라고 한다. 둘째, 아미노산으로부터 글루코스 생산을 촉진하는데, 이 과정이 앞서 언급한 글루코스신생합성이다. 셋째, 간에서 사용되는 글루코스의 양을 줄인다. 이에 따라 적절한 혈당 수준을 유지하기 위해 더 많은 글루코스가 혈류에서 사용된다. 앞서 언급했듯이 글루카곤은 지방 연소 호르몬이기도 하다. 혈당이 낮을 때 에너지로 쓰기 위해 지방 분해를 촉진한다.

불균형

대부분 호르몬과 달리 글루카곤의 불균형은 드물다. 하지만 혈당 수치가 너무 자주 큰 범위로 오르내린다면 몸이 글루카곤을 제대로 조절하지 못하는 것일 수 있으니 주의가 필요하다. 글루카곤 수치가 비정상이라는 징후로는 저혈당증이나 낮은 혈당 등이 있고 종종 이로 인해 어지러움, 현기증, 피로, 혼란 등이 동반된다.

간헐적 단식과 글루카곤

신진대사가 유연한 상태에서 간헐적 단식을 한다면 인슐린 수치를 낮게 유지할 수 있다. 글루카곤은 혈당 수준을 안정화하고 혈당이 너무 떨어지지 않도록 돕는다. 또한 몸을 지방 연소 모드로 전환시킨다.

식사 가능 시간(피딩 윈도우) 동안 탄수화물을 제한하고 단백질 섭취를 늘린다면 글루카곤의 분비를 더욱 촉진할 수 있다. 간헐적 단식에 저탄수화물, 고단백질 식사를 동반하면 글루카곤이 증가하여 지방을 연소하고 혈당을 안정시키며 몸이 과도한 인슐린을 생성하는 것을 막을 수 있다. 즉, 저장되는 지방이 줄어드는 것이다.

성장 호르몬: 청춘의 호르몬

성장 호르몬GH은 뇌하수체에서 생성되고 분비된다. 성장 호르몬은 몸속 모든 세포에게 영향을 미치며 성장 인자를 분비하도록 한다. 또한 다른 호르몬이 세포로 들어갈 수 있도록 하여 효율적으로 작용할 수 있게 돕는다. 이것이 성장 호르몬이 성장, 세포 재생, 세포 회복에 중요하게 작용하는 이유다. 성장 호르몬은 노화 과정을 늦추는 것으로 알려져 청춘의 샘으로 불리고 있다.

중요성

성장 호르몬은 건강한 신체 조직, 특히 근육량을 유지, 구축, 회복하는 데 도움을 준다. 이것이 중요한 이유는 근육은 신진대사 유연성을 높이고 지방을 연소하며 더 날씬한 신체 구성(바람직한 근육과 체지방 비율)을 유지하기 때문이다. 성장 호르몬은 다음과 같은 기능을 함께 가지고 있다.

- 피부의 탄력을 개선한다.
- 골밀도를 높인다.
- 면역 시스템을 강화한다.
- 에너지와 체력을 증진한다.
- 정신을 맑게 한다.
- 기분을 좋게 한다.

성장 호르몬은 보통 코르티솔, 아드레날린과 함께 아침에 일어나기 전에 분비된다. 이렇게 호르몬이 한꺼번에 분비되면 우리 몸은 글루코스를 에너지로 사용해야 하니 글루코스의 가용성을 높이라는 신호를 받는다. 이것이 우리가 하루를 시작할 에너지를 얻게 되는 과정이다.

불균형

대부분의 호르몬과 마찬가지로 성장 호르몬 역시 20대 초반에 정점을 찍고 노화에 따라 점차 감소한다. 50세가 되면 성장 호르몬의 양은 약 절반으로 줄어들고 이후 계속해서 감소한다. 주요 부작용으로는 체지방 증가, 근육량 감소, 골 질량 손실 등이 있다. 이는 자연스러운 변화지만 최근에는 합성 성장 호르몬을 처방하여 근육과 골 질량 감소

같은 노화에 따른 변화를 지연시키는 방법에 관심이 높아지고 있다.

일반적으로 합성 성장 호르몬은 정상적으로 성장하지 못하는 특정 질환이 있는 아이들에게 처방된다. 그러나 메이요 클리닉에 따르면 정상적으로 성장하고 있는 어린이나 인공 성장 호르몬이 필요하지 않은 성인이 이런 약을 먹게 되면 심각한 부작용이 발생할 수 있다고 한다. 부작용으로는 당뇨병, 심장이나 신장, 간 등의 내장 기관 및 뼈의 이상적인 성장, 동맥 내벽에 플라크(지방)가 축적되어 동맥이 좁아지고 경화되는 동맥 경화증, 그리고 고혈압 등이 있다. 그러나 다행히도 굳이 이런 약을 섭취하지 않아도 성장 호르몬을 자연적으로 증가시키는 방법이 있다.

성장 호르몬을 자연적으로 증가시키기

단식 외에도 성장 호르몬 생성에 도움이 되는 방법이 있다.

- 복부 지방 감소(간헐적 단식이 도움이 될 수 있다). 복부 지방이 많은 사람은 성장 호르몬 생성이 저하되고 질병 발생 위험이 높다.
- 정제당 섭취하지 않기. 정제당은 인슐린을 증가시키고 높은 인슐린 수치는 성장 호르몬을 낮게 만든다.
- 자기 전에 음식 먹지 않기. 늦은 밤 식사는 인슐린을 급격하게 올리고, 야간 성장 호르몬 생성을 방해할 수 있다.
- 수면의 질 높이기. 성장 호르몬은 밤에 분비된다.
- 고강도 인터벌 트레이닝 및 타바타 트레이닝을 이용한 고강도 운동하기.

간헐적 단식과 성장 호르몬

자연스럽게 성장 호르몬^{GH}을 높이는 가장 효과적인 방법은 간헐적 단식을 하는 것이다. 우리 몸은 단식을 할 때 평소보다 많은 성장 호르몬을 생성하고 인슐린은 보다 덜 생성한다. 한 연구에서는 이틀 동안 단식을 진행한 뒤 확인해 보니 성장 호르몬 혈중 농도가 최대 5배까지 증가했다고 한다. 성장 호르몬이 높아지면 지방 연소가 활발해지고 근육이 성장하며 젊음을 되찾게 해 줄 뿐 아니라 그 외에도 여러 가지 이점이 나타난다.

노르에피네프린: 지방을 태우는 스트레스 호르몬

노르아드레날린으로도 알려진 노르에피네프린은 뇌와 부신에서 생성되는 호르몬이자 신경 전달 물질이다. 신경 종말을 통해 신호를 전달하는 화학 물질이다. 노르에피네프린은 코르티솔과 같은 다른 호르몬들과 마찬가지로 몸이 스트레스에 대응할 수 있게 돕는다. 이 호르몬은 싸우거나 도망치기 위해 우리 몸을 준비시키는 원시적인 투쟁-도피 반응fight-or-flight response과 관련이 있다. 선사 시대 사람들이 날카로운 이빨을 가진 맹수와 같은 포식자로부터 도망쳐야 할 때 생명을 구할 수 있게 하는 반응이었다. 실제로 위협을 가하는 호랑이가 아니더라도 우리 마음속에는 '날카로운 이빨을 가진 호랑이'가 있다. 재정 문제, 업무 관련 스트레스, 실패한 인간관계 등이 대표적이다. 노르에피네프린과 다른 스트레스 호르몬들은 이러한 '위협'에 대응할 수 있도록 도와준다.

중요성

노르에피네프린은 주의, 경계, 경계 상태 및 불안을 조절하는 데 도움을 준다. 또한 지방 세포에서 지방산을 방출하고 혈당을 높여 몸에 에너지를 공급하도록 몸에 지시한다. 아드레날린과 함께 심장 박동 수를 높여 심장이 더 많은 혈액을 퍼뜨리게 한다. 또한 수면-각성 주기 sleep-wake cycle에도 중요한 역할을 하며, 사람이 잠에서 깨어나 하루를 시작하고 집중할 수 있도록 돕는다.

불균형

노르에피네프린 수치가 불균형할 경우 우울증, 불안, 외상 후 스트레스 장애, 물질 남용substance abuse으로 이어질 수 있다. 또 피로, 집중력 부족, 주의력 결핍 과다 행동 장애ADHD 및 우울증을 일으킬 수 있다.

간헐적 단식과 노르에피네프린

단식을 하면 신경계는 혈류에 노르에피네프린을 분비한다. 호르몬 수치가 높아지면 태울 수 있는 지방의 양이 증가한다. 간헐적 단식의 이러한 이점은 많은 연구를 통해 확인되었다. 한 연구에서는 건강하고 날씬한 11명의 참가자를 84시간 동안 단식시키고 글루코스와 노르에피네프린 수치를 분석했다. 그 결과 단식이 노르에피네프린을 증가시키고 글루코스를 감소시키는 것으로 나타났다. 이러한 현상은 지방 연소와 체중 감소를 위한 준비 과정이다. 또 다른 연구에서는 참가자를 72시간 동안 단식시켰다. 연구자들은 교감 신경계가 노르에피네프린을 분비해 지방 연소의 핵심 측면을 조절한다는 것을 관찰했다. 또 노르에피네프린 분비에 따라 대사율이 증가하여 지방이 효과적으로 연소되었다.

이런 지식을 알고 있다면 식단이나 운동 부족 때문에 체중이 증가하고 비만이 되었다고 자신을 비난할 필요가 없어진다. 분명한 것은 호르몬 불균형이 다이어트를 저해할 수 있다는 것이다. 체중 증가의 원인을 모르겠거나 무슨 수를 써도 체중 감량이 되지 않는다면, 일부 신체 호르몬의 불균형이 원인일 수 있다. 이때 간헐적 단식이나 식단, 수면, 스트레스 관리 및 호르몬 건강을 유지하는 라이프 스타일을 통해 이러한 문제를 충분히 개선할 수 있다.

4장 성호르몬, 갑상샘,
멜라토닌 회복하기

조이스를 처음 만났을 때가 생각난다. 조이스는 아름다운 검은 머리카락을 가진 40대 후반 여성이었는데, 몸 전체에 걱정스러운 변화가 일어나자 나를 찾아왔다. "몸이 점점 망가지는 것 같아요. 신체적인 것뿐만 아니라 성적으로도요." 조이스는 떨리는 목소리로 말했다. "밤에 계속 땀을 흘리고 잠도 잘 못 자요. 허리 주변에 살도 쪘어요. 한 번도 그런 적이 없었는데 말이죠. 그리고 저 스스로 성적 매력이 없어졌다고 느껴요. 남편과도 '느낌이 안 와서' 성관계가 크게 줄었어요."

만약 당신이 조이스와 비슷한 증상을, 그리고 몇 년 전의 나와 비슷한 증상을 겪고 있다면 조이스가 말하는 것이 어떤 느낌인지 짐작할 것이다. 대부분의 여성이 인생을 살아가면서 일정한 호르몬의 증감에 따라 경험하게 되는 증상이다. 이러한 변화는 불쾌할 수 있지만 우리 모두에게 각각 다른 강도로 발생하며 영양이나 생활 습관 변화, 간헐적 단식을 통해 관리하고 해결할 수 있다. 그러기 위해서는 우선 다른 주요 호르몬 몇 가지에 대해 알아야 하며, 이 호르몬이 어떻게 작용하고 왜 우리의 기분과 삶에 연결되어 있는지 알아야 한다.

우리 몸에는 200개 이상의 호르몬 또는 호르몬과 유사한 물질이 흐르고 있다. 이 중에는 성호르몬, 특히 에스트로겐과 프로게스테론이 있는데 이는 생식 기능과 월경 주기를 정상적으로 만들도록 돕고 피부 결, 근육 긴장도muscle tone, 체형과 같은 신체적 특성을 결정하는 데 도움을 준다. 여성에게 중요한 또 다른 성호르몬은 테스토스테론이다. 테스토스테론은 성욕을 촉진하여 우리가 성적 욕구를 느끼게 하고 관능적인 느낌을 받도록 한다. 또 골량과 근육량을 형성하여 다른 많은 이점을 제공한다.

이 세 가지 호르몬은 체내 모든 세포에서 발견되는 백색 지방질인 콜레스테롤에서 일련의 화학 반응을 통해 만들어진다. 체내 콜레스테롤의 약 75%는 우리가 먹는 음식이 아니라 간에서 생성되며, 나머지 25%는 동물성 단백질과 건강한 지방 같은 음식을 통해 공급된다. 그래서 자연스러운 방식으로 호르몬을 균형 있게 유지하려면 좋은 지방을 충분히 섭취하는 것이 중요하다. 이는 호르몬을 생성하고 건강한 호르몬 프로파일을 유지하는 데 도움이 된다.

이 장에서는 성호르몬 외에도 신진대사와 기분에 큰 영향을 미치는 갑상샘 호르몬과 같은 다른 호르몬들을 함께 살펴볼 것이다. 이들은 인슐린과 스트레스 호르몬 불균형에 민감하지만, 생활 습관을 조금만 바꾸면 금방 좋은 변화가 나타난다. 추가로 수면을 다룬 이야기가 많이 나올 것이다. 밤에 취하는 질 좋은 수면을 대체할 수 있는 것은 없다. 그만큼 수면은 호르몬 건강과 균형을 회복하는 데 매우 중요한 역할을 한다. 잠은 미뤘다가 몰아서 잘 수 있는 것도 아니다. 한번 놓치면 영영 놓친다.

간헐적 단식은 많은 시간이 잠을 자는 동안 진행된다. 우리 몸은 수면 중에 성장 호르몬을 회복하고 해독한다. 수면은 건강에 큰 영향을 미친다. 이 부분은 수면-각성 주기와 생체 리듬을 설정하는 호르몬인 멜라토닌의 도움을 받을 수 있다.

이렇게 호르몬과 다른 호르몬이 균형을 이루면 이전에 누리던 젊은 시절의 건강과 웰빙 상태를 회복할 수 있다. 호르몬이 다시 조화를 이루고 식단, 단식 및 긍정적인 생활 변화를 동반하면 나이에 상관없이 활력이 넘치는 건강한 상태를 얻게 될 것이다.

에스트로겐: 여성 호르몬의 삼위일체

에스트로겐은 여성 호르몬 삼총사인 생식 가능 기간 중 난소에서 분비되는 에스트라디올, 임신 중 생성되는 에스트리올, 그리고 갱년기 후 여성에게 발견되는 에스트론의 통칭이다. 에스트라디올[E2]은 생식이 가능한 기간과 월경을 하는 동안 난소에서 분비되며 가장 강력한 형태의 에스트로겐이다. 성욕을 증가시키고 피부, 눈, 입술, 질 등 몸의 조직을 촉촉하게 유지하는 역할을한다. 에스트라디올 수치는 갱년기 전부터 떨어지기 시작해 갱년기 이후에는 더욱 크게 하강한다. 에스트리올[E3]은 전체 에스트로겐의 약 10%를 차지하지만 주로 임신 중에 발견되며 태반에서 생성된다. 에스트론[E1]은 세 가지 에스트로겐 중 갱년기 동안 가장 우세하게 나타난다. 전체 에스트로겐의 약 10%를 차지하며, 주로 지방 세포, 난소 및 부신에서 만들어진다. 에스트론은 에스트라디올에 비해 약한 형태의 에스트로겐이다.

중요성

이러한 천연 에스트로겐은 성 특성 발달, 월경 주기 조절, 정상 콜레스테롤 수치를 유지하는 역할을 한다. 균형이 잡힌 에스트로겐은 피부를 부드럽고 촉촉하게 유지하고, 심혈관 질환을 예방하며, 기억력에 영향을 주고, 염증을 막는다. 에스트로겐은 지방 세포에서도 생성되기 때문에 체중에도 영향을 미친다. 자궁 절제술 후, 폐경기 및 폐경주변기 동안 체중이 증가하는 경향이 있는 것은 에스트로겐 수치가 변하기 때문이다. 중년기를 거치면서 에스트로겐 관련 체중 증가의 원인이 추가된다. 대사적 활성화 근조직이 감소하며(근육 감소증이라고도 함) 인슐린 저항성이 발생한다. 이러한 이유로 많은 여성이 나이가 들어감에 따라 체중 조절에 어려움을 겪는 것이다.

불균형

내 고객 중 많은 여성이 에스트로겐과 프로게스테론이라는 두 가지 핵심 호르몬의 불균형을 겪고 있었다. 이는 호르몬 불균형보다 더 영구적인 상태로 '에스트로겐 우세증'으로 알려져 있다. 에스트로겐 우세증을 앓는 여성들은 에스트로겐 수준이 과도하게 높고 균형을 맞추는 프로게스테론 수치는 비교적 낮게 나타났다.

에스트로겐 우세증의 증상은 폐경주변기, 갱년기 또는 심지어 PMS 와 유사할 수 있다. 증상의 예로 기분 변화, 과민성, 성욕 감소, PMS 증상 악화, 불규칙한 월경, 월경량 증가, 더부룩함, 체중 증가, 불안, 탈모, 수면 문제, 피로, 정신이 흐릿한 증상, 건망증, 불쾌감과 야간 발한, 그리고 생식 문제 등이 있다.

에스트로겐 우세는 두 가지로 나타난다. 첫 번째는 체내에서 발생하는 경우로 몸이 에스트로겐을 너무 많이 생성하고 제대로 제거되거나 대사되지 않는 것이다. 두 번째는 체외에서 발생하는 경우로 우리가 제노에스트로겐xenoestrogen이라고 불리는 환경에서 인공 에스트로겐에 노출되고 인공 에스트로겐이 몸에서 제대로 제거되지 않는 것을 말한다. 체내 에스트로겐 수치가 높아지는 요인은 다음과 같다.

- **섬유질 결핍 식단.** 섬유질은 음식물이 소화계를 통과하는 데 도움을 주기 때문에 식단에 섬유질이 적으면 과도한 에스트로겐이

제대로 배출되지 않아 다시 흡수될 수 있다.

- **스트레스.** 극심한 스트레스 상황에서는 코르티솔 분비가 증가한다. 적절한 수치의 코르티솔을 생산하기 위해 부신은 프로게스테론 생성을 억제할 수 있어 에스트로겐 수준이 상승한다.
- **알코올 섭취.** 과음하는 사람은 순환하는 에스트로겐 수치가 상당히 높다는 사실이 연구에서 입증되었다. 추가로 알코올 남용으로 간이 손상되면 에스트로겐 배출이 저해되기도 한다.
- **카페인.** 과도한 카페인 섭취는 에스트로겐 생성과 분비 증가를 초래한다.
- **간 해독 기능 저하.** 일반적으로 간은 과도한 에스트로겐을 처리하여 대장으로 보내 제거하는 데 도움을 준다. 그러나 일반적인 배변 횟수가 적거나 변비가 있거나 영양 상태가 좋지 않거나 장내 미생물 균형이 맞지 않는 경우(즉, 마이크로바이옴이 불균형한 경우) 에스트로겐은 배출되지 않고 몸에 재순환된다.

마이크로바이옴의 일부인 '에스트로볼롬estrobolome'은 과도한 에스트로겐을 대사하고 제거할 수 있는 유익균이다. 이 세균 군집은 베타 글루쿠로니다아제beta-glucuronidase라는 효소를 생성한다. 에스트로볼롬이 잘 작동하면 에스트로겐을 균형 있게 유지하기 위해 적절한 양의 베타 글루쿠로니다아제를 만든다.

그러나 위에서 언급한 여러 상황, 특히 장내 세균 불균형dysbiosis으로 베타 글루쿠로니다아제 수준이 너무 높아지거나 균형이 깨질 수 있으며, 이에 따라 에스트로겐이 제대로 대사되거나 배출되지 않는다. 이는 에스트로겐 우세증을 초래하고, 자궁내막증이나 유방암과 같은 관련 질환을 유발할 수 있다.

제노에스트로겐은 에스트로겐과 유사한 효과를 가진 외부 환경 유래 파괴적 에스트로겐이다. 이들은 천연 호르몬을 모방하여 수용체를 차단하거나 결합하여 해로운 불균형을 만들어 낸다. 이는 셀프 케어 제품부터 살충제, 플라스틱, 호르몬 주입 우유와 고기에 이르기까지 다양한 곳에 들어 있다.

제노에스트로겐에 노출되면 에스트로겐과 프로게스테론의 불균형을 초래하고 에스트로겐 우세증이 발달할 수 있다. 여러 독소처럼 제노에스트로겐이 생분해되지 않아 지방 세포에 머무르기 때문에 몸에서 제거하기란 무척 어렵다. 이렇게 제노에스트로겐이 축적되면 유방암, 비만, 불임, 자궁 내막증, 조기 성숙, 유산 및 당뇨병을 일으킬 수 있다고 알려져 있다.

간헐적 단식과 에스트로겐

보통 우리 몸은 에스트로겐을 최적의 균형 상태로 유지하는데 이는 두 가지 방식으로 이루어진다. 적절한 양의 호르몬을 생성하는 것과 과도한 신체 호르몬을 처리하고 배출하여 제거하는 것이다. 간헐적 단식은 이 과정의 대부분을 효과적으로 도와준다.

첫째, 단식은 에스트로겐과 성장 호르몬 간의 상호 작용을 돕는다. 우리 몸은 에스트로겐이 많이 순환될수록 성장 호르몬을 더 많이 생성한다. 그렇다면 이것이 의미하는 바는 무엇인가? 에스트로겐과 성장 호르몬은 나이가 들면서, 특히 40세 이후로 접어들면서 급격하게 감소한다. 세포는 에스트로겐을 수용하고 뇌와 난소가 최적의 소통을 이루기 위해 '에스트로겐 신호 전달'을 도와주는 성장 호르몬이 필요하다. 단식은 성장 호르몬을 증가시켜 적절한 신호 전달을 통해 최적의 수준을 유지하는 데 도움이 된다.

둘째, 제노에스트로겐은 외부 환경 곳곳에 자리하고 있어 우리는 에스트로겐 우세증에 더 취약해졌다. 간헐적 단식은 세포 차원의 청소를 도와줌으로써 몸속의 독성 있는 과도한 에스트로겐을 빠르게 제거하는 데 도움을 준다.

셋째, 1장에서 언급했듯이 단식은 마이크로바이옴을 돕는다. 건강한 마이크로바이옴과 에스트로볼롬을 가지고 있다면 장내 세균이 에스트로겐을 잘 해독하고 제거할 수 있다. 간헐적 단식은 구체적으로 주기적인 소화 휴식을 통해 에스트로볼롬을 재설정하고, 불균형을 바로잡는다. 에스트로겐 관련 질환의 예방과 치료에 도움이 된다.

넷째, 간헐적 단식과 에스트로겐의 가장 놀라운 기능 중 하나는 유방암과 관련이 있다. 균형 잡힌 에스트로겐은 유방암을 예방하고 재발을 막는 데 도움이 된다. 유방암 치료 후 여성 대상 연구에서 간헐적 단식을 한 여성은 암 재발률이 70% 감소했다!

이에 대한 정확한 원인이 과학적으로 정확히 밝혀지지 않았지만, 간헐적 단식이 에스트로겐 균형을 최적화하고 세포 내 독성 환경으로부터 암이 발생하는 것을 방지할 수 있기 때문일 것으로 예상한다. 즉 오토파지를 촉진함으로써 가능한 것일 수 있다.

프로게스테론: 주요 여성 호르몬

프로게스테론은 월경, 임신, 배아 생성에서 중요한 역할을 하는 여성 호르몬으로 폐경 전까지 난소와 태반에서 만들어진다. 폐경 후에는 부신에서 나타난다.

중요성

프로게스테론은 우리 몸을 건강하게 유지할 수 있도록 신체에서 많은 기능을 수행한다. 에스트로겐 균형을 유지하며 유방 형성을 담당하고 수면과 체온을 조절한다. 뼈 형성을 보조하고 혈당 수치를 유지하며 갑상샘이 효율적으로 작용할 수 있도록 돕는다. 또 방광이 정상적으로 기능할 수 있게 돕는 천연 이뇨제 역할을 한다. 추가로 내장 근육을 이완하기도 하는데 이에 따라 우리 몸은 섭취한 음식의 영양소를 분해하고 분해된 영양소는 다른 신체 부위에서 흡수하여 사용한다.

프로게스테론이 균형을 유지하면 불쾌감이나 불안감을 덜 느끼게 되고 감정 기복도 줄어들게 된다. 프로게스테론은 뇌를 진정시키는 효과도 가지고 있다. 이는 감마 아미노부티르산gamma- aminobutyric acid, GABA 수용체를 자극하기 때문이다. 감마 아미노부티르산은 신경 전달 물질로 신경 세포에서 신경 세포로 전달되는 불안감 메시지를 방해함으로써 자연스럽게 뇌를 진정시킨다.

불균형

프로게스테론은 삶의 특정한 순간마다 크게 감소한다. 월경이 중단될 때, 폐경주변기에 배란 빈도가 줄어들 때, 마침내 폐경됐을 때다. 프로게스테론의 결핍을 유발하는 다른 요인도 있다. 스트레스, 항우울제 복용, 갑상샘 기능 장애, 비타민 A, B6, C나 미네랄인 아연 부족, 당이 과다한 식단 등을 했을 때. 프로게스테론이 감소하면서 나타나는 증상에는 불안감 상승, 수면 중 기상, 수면 장애, 월경 주기 단축, 유방 압통, 야간 발한, 열감, 경련 증가, 고통스러운 월경(생리통), 두통, PMS, 체중 증가 등이 있다.

간헐적 단식과 프로게스테론

프로게스테론은 간헐적 단식에 예민하게 반응할 수 있다. 아직 월경 주기가 돌아가고 있다면, 즉 아직 매달 월경을 하고 있다면 월경 주기 중 특정 시간에 맞춰서 단식하는 것을 권장한다. 그렇지 않으면 프로게스테론이 고갈될 수 있기 때문이다. 예를 들어 월경 시작 5~7일 전에는 단식을 추천하지 않는다. 이외에는 단식을 통해 프로게스테론 수치를 건강한 수준으로 유지하고 균형을 맞출 수 있다.

테스토스테론: 리비도 호르몬

주요 성호르몬 중 하나인 테스토스테론은 안드로젠이라는 호르몬 계열에 속한다. 또 다른 안드로젠은 DHEA로, 아래에서 설명할 것이다. 안드로젠은 주로 남성에게서 많이 나타나지만 여성에게도 존재한다. 여성은 남성보다 적은 양의 테스토스테론으로도 강력한 효과를 경험한다. 테스토스테론은 부신과 난소에서 만들어진다.

중요성

테스토스테론은 여성의 성적 욕구를 자극하기 때문에 리비도를 높게 유지하는 데 중요한 역할을 한다. 그러나 이외에도 다음과 같은 여러 방식으로 도움을 받을 수 있다.

- 뼈를 생성하고 약화되는 것을 예방한다.
- 골량을 유지한다(이에 따라 지방을 태운다).
- 활력 수준을 높게 유지한다.
- 기억력을 유지한다.

- 감정과 관련된 웰빙 상태를 유지하고 자신감을 고취하며 동기를 부여한다.

테스토스테론이 이 모든 기능을 훌륭하게 수행하기 위해서는 에스트라디올이 최적화되어야 한다. 에스트로겐이 충분하지 않으면 테스토스테론은 뇌 수용체에 달라붙을 수 없다. 따라서 테스토스테론이 제대로 기능하는 데 에스트로겐의 역할이 크다. 앞서 말했듯 모든 연주자가 서로에게 영향을 미치는 오케스트라를 생각하면 이해하기 쉽다.

불균형

다른 호르몬과 마찬가지로 테스토스테론 수치는 25세를 기점으로 최고치를 찍고 이후 시간이 지남에 따라 점차 떨어진다. 폐경 후에는 테스토스테론이 자연스럽게 만들어지는 양이 절반 수준으로 감소한다. 테스토스테론이 잘 공급되지 않으면 근육을 만들기 어려워지고 이는 체중 관리, 혈당 조절, 기타 신진대사 활동에 치명적으로 작용한다. 또 성적 욕구도 낮아질 수 있다.

인슐린 저항이 있으면 테스토스테론이 과다할 수 있다. 따라서 인슐린 저항을 극복한다면 테스토스테론의 균형을 맞출 수 있을 것이다. 스트레스 또한 테스토스테론 수치와 관련이 있는 DHEA 생성에 영향을 준다.

간헐적 단식과 테스토스테론

테스토스테론 수치를 자연적으로 높이는 데 간헐적 단식이 도움이 될 수 있다. 간헐적 단식을 통해 인슐린 저항을 효과적으로 개선할 수 있다는 사실을 기억하자. 단식을 하면 인슐린의 균형을 유지할 수 있고 신진대사 유연성을 높일 수 있다. 모두 테스토스테론 수치 개선에 도움이 되는 현상이다. 〈내분비대사학회지Journal of Clinical Endocrinology and Metabolism〉 연구에 따르면 간헐적 단식을 통해 허기 관련 호르몬인 렙틴 수치가 낮아졌다. 이에 따라 테스토스테론이 순간적으로 크게 상승했는데, 이처럼 단식을 통한 수치 조절도 상당 부분 가능하다.

테스토스테론을 자연적으로 상승시키기

다음과 같은 방법을 이용해 테스토스테론을 증가시킬 수 있다.

- 근력 운동과 고강도 인터벌 트레이닝HIIT
- 단백질 섭취 늘리기
- 스트레스를 효과적으로 관리하기
- 햇빛, 음식, 영양제를 통해 비타민 D 적정량 섭취하기
- 양질의 수면 취하기
- 호르몬의 균형을 맞추고 면역 기능을 돕고 장기 및 단기 스트레스로부터 신체를 회복하는 데 도움을 주는 먹는 보충제 아답토젠adaptogen 먹기

디하이드로에피안드로스테론DHEA: 장수 호르몬

DHEA는 부신뿐 아니라 중추 신경계(뇌와 척수)에서도 자연적으로 생성되는 안드로젠이다. 혈류 속에 가장 풍부하게 있는 호르몬이다.

중요성

DHEA는 성호르몬은 아니지만, 에스트로겐과 테스토스테론을 포함한 18가지 호르몬의 초석과 같은 존재이다. DHEA는 다음과 같은 여러 가지 이점을 가지고 있다.

- 린 근육lean muscle 형성을 촉진한다.
- 체내 지방의 연소를 돕는다.
- 뼈 성장을 돕는다.
- 피부를 빛나게 한다.
- 기억력을 개선한다.
- 면역력을 강화한다.
- 스트레스 반응을 완화한다.

불균형

DHEA는 20~25세 사이에 가장 활발하게 만들어지며 이후에는 매년 10퍼센트씩 감소한다. 40세쯤에는 DHEA 감소로 인해 여러 부작용을 느끼게 된다. 질과 피부가 건조해지고 불안감이나 우울증 같은 기분 문제가 생기거나 브레인 포그 현상을 겪을 수도 있다. 또 골다공증이나 심장 질환처럼 나이가 들면서 생길 수 있는 다양한 질병에 취약해진다.

만성 스트레스와 함께 코르티솔 수치가 높아지면 DHEA 수치가 급격히 하강할 수 있고 인슐린 저항성과 신진대사 유연성이 악화할 가능성이 높아진다. DHEA 수치는 인슐린 수치와 반비례 관계로, DHEA가 낮으면 인슐린이 높아지며 반대 경우도 마찬가지다.

간헐적 단식과 DHEA

모든 호르몬이 그렇듯이 DHEA 수치 역시 건강한 생활 습관을 통해 충분히 개선될 수 있다. 여기서 말하는 건강한 생활 습관에는 코르티솔과 인슐린 균형을 유지해 주는 간헐적 단식도 포함된다. 단식을 통해 자연적으로 DHEA 수치와 신진대사 유연성을 개선할 수 있다.

다른 호르몬과 마찬가지로 DHEA 역시 건강한 식단이 중요하다. 세계 최장수 마을로 알려진 일본 오키나와 주민들의 사례를 살펴보자. 65세 이상 사람들의 자연 DHEA 수치가 동 연령대 미국인보다 훨씬 높게 나타났다. 이는 주로 자연 유래 식단을 지키고 칼로리를 제한하는 식습관 덕분이었다(간헐적 단식은 칼로리 제한식의 일종이다). 이렇듯 무엇을 먹는지, 얼마나 먹는지, 언제 먹는지 조절한다면 노화를 효과적으로 늦출 수 있다.

다른 주요 호르몬
갑상샘 호르몬: 신진대사 조절 담당

나비 모양으로 생긴 갑상샘은 우리 목 아랫부분에 있으며 호르몬 건강에 있어서 가장 중요한 역할을 한다. 대표적으로 신진대사를 포함한 모든 세포 기능을 조율하기 때문이다.

중요성

갑상샘은 신진대사 조절을 담당한다. 갑상샘에서는 T4(티록신), T3(트라이아이오딘화티로닌)이라는 두 가지 호르몬이 생성되는데 두 호르몬은 우리 몸에서 다양한 기능을 조절하고 있다. T4는 T3(갑상샘 호르몬의 활성화된 형태)로 전환될 수도 있다. 갑상샘 호르몬의 다양한 기능은 아래와 같다.

- 미토콘드리아 기능을 돕는다.
- 신진대사율과 에너지를 조절한다.
- 체중을 조절한다.
- 단백질, 지방, 탄수화물의 신진대사를 관장한다.
- 체온을 조절한다.
- 혈류와 산소 활용을 조절한다.
- 월경 주기를 관리한다.
- 신체의 비타민 사용을 조절한다.
- 갑상샘 호르몬의 불균형은 신체의 모든 신진대사 기능에 영향을 미친다.

불균형

갑상샘과 부신은 성호르몬이 건강하게 작용하도록 돕는다. 여성의 경우에는 월경 주기가 원활하게 순환되도록 하는데, 폐경주변기나 폐경기에는 호르몬 불균형 때문에 갑상샘 문제가 발생할 수 있다. 난소에는 갑상샘 호르몬 수용체가 있고 갑상샘에는 난소 호르몬 수용체가 있다. 따라서 폐경기에 에스트로겐과 테스토스테론이 감소하면 갑상샘 기능이 저하될 수 있다.

갑상샘에는 호르몬 생산과 관련된 두 가지 갑상샘 문제가 흔하게 발생한다. 그중 하나는 갑상샘 기능 저하증 또는 갑상샘 저하증이다. 이는 갑상샘이 신체가 정상적으로 생활을 할 수 있을 만큼 충분한 호르몬을 생산하지 못할 때 나타난다. 폐경주변기나 폐경기를 겪고 있는 여성에서 흔하게 발생하고 있다.

대부분의 갑상샘 기능 저하증은 하시모토병Hashimoto's thyroiditis이라는 자가면역 질환과 관련되어 있는데, 이는 면역 시스템이 갑상샘을 공격해 염증을 일으키는 것을 말한다. 이는 남성보다 여성에게 8배 이상 많이 발생하며 주로 40~60세 사이에 많이 나타난다. 실제로 갑상샘 기능 저하증을 진단받은 환자 중 90퍼센트는 하시모토병 환자이기도 하다.

다행히도 하시모토병은 비 자가면역 갑상샘 기능 저하증과 마찬가지로 회복이 가능하다. 식품 감수성food sensitivity, 감염, 영양 부족, 독소 등의 다른 기저 원인을 파악하고 치료하면 상당 부분 개선할 수 있다.

두 번째 갑상샘 문제는 갑상샘 기능 항진증hyperthyroidism, 또는 갑상샘 항진증이다. 이는 갑상샘에서 호르몬을 지나치게 많이 생산하는 것을 말한다. 그레이브스병Grave's disease이라고도 알려진 이 병은 비교적 흔치 않은 병으로 전체 인구의 2~3퍼센트에서만 나타난다. 그레이브스병 역시 자가면역 질환으로 갑상샘이 이상적으로 커지거나(갑상샘종) 갑상샘 호르몬 분비가 증가하는 증상이 나타난다. 그레이브스병 역시 진단 후 약물과 식단 관리를 포함한 치료를 통해 개선될 수 있으며 심지어는 회복도 가능하다.

간헐적 단식과 갑상샘

갑상샘 질환은 체중 문제, 브레인 포그, 피로와 같은 여러 가지 문제를 동반한다. 이때 간헐적 단식이 문제를 겪고 있는 많은 갑상샘 환자를 도울 수 있다. 특히 간헐적 단식은 체중 감량에 큰 도움이 된다. 인슐린 수치를 낮추고 신진대사 유연성을 촉진함으로써 염증을 줄일 수 있기 때문이다. 염증 감소가 중요한 이유는 하시모토병과 그레이브스병 환자의 갑상샘에 만성 염증이 나타날 수 있기 때문이다. 간헐적 단식은 미토콘드리아의 건강을 증진함으로써 브레인 포그 현상과 피로를 개선하기도 한다.

나는 갑상샘 질환을 앓고 있는 환자가 간헐적 단식을 하는 것이 안전한가에 대한 질문을 자주 받는다. 하지만 이는 개개인에 따라 다르기 때문에 단식을 고려하는 사람마다 차이가 있을 것이다. 앞서 언급했듯이 단식은 건강 이익 관련hormetic 스트레스 인자이다. 단식의 효과를 보려면 앞서 많은 요인이 제대로 자리 잡고 있어야 한다. 즉 양질의 수면을 취해야 하며 스트레스에 먼저 대처할 줄 알아야 한다. 겪고 있는 증상이 있다면 약물로 적절한 관리가 이루어져야 한다. 또 영양소가 풍부한 자연식품을 섭취하는 것도 중요한 요소다.

그럼에도 일부 연구 및 전문가들은 단식을 결정할 때 신중히 해야 한다고 말한다. 한 연구에서는 비만 참가자를 대상으로 나흘 동안 단식하게 한 뒤 갑상샘 기능을 살펴보았다(참가자는 갑상샘에 특별한 문제가 없었다). 단식 후 참가자의 갑상샘 기능이 이전보다 저하된 것을 발견했다. 갑상샘 기능은 탄수화물, 단백질, 지방이 포함된 혼합 식사를 다시 시작한 뒤 정상으로 돌아왔다.

또 다른 연구는 라마단 단식을 대상으로 했다. 라마단 단식 기간 중 이슬람교도는 해가 질 때까지 물을 포함한 음식과 음료를 자제한다. 라마단 단식 마지막 며칠 동안 건강한 이슬람교도 여성의 호르몬 수치를 조사한 결과 T4와 T3 수치가 떨어진 것을 확인할 수 있었다.

이러한 부작용의 원인은 단식 중에는 칼로리 섭취가 없다는 사실과 관련 있을 가능성이 크다. 우리 몸은 칼로리 섭취가 멈추면 '지금은 위기 상황이야'라는 메시지를 받게 된다. 갑상샘은 이 메시지에 반응해 신진대사를 느리게 하고 에너지와 영양분을 비축한다. 따라서 갑상샘 질환으로 치료받고 있다면 담당 의료인과 충분한 논의 후에 결정하고 실천할 것을 추천한다.

하지만 분명한 것은 내가 맡은 여러 환자와 고객들 역시 갑상샘 저하증을 앓고 있다는 것이다. 건강한 생활 습관이 정착되어 있기만 하다면 성공적으로 간헐적 단식을 할 수 있다.

멜라토닌: 수면/각성 호르몬

앞서 다룬 여러 호르몬과 관련이 있는 멜라토닌에 대해 설명하면서 이 장을 마무리하고자 한다. 멜라토닌은 뇌 중심에 있는 시교차 상핵SCN, suprachiasmatic nucleus에 위치한 솔방울샘pineal gland에서 분비된다. 멜라토닌은 생체 리듬을 조절하는 생체 시계를 맞추고 관리하는 역할을 한다. 날이 어두워질수록 분비량이 증가하며 깊은 잠을 잘 수 있도록 돕는다.

중요성

멜라토닌은 수면과 생체 시계 조절을 넘어 여러 방식으로 우리 몸에 영향을 준다. 그 내용은 다음과 같다.

- 성호르몬 분비에 영향을 미친다.
- 면역 시스템을 증진한다.
- 질병을 예방하는 항산화 물질 역할을 한다.
- 코르티솔을 감소시키며 스트레스 반응 균형을 유지한다.
- 성장 호르몬 생성을 자극한다.
- 테스토스테론 합성을 조절한다.
- 기분을 좋게 만든다.

불균형

다른 호르몬과 마찬가지로 멜라토닌 역시 단독으로는 기능하지 않는다. 다른 호르몬과 교류하며 신체 환경과 전반적인 건강을 관리한다. 예를 들어 멜라토닌은 인슐린과 비슷한 점이 많다. 인슐린을 분비하는 췌장은 멜라토닌 수치에 매우 민감하게 반응하는데, 멜라토닌 수치는 야간에 상승하는 반면 인슐린 수치는 야간에 가장 낮아진다.

멜라토닌은 수면 중에 인슐린 생성을 늦춘다. 인슐린이 하는 역할을 생각해 보면 당연한 이야기다. 잠을 자고 있을 때는 많은 에너지가 필요하지 않다. 수면 중에는 무언가를 먹거나 소화하지 않기 때문에 인슐린을 많이 분비해 혈당을 낮출 필요가 없는 것이다. 또 수면 중에는 자연스러운 단식이 이어지기 때문에 인슐린 수치와 혈당 수치가 안정화하여 다음 날 음식을 섭취하기 전까지 저혈당이 일어나지 않도록 예방한다.

반대로 멜라토닌 수치가 낮으면 밤에도 인슐린 활동이 느려지지 않는다. 췌장이 밤에도 쉬지 못하고 인슐린을 만들어 내는 것이다. 계속해서 인슐린 수치가 높아지면 췌장의 인슐린 생성 기능이 비효율적으로 바뀐다거나 우리 몸의 세포가 과다하게 분비되는 인슐린에 대해 감각을 잃을 수 있다. 그리고 이는 인슐린 저항성으로 발전할 수 있다.

또한 멜라토닌은 에스트로겐과도 밀접하게 관련되어 있다. 에스트로겐은 기분을 좋게 만드는 효과 때문에 '행복한 신경 전달 물질'로 알려진 세로토닌 생성에 필수적이다. 폐경기에는 에스트로겐 수치가 감소하는데 이에 따라 세로토닌 수치가 떨어진다. 거기다 세로토닌 수치가 떨어지면 멜라토닌 수치도 함께 떨어진다. 이는 세로토닌이 멜라토닌 생성과 관련되어 있기 때문이다.

이렇게 멜라토닌, 에스트로겐, 세로토닌, 인슐린 균형이 완전히 무너지게 되면 감정 기복과 수면 장애 같은 무시무시한 폐경 증상을 만들어 낼 수 있다. 멜라토닌은 코르티솔의 영향도 함께 받는다. 사실 멜라토닌과 코르티솔은 작용제agonist로서 몸속에서 서로 우세를 차지하기 위해 싸운다. 일반적으로 야간에는 멜라토닌이 우세하여 코르티솔 생산을 늦추고, 밤새 적절한 휴식을 취하여 우리 몸이 회복할 수 있도록 돕는다. 아침에는 멜라토닌이 약해지며 코르티솔과 다른 부신 호르몬이 그 자리를 차지해 정신을 맑게 하고 활력을 준다. 만성 스트레스를 겪고 있다면 이 주기가 정상적으로 돌아가지 않을 것이다. 코르티솔 수치가 야간에 높아지면 멜라토닌 생성이 제대로 되지 않는다. 숙면을 취하기 힘들어져 항상 피곤한 느낌을 받게 된다.

또 멜라토닌 수치가 낮고 수면의 질이 나빠지면 성장 호르몬 생산량에 직접적인 영향을 미치게 된다. 마찬가지로 좋지 않은 현상이다. 성장 호르몬은 노화 방지제라는 것을 기억해야 한다. 성장 호르몬은 수면 중에 분비되기 때문에 잠을 충분히 자지 못하면 노화가 가속화될 수 있다.

잠들기 전에 컴퓨터, 휴대전화, 텔레비전에서 나오는 블루 라이트에 노출되면 멜라토닌 분비를 저해할 수 있으며 수면에 방해가 되는 코르티솔 수치가 높아져 쉽게 잠들지 못한다. 추가로 아침에 일어나 충분한 햇빛을 받지 못하면 멜라토닌과 코르티솔 분비에 좋지 않은 영향을 준다. 아침에 5~10분 만이라도 햇볕을 쬐면 하루가 크게 달라질 것이다.

간헐적 단식과 멜라토닌

40대가 되기 전까지 나는 한 번도 수면 문제를 겪어 보지 못했다. 그러나 점점 침대에 누워 잠들지 못한 상태로 많은 시간을 보내게 되었고 잠이 들기까지 꽤 오랜 시간이 걸렸다. 가끔은 밤새 잠이 들지 못하기도 했다. 누구나 걱정이나 불안감, 기대, 시차 적응 등의 이유로 밤을 지새울 때가 있다. 하지만 내 경우는 달랐다. 습관적으로 잠을 이루지 못했고 내 몸에 필요한 휴식을 취하기 힘들었다.

그러던 중 간헐적 단식을 시작하게 됐다. 그리고 그 이후 내 몸에 일어난 변화에 놀라게 되었다. 간헐적 단식을 통해 나는 이전보다 더 깊은 잠을 충분히 잘 수 있게 되었다. 간헐적 단식과 함께 식단, 운동 방법, 스트레스 대응 방법을 바꾸었더니 멜라토닌, 인슐린, 에스트로겐, 세로토닌 균형이 맞춰졌고 수면 습관이 안정적으로 바뀌었다. 모든 요소가 놀랍도록 조화롭게 작용해 수면의 질을 개선하는 호르몬의 균형을 맞춘 것이다. 이에 대해서는 간헐적 단식 생활 습관을 다루는 2부에서 더 자세히 다루도록 하겠다.

지금까지 각각의 호르몬이 얼마나 놀라운 역할을 하고 있는지, 그리고 간헐적 단식이 이 호르몬에 어떤 영향을 미치는지 살펴보았다. 나이가 들어감에 따라 호르몬은 오르내릴 수밖에 없다. 노화가 진행되면서 어떤 호르몬은 더 많이 생성되고 어떤 호르몬은 더 적게 생성되기 마련이다. 하지만 나이가 들면서 얻게 되는 지혜가 있듯이 간헐적 단식과 다른 전략을 함께 사용하여 호르몬을 균형 있게 조절하는 방법을 익힐 수 있다. 삶의 질을 향상하고 수명도 연장할 수 있을 것이다.

5장 간헐적 단식과 삶의 단계

생각보다 많은 간헐적 단식 프로그램이 여성의 아름다운 고유성을 무시하곤 한다. 여성의 고유함을 결정하는 요인은 다양하지만 특히 강조되는 부분은 매일, 그리고 매시간 변화하는 호르몬의 영향을 크게 받는다는 것이다. 호르몬은 우리가 생각하고 소통하고 세상을 헤쳐 나가는 방식을 좌우한다.

여성은 임신과 출산을 할 수도 있고 삶의 단계에 따라 다양한 변화가 많다는 점에서 남성의 몸과 매우 다르다. 여성은 일반적으로 남성보다 수명이 5년 정도 더 길다. 하지만 유방암, 알코올 남용, 심장 질환, 뇌졸중, 골다공증, 퇴행성 관절염, 우울증, 불안증, 스트레스, 성병, 요로 감염증 등 다양한 질병이 발생할 위험은 남성보다 더 높다. 이런 질병은 월경이 멈추고 폐경이 진행되는 과정 중에 호르몬 변화가 일어나면서 나타나는 것이 대부분이다.

워싱턴대학교 세인트루이스 의과대학원 연구진에 따르면 여성의 뇌는 남성보다 작지만, 뇌가 에너지를 생성하고 사용하는 방식에 따라 남성의 뇌보다 약 4년 더 젊다고 한다. 여성이 남성보다 맑은 정신을 오래 유지할 수 있는 이유 중 하나일 것이다.

여성은 남성보다 갈등 상황에 더 예민하게 반응한다. 직장에서 스트레스와 긴장, 좌절을 더 많이 느끼고 이를 극복하기 위해 더 열심히 일한다. 여성은 남성보다 공감을 잘하고, 다른 사람이 느끼는 감정을 함께 나누며, 사랑하는 이들을 아끼고 지켜 준다. 이 모든 것이 남성보다 환경적, 영양적, 생활 습관 측면의 변화와 신호에 여성을 더 예민하게 만든다. 모든 여성에게 다 잘 맞는 방법은 없다. 이것이 내가 월경 중인지, 폐경주변기나 폐경기, 혹은 그 후를 지나고 있는지에 따라 간헐적 단식 방법을 각기 다르게 알려 주려는 이유다. 모든 단계마다 각기 다른 고유한 단식 방법과 영양 균형 수립 방법이 필요하다.

인프라디안 리듬과 월경 주기

월경을 하고 있다면 한 달 내내 호르몬 수치가 오르내리기 때문에 우리 몸은 변화와 적응 과정을 겪게 된다. 신진대사에 변화가 생기면서 코르티솔 수치도 바뀌는데, 이는 스트레스 반응에 영향을 미칠 수 있다. 잠자는 시간에 변화가 생기거나 일상을 더 피곤하게 느끼거나 때로 월경 전 증후군을 겪을 수도 있다.

이 모든 것은 우리 몸 안의 월경 시계로 알려진 개개인의 '인프라디안 리듬infradian rhythm' 때문에 생긴다. 24시간 주기로 반복되는 일주기 리듬과 유사한 인프라디안 리듬은 28일 월경 주기로 반복된다. 월경을 하고 있는 모든 여성은 인프라디안 리듬을 가지고 있는데 이는 월경 주기 조절을 돕는다. 28일 주기의 리듬에 따라 다음의 세 가지 단계를 거쳐 월경이 시작된다.

1단계: 난포기
2단계: 배란기
3단계: 황체기

각 단계 동안 우리 몸은 에너지 수준, 체온, 신진대사, 글루코스 증감, 코르티솔 수치, 수면의 질 등에 변화를 준다. 예를 들어 어떤 특정 단계 중에는 잠을 더 푹 자거나 피부가 더 좋아지는 것을 느낄 수 있다. 또 한 달 동안 신진대사 속도가 빨라지거나 느려질 수 있다. 이것이 매주 식단을 바꾸고 간헐적 단식을 병행하며 운동 강도를 높여야 하는 이유다. 이런 활동을 통해 신진대사를 최적화할 수 있다.

여성은 남성보다 뇌가 더 복잡하게 움직이기 때문에 다음 날을 위해 뇌를 쉬게 하고 인지 능력을 회복해야 한다. 즉 여성은 남성보다 더 많은 잠이 필요하다. 아직 월경을 하고 있다면 기분과 활동 능력을 최대로 끌어올리고 호르몬이 왕성하게 활동할 수 있도록 인프라디안 리듬을 잘 관리하는 것이 중요하다. 간헐적 단식, 영양소 섭취, 신체 활동 및 다른 생활 습관 요인을 통해 인프라디안 리듬을 관리할 수 있다.

월경 단계

여성은 약 12세경을 시작으로 약 51~52세에 진행되는 폐경기까지 매달 3일에서 7일 동안 출혈을 겪는다. 이를 월경이라고 한다. 시간이 지나면서 출혈 기간은 짧아지고 월경이 돌아오는 주기도 길어진다. 월경 기간 중에는 생각보다 많은 여성이 PMS(월경 전 증후군)와 같은 월경 문제를 겪는다. PMS의 증상에는 더부룩함, 심한 경련, 유방 압통, 두통, 기분 변화, 흥분, 체중 증가, 식욕 증가 등이 있다.

월경은 단순한 생리 이상의 현상으로, 난포기, 배란기, 황체기를 포함하는 호르몬 주기이다. 이 단계의 최종 결과로 월경이 시작되는데, 월경은 자궁의 내막이 제거되면서 출혈이 일어나는 현상이다. 이는 월경 주기의 1일 차에서 5일 차 사이에 발생한다. 각 단계에 대한 자세한 설명은 다음과 같다.

난포기

월경 주기가 시작되면 몸은 자궁에 착상할 수 있는 수정란을 받을 준비를 한다. 이 단계에서는 에스트로겐 수치가 낮지만, 배란(난자의 배출)과 임신을 준비하기 위해 이후 점차 증가한다. 에스트로겐이 상승하면 난소 기능을 조절하는 황체 형성 호르몬LH 수치가 높아진다. 에스트로겐이 낮아지면 난포 자극 호르몬FSH의 분비가 유발된다. 이 호르몬은 에스트로겐이 생성되는 난포라는 작은 주머니를 몇 개 만들도록 난소를 자극한다.

각 난포에는 미성숙한 난자도 있다. 가장 건강한 난자가 성숙되고 나머지 난포는 몸속으로 재흡수된다. 이 시점에서 몸은 에스트로겐을 추가로 분비하기 시작한다. 난포기는 일반적으로 주기의 6일에서 14일까지를 말하며 배란이 시작되면 끝난다. 난포기 중에는 작은 변화에도 에스트로겐이 과다하거나 부족해질 수 있으며, 이렇게 에스트로겐이 불균형해지면 좋은 점과 나쁜 점이 동시에 나타난다. 예를 들어 다음과 같은 변화가 생길 수 있다.

- 신진대사율 속도 감소
- 코르티솔 감소
- 에너지 수준 상승
- 기분이 좋아짐

에스트로겐 수치가 높고 우세하면 난포기 동안 글루코스 수준이 낮아진다. 따라서 이 시기에는 세포가 인슐린에 더 민감하게 반응하는 데, 이는 에스트로겐이 몸이 인슐린을 더 정상적으로 사용할 수 있도록 도와주기 때문이다.

앞으로 다룰 장에서 피딩 윈도우 중 먹으면 좋은 음식과 운동 방법을 함께 설명하겠지만, 여기서 먼저 월경 주기에 맞게 어떤 것을 먹고 어떻게 운동해야 하는지 간단히 설명하겠다. 난포기 동안 몸에 영양분을 충분히 공급하는 방법은 다음과 같다.

- 아연 함량이 높은 음식, 특히 해산물과 굴을 섭취한다. 아연은 몸에서 다양한 기능을 담당하는데 주로 면역 기능을 돕고 회복시키는 역할을 한다. 또 아연은 항산화 미네랄로 몸을 떠돌아다니며 세포를 공격하고 노화를 촉진하는 자유 라디칼을 막는다.
- 우리 몸의 에스트로겐 수치를 건강한 상태로 유지하는 피토에스트로겐이 함유된 식품을 섭취한다. 여기에는 병아리콩, 땅콩, 아마씨, 포도, 베리류, 자두, 녹차, 홍차 등이 있다.
- 김치 및 양질의 발효 채소(양배추, 당근, 콜리플라워, 마늘, 오이) 또는 저당 콤부차(1회 섭취 당 설탕 함량 5g 이하로 유지)와 같은 발효 음식을 먹는다. 다양한 마이크로바이옴 구축에 도움을 준다.
- 지방 함량이 높은 생선에서 얻을 수 있는 오메가-3 지방산을 충분히 섭취한다. 오메가-3 지방산은 다양한 효능을 가지고 있지만 특히 몸의 염증을 완화하고 서구화된 성인 식단에 널리 퍼져 있는 염증성 오메가-6 지방산의 균형을 맞추는 데 도움을 준다.
- 비전분 채소(샐러드 채소, 브로콜리, 콜리플라워, 버섯, 방울양배추, 초록 잎 채소 등)와 비정제 전분류(고구마, 겨울 호박, 콩류)를 함께 먹는 가벼운 식사를 즐긴다. 채소가 가지고 있는 장점은 아무리 강조해도 지나치지 않다. 채소는 우리 몸을 건강하게 만들고 질병을 예방

하며, 노화를 늦추는 영양소를 함유하고 있다.

또 난포기에 맞는 적절한 운동 방법은 다음과 같다.

- 유산소 운동과 고강도 인터벌 트레이닝^{HIIT}
- 등산, 달리기, 조깅
- 무게를 높인 근력 운동
- 크로스 트레이닝

배란기

이 단계는 난소에서 성숙한 난자가 잠재적 임신을 위해 방출되면서 시작된다. 배란기는 주기의 15일에서 17일까지를 아우르며, 이 기간에는 에스트로겐, 프로게스테론, 테스토스테론의 농도가 정점에 이른다. 난자는 배란 중에 난소를 떠나서 난관을 지나 자궁으로 이동한다. 이 과정 중에는 언제든 정자가 난자와 수정할 수 있다. 난자의 수명은 24시간 정도이며 그 전에는 수정되어야 한다.

배란기 동안에는 다음과 같은 느낌을 받게 된다.

- 성욕이 더 높아짐
- 자신감이 더 상승함
- 에너지 수준이 더 높아짐

배란기 동안 풍부한 영양 섭취를 하는 방법은 다음과 같다.

- 비타민 C가 풍부한 음식(과일, 브로콜리, 잎채소)을 섭취한다. 비타민 C는 신체적, 정서적 스트레스를 다루는 데 도움이 되며 스트레스 호르몬 수준을 낮춘다. 또한 콜라겐 생성을 촉진함으로써 피부가 처지는 것을 막아준다. 콜라겐은 피부, 연조직, 관절을 지지하는 체내 구조 단백질 중 하나이다.
- 비타민 B가 풍부한 음식(목초나 유기농 동물 단백질과 글루텐이 없는 홀 그레인)을 섭취한다. 비타민 B는 에너지 생성에서 중요한 역할을 하며 신경계를 건강하게 유지하고 진정시키는 데 도움이 된다.
- 식물 영양소가 풍부한 과일과 채소, 신선한 허브와 향신료를 골고루 섭취한다. 식물 영양소는 질병 예방에 도움이 되고 호르몬 균형에 긍정적인 영향을 미친다.
- 십자화과 채소(브로콜리, 양배추, 콜리플라워, 방울양배추 등)를 섭취한다. 이들은 유해하고 과도한 에스트로겐을 체내에서 제거하는 데 도움이 되는 천연 화합물을 함유하고 있다.
- 건강한 지방(올리브 오일, 코코넛 오일, 아보카도, 견과류, 씨앗 등)을 섭취한다. 배란기에는 많은 에너지가 필요하므로 임신, 수유, 에너지, 호르몬 생성, 두뇌 건강을 위해 건강한 지방과 오메가-3 지방산이 필요하다.
- 질 좋은 목초 유기농 단백질을 중점적으로 섭취한다. 적절한 단백질은 근육, 결합 조직, 피부, 장기의 생성과 회복, 유지를 돕는다. 단백질은 포만감에 있어서도 중요하게 작용한다.
- 간 건강에 좋은 음식을 식단에 포함한다. 마늘, 비트, 포도, 자두, 자몽 같은 과일, 발효식품, 십자화과 채소, 민들레 잎, 아스파라거스, 아티초크, 녹차 등의 음식을 통해 독소를 배출한다.

배란기에는 에너지 수준을 높게 유지하기 위해 다음과 같은 운동 방법을 추천한다.

- 고강도 인터벌 트레이닝
- 단거리 달리기
- 스피닝
- 서킷 트레이닝

황체기

에스트로겐, FSH, LH가 급격히 감소하면서 시작되는 황체기는 일반적으로 여성의 주기 중 18일에서 28일까지를 말한다. 이때 난포는 황체라고 불리는 세포 덩어리로 변한다. 황체는 프로게스테론을 대량으로 분비한다. 이 호르몬은 자궁 내막을 푹신하고 영양분이 풍부한 두꺼운 침대로 만들어, 수정된 난자가 착상하고 배아로 발달할 수 있도록 돕는다.

난자가 수정되지 않으면 황체는 다시 체내로 사라지고 에스트로겐과 프로게스테론 수치 모두 급격하게 떨어진다. 난자 역시 사라지고 나면, 자궁 내막은 월경을 통해 떨어져 나간다. 이 최종 과정을 월경이라고 부르며, 주기 중 1일에서 5일 사이를 말한다. 이 단계에서 에스트로겐과 프로게스테론의 균형이 깨지면 PMS 증상이 나타날 수 있다.

황체기 동안 다음과 같은 증상이 동반되기도 한다.

- 필요한 에너지량이 증가하면서 허기를 더 느낄 수 있다.
- 식욕이 높아진다.

- 에너지 수준이 낮아진다.
- 기분이 변덕스러워진다.

황체기 동안 글루코스 수치가 상승하는 경향이 있다. 이에 따라 인슐린 민감도는 감소하는데, 이는 인슐린이 세포로 글루코스를 이동시켜 에너지로 사용하는 작업을 제대로 수행하지 못한다는 것이다. 이때 글루코스 순환량이 증가하게 되면서 황체기 동안 인슐린 저항성에 더 취약해질 수 있다. 황체기 동안 풍부한 영양 섭취와 PMS를 예방하기 위해서는 다음과 같은 방법을 따르면 도움이 된다.

- 황체기 동안에는 신체의 인슐린 저항성이 높아지기 때문에 탄수화물이나 당이 많은 음식을 피하는 것이 좋다. 초록 잎채소나 십자화과 채소, 샐러드 등 탄수화물이 낮은 음식을 우선으로 섭취해 신진대사 건강을 최적화한다. 또 술이나 첨가당, 유제품, 가공식품(인슐린 저항성을 높이고 당을 먹고 싶게 만드는 음식) 섭취를 피한다.
- 미네랄을 많이 섭취한다. 여기에는 마그네슘이 풍부한 식품(다크초콜릿, 견과류, 씨앗류, 시금치), 셀레늄이 풍부한 식품(브라질 너트) 등이 있다. 이때 부종을 막기 위해 과도한 염분 섭취는 주의를 기울인다.
- 지방이 풍부한 생선에서 얻을 수 있는 오메가-3 지방산과 함께 다른 건강한 지방을 골고루 섭취한다.
- 비타민 B가 많이 함유된 음식에 집중한다.
- 어두운색 잎채소나 가공되지 않은 글루텐 프리 전분류같이 섬유질이 풍부한 채소를 섭취하여 소화가 잘되도록 한다.

황체기 동안에는 체력이 평소보다 낮아질 수 있으니 다음과 같은 운동방법을 추천한다.

- 가볍거나 중간 정도 강도의 운동
- 근력 운동
- 필라테스
- 요가
- 저강도 유산소 운동(걷기 등)

월경

월경은 자궁 내막이 떨어져 출혈이 나타나는 기간을 말한다. 이 시기에는 에스트로겐과 프로게스테론이 모두 낮아지고 에너지 수준과 전반적인 기분 상태가 저조해질 수 있다.

월경 기간 중 충분한 영양 섭취를 위해서는 다음과 같은 방법이 도움을 준다.

- 비타민 B가 풍부하게 함유된 음식을 섭취한다.
- 마그네슘이 풍부한 식품(다크 초콜릿, 견과류, 씨앗류, 시금치)을 다양하게 섭취한다.
- 지방이 풍부한 생선에서 얻을 수 있는 오메가-3 지방산을 섭취한다.
- 알록달록한 과일과 채소를 섭취한다. 과일에는 식물 영양소와 항산화제가 풍부하며 이러한 영양소는 우리 몸을 자유 라디칼 손상으로부터 보호한다. 다양한 색깔의 식물성 음식은 통증 완

화와 염증 감소에 도움을 준다. 또 각각의 채소가 다른 색소를 함유하고 있으므로 더 다양한 종류의 채소를 먹을수록 얻을 수 있는 효과가 많아진다.

- 비트와 약용 버섯을 식단에 추가한다. 비트는 몸의 순환 시스템에 이롭게 작용한다. 몸에 산소를 공급하고 혈액을 통해 영양분을 조직과 기관에 운반함으로써 에너지 수준을 개선한다. 또 지방을 분해해 유화시키는 쓸개를 보호하는 역할을 한다. 표고버섯과 같은 약용 버섯은 일반적으로 알려진 것보다 영양학적으로 더 많은 장점을 가지고 있으며, 염증 퇴치에 매우 강력한 효과를 보인다.
- 사골 국물과 허브차를 마신다. 사골 국물에는 피부와 연골 건강에 좋은 콜라겐과 미네랄 성분이 풍부하게 함유되어 있다. 체이스트베리, 민들레, 산딸기 잎, 캐모마일 등 허브차는 PMS 증상을 완화할 수 있다.
- 현미, 고구마, 야채 등 가공되지 않은 글루텐 프리 전분류 채소를 섭취한다.
- 양질의 초목 유기농 단백질 중심의 식사를 한다.
- 술, 카페인, 짠 음식, 기름지고 지방이 많은 음식을 멀리한다.

월경 기간에는 에너지 수준이 낮아지기에 충분한 휴식을 취하며 강도가 낮은 다음과 같은 운동을 권장한다.

- 가볍고 차분한 운동
- 회복 요가
- 스트레칭
- 명상

· 산책

월경 주기 중 간헐적 단식

월경을 하고 있는 사람이라면 자연적인 방법으로 월경 주기를 건강하게 보내는 방법이 궁금할 것이다. 단식이 정말 건강에 좋은 작용을 하는지 의문을 품을 수도 있다. 또 자연적인 방법으로 PMS를 비롯해 월경과 관련된 다른 증상들을 줄이는 방법을 알고 싶을 것이다.

나를 찾아온 대부분의 여성 역시 이를 궁금해했다. 28일 주기 동안 일어나는 호르몬 변화에 주의를 기울이고 월경 주기를 원활하게 하는 음식을 섭취한다면 충분히 월경 주기 중에도 건강한 방법으로 간헐적 단식을 할 수 있다.

다음은 간헐적 단식을 할 때 지켜야 하는 핵심 사항이다.

1. 35세 이하 여성은 격일이나 일주일에 며칠 정도로 단식 일정을 유연하게 조절하여 월경 주기에 영향이 가지 않도록 단식을 진행하는 것이 좋다. 이는 40세 이상 폐경주변기나 폐경기 여성에게 적용되는 일반적인 단식 방법과는 다르다.
2. 일반적으로 임신을 계획하고 있는 여성에게는 단식을 권장하지 않는다. 건강한 임신을 위해서는 음식을 통해 충분한 에너지와 영양분을 얻어 지방으로 저장해야 한다. 양질의 음식을 충분하게 섭취하지 못하거나 수면 부족 등 다른 스트레스 인자가 있다면 여성의 재생산 기능과 출산 기능에 영향을 줄 수 있다. 나아가 무월경, 즉 일시적으로 월경이 중단되는 현상을 겪을 수 있다.

3. 28일 월경 주기가 있는 경우 주기 시작 후 첫 3주는 단식을 하기 가장 좋은 기간이다. 이때 호르몬 분비가 가장 안정적이며 인슐린을 감소하고 염증을 완화하며 오토파지를 활성화하기 좋다. 그러나 월경 주기 5~7일 전에 단식을 하게 되면 황체기에 필요한 영양분과 호르몬이 부족해질 수 있으니 주의가 필요하다.

4. 특정 상황에서 단식은 매우 유익하게 작용한다. 예를 들어 다이어트가 필요한 다낭성 난소 증후군 환자는 단식을 통해 긍정적인 개선 효과를 얻을 수 있다. 개인에 따라 12시간에서 16시간까지 단식하면 인슐린을 포함한 호르몬의 균형을 맞출 수 있고 체중 감량에 도움이 될 수 있다. 그러나 조심해야 할 것은 임신을 준비 중인 경우라면 단식은 추천하지 않는다는 것이다.

5. 스트레스 수준을 확인해야 한다. 현재 스트레스가 높은 상태라면 어느 정도 스트레스를 관리할 수 있게 될 때까지 단식을 미루는 것이 좋다. 단식할 때는 코르티솔이 상승하여 에스트로겐과 프로게스테론의 불균형을 초래할 수 있다. 심지어 월경이 멈출 수도 있다. 월경을 하지 않는 것은 단식에 대한 스트레스가 너무 높아져 몸이 감당할 수 없다는 신호를 주는 것이다. 사전에 스트레스를 예방하는 것이 좋다.

6. 단식하지 않는 기간이나 피딩 윈도우 시간 동안 충분한 영양분을 섭취하라. 칼로리 제한에 지나치게 신경을 쓰지 않는다.

간헐적 단식이 영양소 결핍을 일으키거나 장기간 저혈당(저혈당증)을 유발한다면, 이는 아마도 시상 하부-뇌하수체-부신 축에 영향을 미치고 생식 호르몬 생성을 방해할 것이다. 일반적으로 혈당이 제대로 조절되지 않는다는 것은 단식이 적절한 전략이 아닐 수 있다는 신호이다. 이때는 매끼 식사를 단백질과 건강한 지방에 초점을 맞추도록 하는 작업부터 시작한다. 혈당이 안정되고 나면 간헐적 단식을 시작할 수 있기 때문이다. 균형 잡힌 식단을 통해 안전하게 단식을 진행할 수 있다면 긍정적인 호르몬 균형 효과를 볼 수 있다.

폐경주변기

폐경주변기는 여성의 삶에서 독특한 시기다. 성호르몬이 점차 증가하거나 감소하기 시작하는 때로 볼 수 있다. 폐경주변기에는 사실상 다양한 호르몬 및 생리적 변화가 일어난다. 이 시기로 접어들면 우리 몸은 매달 배란기에 난자를 배출하지 않으며, 프로게스테론의 감소로 월경 주기가 불규칙하게 변한다. 다른 호르몬들도 증가하거나 감소한다. 코르티솔 수준은 상승하여 스트레스 반응이 악화하고 다른 호르몬이 방해받는다. 인슐린 저항성에 더 취약해지는 것이다. 멜라토닌 분비가 줄어들어 깊은 수면을 취하는 것이 어려워지기도 한다.

에스트로겐은 폐경주변기 동안 많은 영향을 받는 호르몬 중 하나이다. 첫째로, 에스트로겐 수치, 특히 에스트라디올은 폐경주변기 초기에 증가하며, 이는 순환하는 프로게스테론 수치가 낮아진 것에 대한 직접적인 반응이다. 이 단계에서는 에스트로겐과 프로게스테론이 일종의 시소처럼 작용한다. 즉 하나의 호르몬이 증가하면 다른 호르몬은 감소하게 된다.

다수의 연구 문헌에 따르면 폐경주변기 여성의 난포기 에스트라디올 수치가 월경 중인 여성의 수치에 비해 30% 더 높았다. 그러나 폐경주변기가 끝나갈 때는 에스트라디올이 감소하기 시작했다. 폐경주변기의 주요 특징은 월경 수기, 배란 빈도, 생식 호르몬의 변동성이 증가하는 것이다. 이 변동성이 발생하는 이유는 아직 잘 알려지지 않았다. 그러나 남은 난포 자체가 원인인 것으로 보이는 증거는 있다. 시상 하부가 월경 주기를 조절하는 능력을 잃는 것이 원인이라는 다른 가설도 있다.

일부 여성에게는 폐경주변기 증상이 폐경기 증상보다 더 힘들게 느껴지기도 한다. 하지만 이러한 증상들은 간헐적 단식을 통해 충분히 개선할 수 있다. 흔한 폐경주변기 증상으로는 불규칙한 월경과 배란 주기, 불쾌한 열감, 야간 발한, 수면 문제, 감정 기복, 질과 방광 문제, 성욕 변화, 골량 손실, 심혈관 요인 등이 있다.

불규칙한 월경과 배란 주기

나이가 들면 난소도 늙는다. 3일마다 새로운 정자를 생성해 보충하는 남성과 달리, 여성은 한정된 수의 난자를 가지고 태어난다. 노화가 진행되면 배란기 동안 난자가 불규칙하게 방출되는데 이 때문에 프로게스테론 수치가 감소하고 월경 주기가 불규칙하게 변한다. 이때 월경의 양이 많아질 수 있는데, 한 가지 원인은 에스트로겐 우세와 관련이 있다. 월경 양이 지나치게 많아지면 빈혈, 어지러움, 심한 PMS 등 다른 증상들을 함께 유발하기도 한다. 배란이 더욱 불규칙해지면, 월경 사이 주기가 길어지거나 짧아질 수 있고 월경 양이 줄어들거나 아예 건너뛸 수도 있다.

열감, 야간 발한, 수면 문제

폐경주변기에는 흔히 열감과 야간 발한 증상이 나타나는데, 일반적으로는 시상 하부가 낮은 에스트로겐 수치에 익숙하지 않기 때문이다. 열감과 야간 발한 증상의 강도, 지속 기간, 빈도는 사람마다 다르게 나타난다. 이 증상의 원인은 에스트라디올 감소, 혈당 기복, 음식 민감성, 내장 문제 등이다. 폐경주변기 여성의 최대 60퍼센트가 야간 발한과 열감 증상을 겪고 있으며 이는 충분한 수면을 방해한다. 하지만 이 증상이 나타나지 않아도 폐경주변기에는 수면 장애를 겪을 수 있다. 그 이유 중 하나는 수면을 돕는 멜라토닌 분비의 변화다.

기분 변화

폐경주변기에는 평소와는 다른 감정 기복을 경험하는 사람이 많다. 폐경주변기 여성은 다양한 이유로 이전보다 더 쉽게 화가 나고 불안해지며 우울감을 느낀다. 그 원인은 주로 호르몬과 관련되어 있지만 수면 부족과 직장 문제, 노부모 부양, 건강 변화 등 생활 전반의 스트레스가 함께 작용하기도 한다. 심한 감정 기복이 걱정될 정도라면 반드시 전문가의 도움과 상담을 권한다. 매우 현실적이고 실제적인 문제이기 때문이다.

질과 방광 문제

에스트로겐 수치가 감소하면(주로 폐경주변기 말기에 발생) 질 조직이 건조해지고 윤활 정도가 떨어진다. 이에 따라 성관계가 고통스럽게 느껴지기도 한다. 에스트로겐 수치가 낮으면 요로나 질이 이전보다 쉽게 감염될 수 있다. 방광 세포 조직층이 손실되면 요실금이 생길 수도 있다. 이는 불쾌하기는 하지만 치료와 회복이 가능한 부분이다.

성욕 변화

폐경주변기 동안에는 성욕이 줄어들고 쉽게 흥분하는 것이 어려워진다. 그러나 폐경주변기 전에 성적 친밀감과 만족도가 높았다면 성욕은 영향을 받지 않을 수 있다.

골량 손실

폐경주변기 이후부터 뼈가 약해지는 질병인 골다공증이 생길 위험이 높아진다. 이는 주로 에스트로겐이 감소하기 때문에 나타나는 현상이다. 이 시기부터는 몸이 새로운 뼈를 만들어 대체하는 속도보다 골량이 감소하는 속도가 빨라진다. 칼슘 함량이 높은 음식(브로콜리, 케일, 연어 또는 정어리 같은 기름진 물고기) 섭취, 금주, 금연, 근력 운동, 충분한 비타민 D 섭취 등 영양과 생활 습관에 신경을 쓰면 골다공증 예방에 도움이 된다.

심혈관 요인

에스트로겐은 동맥 유연성 유지 및 심혈관계에 중요한 역할을 한다. 그러나 폐경주변기 동안에는 심장병 발병 위험이 증가하는데, 그 요인 중 한 가지는 폐경주변기 말기와 폐경기 동안 에스트로겐이 감소하기 때문이다.

간헐적 단식은 인슐린 저항성, 대사 비유연성, 염증, 고혈압 등 심장병의 주요 위험 요인을 완화하는 효과가 있음이 밝혀졌다. 또 단식은 세포가 염증과 싸우도록 자극하는데, 염증은 심장 발작과 뇌졸중을 일으키는 동맥 플라크 축적으로 이어질 수 있다. 2019년 순환 연구에 따

르면, 단식을 라이프 스타일에 포함하여 실행한 사람은 단식 경험이
없는 사람보다 심장 부전에 걸릴 확률이 70% 낮았다.

폐경주변기 타임라인

다행히 이러한 변화들은 한 번에 나타나지 않는다. 또 모든 여성이
영향을 받는 것도 아니다. 폐경주변기는 하나의 연속적인 과정이 아니
다. 현재까지 폐경주변기는 5단계로 구분되며 각 단계마다 고유한 증
상이 있다고 알려져 있다. 사람마다 나타나는 증상이 달라 제대로 인
지하지 못할 수도 있지만, 각 단계를 지날수록 증상이 더욱 뚜렷해진
다. 이 중 하나는 에스트로겐의 변화로 나타나는 체중 증가가 있다. 우
리 몸이 에스트로겐을 이전보다 더 많이 필요로 하기 시작하며 에스
트론을 생성하는 지방 저장소에서 추가 에스트로겐을 찾는다. 이 에스
트로겐 '대체물'을 찾게 되면 우리 몸은 신체 부위에 더 많은 지방을 축
적하기 시작한다.

단계마다 나타나는 징후를 미리 알고 있으면 제대로 된 식단과 운
동 프로그램을 구성할 수 있고 많은 증상을 효과적으로 극복할 수 있
다. 아래 표는 각 단계의 특징과 시간이 지남에 따라 발생하는 증상 및
호르몬 변화를 보여 준다. 폐경주변기가 끝나는 시점은 월경이 없는
상태로 1년이 지난 때이다. 폐경주변기 평균 연령은 47세 반 정도이지
만 모든 여성에게 해당되는 것은 아니다. 흡연자거나 아이를 낳지 않
았다면 더 이른 나이에 폐경주변기가 시작될 수 있다.

폐경주변기의 다섯 가지 단계와 증상

	단계 A	단계 B	단계 C
지속 기간	2~6개월	2~6개월	1~2년
월경 주기	규칙적인 배란이 일어남	규칙적이지만 황체기 단축, 난자 미생성	주기가 짧아지거나 주기를 거르는 현상이 나타남
월경 양	비정상적인 월경 양	비정상적인 월경 양	예측 어려움
증상	유방 압통, 감정 기복, 체액 저류, PMS 증상, 야간 발한, 체중 증가, 두통	PMS 증상 증가, 월경통	야간 발한 증가, 열감 증가
호르몬 변화	에스트로겐 수치가 변동하고, FSH와 LH는 정상이지만 생식기 발달, 생식 능력, 임신 관련 호르몬인 인히빈 수치 낮음	난포기 동안 FSH 수치는 간헐적으로 상승하고 LH는 정상, 에스트라디올은 높음	FSH는 여전히 높고 LH는 가끔 높으며, 에스트라디올 수치 높지만 변동할 수 있음

	단계 D	단계 E
지속 기간	1~2년	1년
월경 주기	월경 주기 불규칙해짐 배란이 50%만 일어남	월경이 중단됨
월경 양	예측 어려움, 적은 양, 점상 질 출혈과 대량 출혈이 번갈아 나타남	없음
증상	열감 및 야간 발한 증가, 일부 여성은 경련통을 겪음	열감 및 야간 발한이 지속될 수 있으나 다른 폐경주변기 증상은 감소하기 시작, PMS 및 월경통 중단, 유방 압통 및 감정 기복 감소
호르몬 변화	프로게스테론 수치가 낮음, FSH 및 LH는 지속적으로 높음, 에스트라디올은 간헐적으로 높거나 낮을 수 있음	FSH 및 LH 수치는 지속적으로 높음, 에스트라디올은 감소하거나 정상화될 수 있음

출처: https://academic.oup.com/edrv/article/19/4/397/2530801.

폐경주변기 중 에스트로겐 우세증

폐경주변기에는 우리 몸의 에스트로겐 수치가 불규칙하게 상승하고 하강한다. 폐경주변기 초기에는 에스트로겐 수치가 상승한다. 이현상이 프로게스테론 감소와 맞물리면 에스트로겐 우세증으로 이어질 수 있다. 에스트로겐 우세증은 언제든 발생할 수 있지만 폐경주변기에 발생할 땐 특히 문제가 될 수 있다. 많은 폐경주변기 증상의 주요 기저 원인이 되는 에스트로겐 우세증을 최소화하려면 다음과 같은 방법이 도움이 된다.

- 셀프 케어 제품, 플라스틱 용기, 유기농이 아닌 식품에 들어 있는 독성 제노에스트로겐에 덜 노출되도록 한다.
- 십자화과 채소를 많이 섭취한다. 십자화과 채소는 I3C(인돌-3-카비놀)라고 불리는 천연 화합물을 다량 함유하고 있다. I3C는 간에 있는 과다 에스트로겐의 해독을 돕는다.
- 간 건강에 주의를 기울인다. 간은 혈액에 있는 여분의 호르몬과 독소를 걸러 준다. 항염증 식품의 섭취를 늘리고, 간에 좋은 음식을 식단에 포함하여 간 기능과 해독 기능을 향상할 수 있게 한다.
- 음주를 피하거나 줄이고 기분 전환을 위한 약물 및 불법 약물을 멀리한다. 이러한 물질은 모두 간에 심각한 손상을 준다.
- 과다 에스트로겐으로부터 몸을 해독하는 데 도움이 되는 간헐적 단식을 실천한다.

폐경주변기 중 간헐적 단식

폐경주변기와 간헐적 단식은 조화롭게 작용할 수 있지만 중요한 것은 양질의 수면, 효과적인 스트레스 관리, 풍부한 영양 구성, 기타 건강한 생활 습관 등 기본 요인을 갖춘 후 간헐적 단식을 추가할 수 있느냐는 것이다. 이런 기본적인 변화 없이 간헐적 단식만으로는 기대하는 건강상의 효과를 볼 수 없을 것이다. 특히 폐경주변기 중에는 더욱 그렇다.

추가로 아직 월경이 멈추지 않았다면 월경하는 여성을 대상으로 하는 가이드라인을 따르길 바란다. 간헐적 단식과 관련해 당신의 월경주기가 28일이라면 그중 첫 21일이 단식하기 가장 좋은 시기라는 것을 기억하자. 그 이유는 앞서 언급된 바와 같다.

스트레스 수준에 주의를 기울여라. 스트레스를 많이 받고 있다면 상황을 통제할 수 있을 때까지 단식을 미루는 것이 좋다. 단식 중에는 코르티솔 수치가 올라가 프로게스테론이 감소하고 에스트로겐이 상승한다. 그러나 폐경주변기 단계를 지나고 스트레스를 받는 중에 단식을 하고 있다면 반대로 에스트로겐이 고갈될 수 있다.

폐경기 및 그 이후

폐경기의 의학적 정의는 12개월 동안 연속으로 월경이 중단되는 것을 말한다. 평균 연령은 51세이다. 폐경기 여성의 약 15퍼센트는 폐경기 동안 아무런 불편도 느끼지 못한다. 그 외의 대다수의 여성이, 폐경기 호르몬 변화를 크게 느낀다. 예를 들어 에스트로겐, 프로게스테론, 테스토스테론 수치가 급격히 감소하는 것이다. 그 외에도 폐경기에 흔히 나타나는 증상은 다음과 같다.

· 열감 및 야간 발한
· 방광 감염에 취약해짐 (질벽이 얇아지면서 방광이 영향을 받음)

- 장내 가스 및 더부룩함, 주로 장내 세균 불균형의 결과로 나타남
- 관절 및 근육통
- 골다공증
- 질 건조증 및 성관계 시 고통
- 집중력 및 단기 기억력 저하와 동반되는 브레인 포그
- 두통 및 편두통
- 가벼운 우울증 및 감정 기복

폐경주변기 여성에게 요구되는 식단은 나이에 따라 달라진다. 예를 들어 폐경주변기 이후에는 다음을 참고해야 한다.

- 전해질이라는 무기질로 수분 섭취를 늘린다(이는 모든 연령대에 적합하다). 전해질을 탄 물을 체중의 약 30배만큼 ml 단위로 매일 마시자. 이렇게 하면 에스트로겐 감소와 콜라겐 및 엘라스틴 같은 결합 조직 손실에 따른 질 건조증을 완화할 수 있다. 적절한 수분 섭취는 부종에도 도움을 준다.
- 양질의 단백질에 집중하라. 갱년기에 에스트로겐이 감소하면 근육량 감소(근감소증)와 뼈 강도 감소(뼈감소증)가 발생할 수 있다. 이 때문에 갱년기를 겪고 있는 여성들은 특히 목초를 먹인 유기농 제품을 섭취하여 제노스트로겐 독소를 피해야 한다.
- 근력 운동에 중점을 두고 운동하라. 리프팅 또는 저항 밴드나 체중을 이용한 저항 훈련을 병행하면 근감소증과 뼈감소증을 예방할 수 있다.
- 올리브 오일, 코코넛 오일, 아보카도, 견과류와 씨앗, 견과류 버터 등과 같은 건강한 지방을 꾸준히 섭취하라. 이러한 지방은 호

르몬 균형의 유지를 돕는다. 생선에서 나오는 오메가-3 지방산은 열감과 야간 발한 강도를 약하게 하며 염증을 줄이는 우수한 영양원이다. 이런 지방은 맛이 좋아 과식하기 쉬우니 양 조절에 신경을 써야 한다. 주로 칼로리가 높은 음식이기 때문이다.

- 칼슘 섭취를 늘려라. 갱년기 여성에게 매우 중요한 무기질은 칼슘이다. 갱년기 동안에는 에스트로겐 손실로 인한 골 손실이 가속화되기 때문에 필요한 칼슘량이 증가한다. 유제품보다는 식품으로 칼슘을 섭취하는 것이 좋다. 유제품은 알레르기와 염증을 함께 유발할 수 있기 때문이다. 정어리, 케일, 콜라드 그린, 터닙 그린, 비트 그린, 머스터드 그린, 시금치, 청경채, 아몬드, 치아시드, 참깨 등 칼슘 함량이 풍부한 식물성 음식에서 칼슘을 섭취하려고 노력하라.

- 비타민 D를 충분히 섭취하라. 비타민 D는 갱년기 여부와 관계없이 섭취해야 하지만 특히 갱년기 동안에는 뼈를 보호하는 데 중요한 역할을 한다. 비타민 D는 햇빛을 통해서도 얻을 수 있지만 지방 함량이 높은 생선이나 버섯 등 일부 음식으로도 섭취할 수 있다. 또 영양제를 통해서도 섭취 가능하다. 비타민 D는 갱년기 여성의 심장 질환, 골다공증, 당뇨병, 암, 체중 증가를 예방한다는 연구 결과가 있어서 나 역시 다른 영양제보다 비타민 D를 최우선 순위로 섭취하곤 한다. 담당 의료인과 논의하여 자신에게 맞는 양을 처방받도록 하라.

- 과일과 채소 섭취를 늘려라. 이런 음식을 많이 섭취하면 체중 증가를 최소화하면서 건강을 유지하는 데 필요한 영양소와 섬유질을 챙길 수 있다. 1년간 진행된 중재 연구에서 1만 7천 명 이상의 폐경기 여성 중 채소, 과일, 섬유질을 더 많이 섭취한 이들이 대

조군에 비해 열감 증상이 19% 감소했다. 갱년기 및 갱년기 이후 여성에게 십자화과 채소는 매우 중요한 섭취 품목이다. 또 다른 연구에서는 브로콜리를 섭취했을 때 유방암 관련 에스트로겐 수치가 감소했고 유방암을 예방하는 효과가 있는 종류의 에스트로겐의 수치가 증가했다.

- 모든 과일에는 항산화 성분이 강하게 함유되어 있으며 다양한 질병으로부터 건강을 지키는 데 도움이 된다. 특히 블루베리, 라즈베리, 딸기, 크랜베리 등과 같은 베리류에는 건강에 좋은 화학물질이 다량 함유되어 있다. 베리류는 모두 좋은 비타민 C 공급원이며, 두뇌 기능과 기분을 향상시킨다. 크랜베리는 갱년기 이후 일부 여성에서 나타나는 요로 감염증을 효과적으로 예방한다. 나는 여성들에게 채소와 과일을 3:1 비율로 섭취하라고 조언한다. 즉 과일보다는 비전분류 채소를 우선순위에 두라.

- 가능하다면 글루텐이 없는 통곡물을 적은 양 섭취하라. 조, 아마란스, 테프, 메밀, 퀴노아(실제로는 씨앗이다)나 현미와 같은 고대 통곡물에는 비타민 B가 풍부하게 들어 있다. 이는 에너지를 증가시키고 스트레스를 관리하며 소화 시스템이 최고 수준으로 작동하도록 도와준다. 일부 여성들은 글루텐이 없는 곡물이든 아니든 어떤 형태의 곡물도 먹기 어려울 수 있다. 따라서 곡물을 먹은 뒤 피로, 과도한 허기, 식욕 증가, 소화 불량 등의 증상이 있는지 주의를 기울여 살펴보자.

- 알코올, 정제 설탕, 과다한 카페인, 매운 음식은 열감을 유발하고 요실금을 악화시키며, 감정 기복을 심하게 만들고, 뼈 손실을 일으킬 수 있으므로 피하는 것이 좋다.

폐경기 및 그 이후의 간헐적 단식

월경과 폐경주변기가 지나면 시간 제약이나 제한 없이 간헐적 단식을 할 수 있다. 많은 여성이 체중 감량, 유지 또는 건강상의 이유로 꾸준히 간헐적 단식을 실천하고 있다. 폐경기는 대부분의 여성에게 있어 간헐적 단식을 하기에 좋은 시기이다. 더는 매달 월경 주기를 세거나 기다릴 필요 없고, 월경 용품이나 일정에 대해 걱정할 필요가 없다. 생활 속에서 간헐적 단식을 훨씬 더 쉽게 실천할 수 있다.

먼저, 간헐적 단식을 하면 세포와 미토콘드리아부터 시작해 전체 시스템을 재생시켜 노화 과정을 늦출 수 있다. 게다가 간헐적 단식을 통해 열감과 같은 불편한 증상이 감소한다. 이 시기에 간헐적 단식은 다음과 같은 많은 이점을 준다.

- 에너지 증가
- 쉬운 체중 감량 및 관리, 허기 감소
- 적절한 식단과 강도 훈련이 갖춰질 시 근육량이 증가함
- 면역력 강화 및 염증 감소
- 세포 재생 증가로 일어날 수 있는 일부 질병 예방
- 스트레스 감소
- 과체중 여성의 인슐린 감수성 향상
- 우울증과 불안 감소
- 인지 기능 향상

이런 변화들을 좋아하지 않을 사람이 있을까? 모든 연령대의 여성이 간헐적 단식을 통해 다양한 장점을 얻을 수 있을 것이다. 그러나 간헐적 단식을 올바르고 안전하게 실천하는 방법을 배우는 것이 무엇보

다 중요하다. 이어지는 장에서 그 방법을 자세히 다룰 것이다.

모든 사람이 각자의 방식으로 인생을 살아간다. 하지만 내가 지켜본 바로는 호르몬 변화에 가장 잘 대처한 여성은 바로 여성이 겪는 변화를 고통스러운 과정이 아닌 자연스러운 삶의 과정으로 받아들인 사람들이었다. 삶의 어떤 단계를 지나고 있든지 지금 바로 거울 앞에 서서 스스로 이렇게 말할 수 있길 바란다. "지금부터 나 자신을 가꾸어야 내가 원하는 삶의 질을 누릴 수 있다."

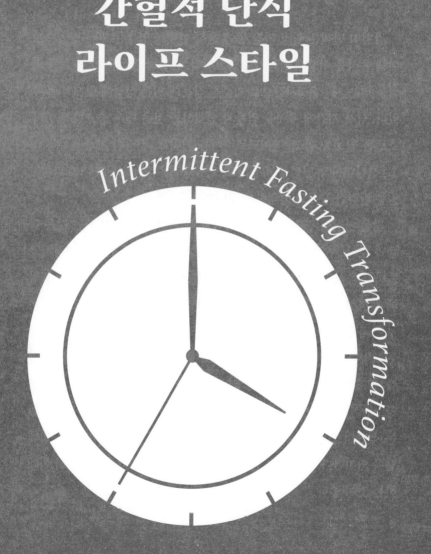

2부

간헐적 단식
라이프 스타일

Intermittent Fasting Transformation

6장 무엇을 먹어야 하나?

간헐적 단식은 일정 기간 동안 음식 섭취를 멈추는 단식 방법으로, 이때 음식을 어떻게 먹는가도 중요하다. 간헐적 단식을 할 때 보통 음식을 먹는 시간은 8시간으로 기준을 잡는데 이는 상황에 맞게 바꿀 수 있다. 식사 시간에 무엇을 먹을지 선택하는 것은 매우 중요한 일이다. 호르몬 활동을 돕고, 마이크로바이옴을 먹고, 건강한 체중을 유지하고, 신진대사 유연성을 촉진하고, 염증을 줄이기 위해 가장 효과적인 일은 건강한 음식을 선택하는 것이다.

많은 사람이 간헐적 단식을 시작할 때 가장 알고 싶어 하는 것은 다음과 같다. 무엇을 먹을 수 있는가? 모든 생활 습관 변화는 건강하고 올바른 음식과 영양에서 시작하기 때문이다. 음식 선택은 건강과 웰빙에 결정적이며 나의 IF:45 프로그램과 그 이후의 생활에서도 성공 여부를 좌우할 것이다.

그렇다면 다시 본질적인 질문으로 돌아가 보자. 무엇을 먹을 수 있을까? 간단하게 답하면 다량영양소macronutrient를 먹어야 한다. 다량영양소란 단백질, 탄수화물, 지방을 말하는 용어로, 건강하고 영양가 있는 식단의 필수 요소다. 반면 미량영양소micronutrient는 비타민과 미네랄을 의미한다. 전체 그림을 이해하려면 각 다량영양소를 자세히 이해하는 것이 좋다.

단백질

단백질은 건강에 기본이 되는 요소다. 영어로 단백질을 뜻하는 protein 자체도 그리스어인 proteos에서 왔는데, 이는 '기본'이나 '최우선'을 의미한다. 단백질은 일반적으로 축산물을 통해 얻을 수 있지만 견과류나 콩류와 같은 다른 식품에도 포함되어 있다. 단백질은 우리 몸이 만들 수 없는 9가지 필수 아미노산을 포함한 20가지 아미노산으로 구성되어 있다. 9가지 아미노산은 식품으로만 섭취할 수 있으며, 몸에서 단백질은 다음과 같은 기능을 수행한다.

- 먹은 후 포만감을 느끼게 한다.
- 성장과 유지를 촉진한다.
- 소화, 혈액 응고, 에너지 생산, 근육 수축을 조절하는 단백질인 효소와 관련된 생화학적 반응을 자극한다.
- 호르몬의 구성단위가 된다.
- 신체 구성 요소의 결합 조직 틀을 형성한다.
- 신체의 pH(알칼리성 및 산성)를 적절하게 유지한다.
- 체액 균형을 조절한다.
- 면역 건강을 강화한다.
- 영양소를 운반하고 저장한다.
- 에너지를 공급한다.

특히 여성을 대상으로 하는 간헐적 단식에서 단백질의 주요 기능은 근육량을 늘리는 것이다. 근육은 포도당 처리, 지방산 산화, 콜레스테롤을 가장 많이 담당하기 때문에 근육 관리는 중요하게 작용한다. 하지만 근육은 노화에 따라 손실되는 경향이 있다(근육 감소증). 따라서 근육 조직의 손실을 예방하거나 늦추기 위해 단백질 섭취는 필수적이다. 이에 따라 몸은 아미노산을 사용해 근육 조직을 구축하고, 가지고 있는 근육을 보존하며 근육 감소증을 예방할 수 있다.

단백질과 관련해 가장 헷갈리는 부분은 우리가 단백질을 충분히 섭취하고 있는가 하는 것이다. 확실한 사실은 대부분의 사람들 특히 여성은 체중이나 근육 조직에 필요한 양을 충분히 섭취하지 않고 있다는 것이다. 불행히도 대부분의 표준 식단은 단백질이 부족하고 씨에서 짠 기름과 정제 곡물 및 정제 설탕이 많이 함유되어 있어 건강한 생활이나 체성분에 도움이 되지 않는다.

여성은 남성보다 더 많은 단백질이 필요하다. 나를 찾아온 사람들에게 하루에 섭취해야 하는 권장 단백질량을 말하면 모두 놀라곤 했다. 하루에 섭취해야 하는 단백질은 이상적인 체중 단위를 그램으로 바꿔 2.2를 곱한 값이다. 예를 들어 키와 체격에 따른 건강한 체중이 약 68kg이라면 이를 그램으로 바꾸고 2.2를 곱한 값인 약 150g의 단백질이 하루 동안 섭취해야 하는 권장량인 것이다. 숫자에 놀랄 필요는 없다. 물론 식단을 조금 바꿔야겠지만 불가능하지는 않다.

또 단백질 중에서도 동물성 단백질을 섭취하는 것이 좋다. 동물성 단백질은 아미노산 프로파일이 가장 높으며 근육, 호르몬, 효소 및 항체의 성장과 회복에 도움이 된다. 특히 붉은 고기는 일반적으로 몸에 좋지 않다는 인식이 있지만, 어떤 고기냐에 따라 달라지기도 한다. 목초를 먹인 육류는 오메가-3 지방산 프로파일이 매우 우수하며 베타카로틴과 비타민 E라는 두 가지 핵심 항산화제를 풍부하게 함유하고 있다. 또 리보플래빈과 티아민 같은 특정 B 비타민 함량이 높다.

포화 지방과 심장 질환

그렇다면 붉은 고기나 다른 음식에 들어 있는 포화 지방은 어떨까? 포화 지방은 심장 질환 위험을 증가시킬까? 특히 심장 질환 관련 위험 요소가 있는 경우는 어떨까? 심장 질환은 미국 여성들의 사망 원인 1위로 꼽히기도 한다. 심장 질환 위험을 증가시키는 요인은 당뇨, 과체중, 비만, 건강하지 않은 식단, 운동 부족, 과다한 음주, 흡연 등이 있다.

포화 지방 섭취와 심장 질환의 관계는 영양학계에서 가장 논란이 되고 있는 주제 중 하나이며 최근 연구들은 대부분 결론이 나지 않았다. 이 문제를 다룬 검토 문헌으로 2015년 5만 9천 명 이상의 참가자들로 구성된 무작위 대조군 임상 시험 15개를 분석했다. 이 문헌에 따르면 포화 지방 섭취를 줄였다고 해서 심장 발작, 뇌졸중, 기타 모든 원인에 의한 사망이 통계적으로 유의미하게 감소하지는 않았다.

포화 지방 섭취를 줄이더라도 포화 지방을 더 많이 섭취한 사람들과 비교했을 때 사망, 심장 발작, 뇌졸중을 겪을 확률이 줄어들지 않고 유사하게 나타났다. 그러나 어떤 음식으로부터 포화 지방을 섭취했는지에 따라 포화 지방이 심장 건강에 미치는 영향은 달라진다. 예를 들어 패스트푸드, 튀긴 음식, 설탕이 많이 함유된 베이커리류, 가공육 등은 포화 지방 함량이 높은 식단이지만 똑같이 포화 지방이 들어 있는 초지 사료를 먹인 육류나 코코넛 등을 통해 섭취했을 땐 건강에 다른 영향을 미친다.

내가 하는 조언은 언제나 "적당히 섭취하라"는 것이다. 기호에 따라 초지 사료를 먹인 살코기를 일주일에 한두 번 정도 먹고 심장 질환 관련 위험 요소가 있다면 이 문제에 대해 의사나 심장 전문의와 상담하라. 나아가 IF:45 프로그램이 혈당 문제, 체중 문제, 건강하지 않은 식습관과 같은 위험 요소를 해결해 줄 것이다.

초지 사료를 먹인 방목 유기농 동물성 단백질을 다양하게 섭취하라. 음식 재료비가 걱정된다면 재정 상황에 맞는 적당한 음식 재료를 찾아보는 것도 좋다. 알디ALDI (할인점 체인으로 저렴한 가격이 특징이다), 코스트코, 트레이더 조에서도 합리적인 가격에 유기농 동물성 단백질을 구입할 수 있다. 내가 자주 사는 단백질 식품은 소고기, 들소고기, 닭고기, 새우, 달걀 등이다.

비건이나 채식주의자는 콩류, 퀴노아, 견과류, 씨앗 등 다양한 식물성 단백질을 섭취하면 된다. 그러나 식물성 단백질은 동물성 단백질과 다르다. 식물에서도 아미노산을 얻을 수는 있지만 소고기나 닭고기 한 조각에서 얻을 수 있는 만큼의 단백질을 섭취하려면 훨씬 많은 양의 식물성 음식을 먹어야 한다. 예를 들어 뼈 없는 소고기 140g에는 단백질 40g이 들어 있는데, 같은 양의 단백질을 식물성 음식에서 섭취하려면 현미밥 약 9컵, 즉 1,700g을 먹어야 한다. 문제는 현미의 칼로리는 탄수화물 함량이 각각 1,964칼로리와 367g으로 매우 높다는 것이다.

이쯤에서 콩을 언급해야 할 것 같다. 콩은 식물성 식단에서 주요한 단백질원이다. 하지만 대부분의 콩은 유전자 변형 식품GMO이며 장기간 GMO 식품을 섭취하는 것은 건강에 해롭다. 콩은 두부, 풋콩, 다양한 비건 단백질 가루와 단백질 바 등의 형태로 섭취할 수 있다. 그러나 에스트로겐 관련 암인 유방암 가족력이 있다면 콩 섭취에 주의를 기울여야 한다. 콩은 체내에서 에스트로겐과 유사한 작용을 하여 에스트로겐 우세증을 유발할 수 있기 때문이다. 이 경우 낫토나 된장 등의 발효식품이 아닌 이상 콩을 아예 섭취하지 않는 것을 추천한다.

단백질 보충제는 어떨까? 이 역시 주의가 필요하다. 〈소비자 보고서Consumer Reports〉에서는 여러 단백질 파우더와 음료에서 다양한 독소가 발견되었다는 내용의 기사를 발표한 바 있다. 비영리단체 클린 라벨 프로젝트Clean Label Project가 발표한 기사와 연구에서는 '콩이나 삼과 같은 식물성 단백질원으로 만들어진 단백질 보충 제품은 유청(우유)이나 달걀로 만든 제품보다 성능이 떨어졌으며 납 함량이 평균적으로 2배 많았고 다른 오염 물질도 더 많이 측정되었다'라고 밝혔다.

기사에는 이어서 '유기농 라벨이 붙어 있는 제품을 산다고 해서 모두 깨끗한 제품이라는 보장은 없다. 유기농 단백질 보충제의 평균 중금속 함량은 무기농 제품보다 높았다'라고 덧붙였다.

마지막으로 식사를 할 땐 단백질을 가장 먼저 섭취하고, 건강한 지방을 두 번째로 섭취한 다음 채소와 탄수화물, 또는 둘 중 하나를 섭취하는 식사 순서를 추천한다. 이 순서대로 먹으면 포만감이 높아지고, 혈당과 인슐린의 균형이 유지되며 뇌에 영양 공급이 더 수월해진다.

탄수화물

탄수화물 섭취는 늘 뜨거운 주제다. 탄수화물은 어느 정도를 먹어야 적정할까? 조금만 먹어야 할까? 아니면 아예 먹지 않아야 할까? 훌륭한 질문이다. 그러나 먼저 '탄수화물carb'이 정확히 무엇인지 알아보자. 식이 탄수화물은 주로 세 가지로 나뉜다.

설탕. 설탕은 하나 또는 두 개의 설탕 분자로 구성되며, 글루코스, 과당, 갈락토스 및 수크로스가 포함된다.

전분. 전분은 여러 개의 설탕 분자로 이루어져 있으며, 소화 과정에서 글루코스로 분해된다.

식이 섬유. 불소화식품이라고도 불리는 식이 섬유는 식물 중 소화되지 않는 부분으로 글루코스와 지방 흡수를 낮추며 체중 조절을 돕고 건강한 장내 세균을 길러 마이크로바이옴 건강에 도움이 된다.

탄수화물은 일반적으로 '단순'과 '복합' 또는 '전체'와 '정제'로 구분된다. 단순당은 일반적인 설탕, 잼, 사탕, 시럽 및 가공식품에 들어 있는 설탕이고, '복합 탄수화물'은 전분류를 말한다. 이보다 더 효과적인 분류 방식은 탄수화물을 전체 탄수화물과 정제 탄수화물로 구분하는 것이다.

전체 탄수화물은 가공되거나 어떤 방식으로도 정제되지 않은 탄수화물로 식품 안에 자연적으로 들어 있는 식이 섬유 등을 말한다. 정제 탄수화물은 가공 과정을 거쳐 식이 섬유를 비롯한 영양소가 제거되었거나 변경된 탄수화물이다. 전체 탄수화물의 대표적인 예는 비전분 채소와 전분 함유 탄수화물(예: 퀴노아, 콩류, 겨울 호박, 감자, 고구마 및 통곡물)이다. 이런 탄수화물에는 신체가 최적으로 기능하는 데 필요한 비타민과 미네랄 같은 영양소가 풍부하게 들어 있다.

또 식이 섬유 역시 탄수화물이 풍부하다. 식이 섬유는 배가 부른 상태를 유지하고 유해하거나 과다한 에스트로겐을 체내에서 배출하여 호르몬 균형이 잘 유지되도록 돕는다. 정제 탄수화물은 대부분 위에서 언급한 설탕 함유 식품이지만, 흰 식빵과 밀가루로 대부분의 음식도 여기에 포함된다. 칼로리가 높고 영양소가 적은 음식들은 유연성을 감소시키고 염증을 증가시키며 식욕을 자극하여 장내 세균을 해롭게 만들고 혈당을 상승시키는 등의 여러 문제를 일으킨다. 섭취하는 음식의 질은 중요하다. 특히 간헐적 단식을 할 때는 더더욱 그렇다. 피딩 윈도우 동안에는 탄수화물을 포함해 가장 영양가 있는 식사를 해야 한다.

어떤 사람이 저탄수화물 식단을 해야 할까?

사실 '저탄수화물'에 대한 명확한 정의는 없다. 예를 들어 일반적인 미국식 식단SAD의 경우 하루 약 300g의 탄수화물을 섭취하라고 권장한다. 따라서 이보다 탄수화물을 적게 섭취한다면 저탄수화물 식단이라고 할 수 있다. 이처럼 '저탄수화물'은 사람마다 기준이 다르기 때문에 나는 저탄수화물 식단의 정의를 엄격하게 정해 두고 있지 않다.

하지만 일반적으로 저탄수화물 식단을 다음과 같이 분류하기도 한다. 키토제닉 식단은 하루에 30g 이하, 저탄수화물 식단은 하루에 50g 이하, 자유로운 저탄수화물 식단은 하루에 150g 이하(이 단계에서는 탄수화물 섭취 감소에 집중하라)를 기준으로 한다.

특정 건강 조건이 맞다면 저탄수화물 식단은 간헐적 단식과 어우러져 긍정적인 효과를 준다. 나는 하루에 탄수화물 섭취량이 50g인 식단을 저탄수화물 식단으로 간주하고 있다. 다음과 같은 경우 저탄수화물 식단을 고려해 보는 것을 추천한다.

체중을 많이 감량해야 하는 경우. 저탄수화물 식단은 몸에 저장된 탄수화물 대신 지방을 에너지로 사용하도록 돕는다. 이에 따라 결과적으로 체중이 줄어든다. 간헐적 단식을 통해 몸이 지방 연소 모드로 전환되는 것처럼, 저탄수화물 식단은 신진대사 유연성을 촉진하여 몸이 탄수화물 연소에서 지방 연소로 전환되도록 돕는다.

인슐린 저항성이 있는 경우. 저탄수화물 식단과 간헐적 단식을 함께 하면 인슐린 수치가 낮아져 인슐린 저항성을 예방할 수 있다.

렙틴 저항성이 있는 경우. 과식을 하게 되면 렙틴 수치가 만성적으로 높아지고 우리 뇌는 '배부르다'라는 신호를 인식하지 못하게 된다. 이것이 렙틴 저항성이다. 그러나 저탄수화물 식단을 통해 이 문제를 극복할 수 있다. 체중을 감량하면 렙틴 수치가 낮아지게 되는데 이를 통해 세포가 더는 렙틴에 저항하지 않게 된다.

신진대사 유연성 감소 가능성이 있는 경우. 저탄수화물 식단은 몸이 지방을 연료로 사용하도록 촉진하고 이 상태를 바로잡는 데 도움이 된다.

다음은 주의사항이다. 일부 여성들은 장기간 저탄수화물 식단을 따르면 갑상샘 기능에 영향을 받을 수 있다. 여성 호르몬, 특히 에스트로겐과 프로게스테론은 우리 몸이 탄수화물을 효율적으로 처리하는 데 중요한 역할을 할 수도 있고 지방을 더 많이 저장하도록 만들 수도 있다. 사람들의 몸은 각기 달라서 하루에 얼마나 많은 탄수화물을 섭취할 수 있는지 간단하게 테스트해 보는 것이 중요하다.

또 저탄수화물 식단은 제한적인 식이 요법이기 때문에 짧은 기간(몇 주 이내)이나 주기적으로(실행 및 중단을 반복해서) 실행하는 것이 가장 효과적이다. 이와 관련해 탄수화물 사이클링^{cycling}이라는 개념을 다루도록 하겠다.

탄수화물 사이클링

탄수화물 사이클링은 나 역시 따르고 있는 고급 식이 요법으로, 하루, 일주일, 또는 한 달을 기준으로 탄수화물 섭취량을 늘렸다 줄였다 하는 방법을 말한다. 이 식이 요법은 다음과 같이 다양한 이점을 가지고 있다.

- 렙틴과 그렐린을 조절하여 식욕을 효과적으로 통제할 수 있다.
- 인슐린 균형을 유지하며 인슐린 감수성을 개선한다.
- 신진대사 유연성을 촉진한다.
- 비활성 갑상샘 호르몬 T4를 활성 형태인 T3로 전환하는 데 도움을 주어 신진대사를 돕는다.
- 지방 연소를 강화한다.
- 체중이 더는 줄지 않는 감량 정체기를 돌파하는 데 도움을 준다.
- 저탄수화물 식단과 운동으로 소모된 근육의 글리코겐을 다시 채운다.
- 신체 성능 및 운동 성능을 향상한다.
- 음식을 유연하게 섭취할 수 있으며 탄수화물을 즐길 수 있고 상황에 맞게 식단을 조절할 수 있다.
- 다양성을 창출하고 우리 몸이 허기진 상태가 아니라는 것을 상기시킨다(특히 탄수화물 섭취량을 늘리는 날).

탄수화물 섭취량을 늘리는 날은 하루 섭취량의 최대 50%를 양질의 탄수화물로 섭취해야 하며 특히 강도 높은 운동이나 근력 운동을 하는 날은 더욱 잘 지키도록 신경 쓴다. 나는 탄수화물을 많이 섭취하는 날에는 건강한 탄수화물을 평소보다 많이 섭취하고 지방 섭취량은 줄이며 단백질 섭취량은 거의 같게 유지하려고 노력한다.

저탄수화물을 섭취할 땐 강도가 높지 않은 운동을 하거나 필라테스나 요가를 하는 것이 좋다. 이 경우 탄수화물 섭취량은 하루 칼로리 섭취량의 약 25% 정도로 맞춰야 한다. 저탄수화물의 목적은 인슐린 수치를 낮추어 지방을 감소시키고 우리 몸이 지방 저장소에서 에너지를 얻도록 돕는 것이다. 저탄수화물 섭취 일에는 건강한 지방 섭취량을 늘리고 단백질 섭취량은 역시 거의 같게 유지한다. 탄수화물 사이클링은 최적화 단계의 일부로, 장기간 유지할 수 있는 도구인 셈이다.

혈당 측정기 사용하기

나는 '모든 사람에게 완벽하게 맞는 탄수화물 식이 요법' 같은 것은 없다고 생각한다. 이는 간헐적 단식과도 관련되어 있기 때문이다. 대신 연속 혈당 측정기CGM 또는 혈당 측정기를 사용하여 단식, 식단, 운동을 하는 동안 혈당 수치가 어떻게 변화하는지 그 반응을 확인하도록 권장한다. 나는 뉴트리센스 연속 혈당 측정기와 앱을 사용하고 있는데 사용하기도 쉽고 통증도 없다. 혈액 혈당 측정기를 사용해도 되지만 대부분은 매번 손가락을 찔러야 한다는 단점을 가지고 있다.

어떤 방법을 사용하든 반드시 공복 상태의 아침 혈당 수치를 확인해야 한다. 이 값은 이상적으로는 80~95mg/dL 이하여야 한다. 또 식사 전, 식사 후 30분 및 60분 후에도 혈당을 측정하는 것이 좋다. 일반적으로 혈당 수치는 80~90mg/dL 범위를 유지해야 한다. 중요한 사실은 식사 후 혈당이 30포인트 이상 상승하면 식단에 탄수화물이 지나치게 많이 포함되었다는 의미일 수 있다. 이런 결과가 나왔다면 다음 식단부터는 탄수화물의 비율을 줄이는 것이 좋다.

혈당 측정의 목표는 안정적인 혈당 수치를 유지하는 것이다. 특히 식사 후에 혈당 수치가 100을 넘어서는 혈당 스파이크가 지속적으로 나타난다면 탄수화물 섭취가 지나치게 많다는 신호다. 혈당 수치가 100이 넘는다는 것은 다른 여러 요인 중 음식, 스트레스, 수면 부족, 질병 등에 크게 영향을 받은 결과라고 할 수 있다. 수치가 140 이상 올라간다면 인슐린 저항성, 식품 불내성 등의 징후일 수 있다. 탄수화물을 줄이고 아보카도나 MCT 오일 등 지방이 풍부한 음식을 식단에 추가하는 것이 도움이 될 수 있다.

혈당 측정 장치로 혈당뿐 아니라 허기 신호도 함께 관찰할 수 있다. 다음의 방법을 이용하면 된다. 배가 고플 때 혈당을 확인한 뒤 이를 3일 동안 측정해 본다. 측정값을 기록하고 평균을 내서 나온 값을 '트리거 포인트'라고 한다. 이를 3일간 기록한 후 언제 혈당 수치가 트리거 포인트에 도달하는지 확인하는 것이다.

그다음부터는 혈당 수치가 트리거 포인트에 도달했을 때 음식을 먹는 것이다. 이는 연료 탱크가 비었다는 것을 의미한다. 트리거 포인트에 도달하지 않았다면 여전히 태울 에너지가 남아 있으며, 기름 탱크가 가득 차 있다는 것을 의미한다. 이 경우에는 계속 단식을 하거나 다음 식사 시간을 뒤로 미루는 것이 좋다.

글루코스는 매우 변동성이 높은 에너지원이며 몸속 지방 위를 떠다니기 때문에 아침에 일어나자마자 또는 식사 전에 혈당을 측정하는 것은 과다 에너지 공급(지방이나 탄수화물 중 어느 것이든)을 방지하는 데 매우 효과적이다. 식사 전 혈당 트리거는 아침 혈당과 강한 상관관계가 있다. 식사 후 혈당 상승을 걱정하기보다는 식사 전 혈당을 관리하는 것이 지방 감량과 건강 증진에 훨씬 효과적이다.

또 반드시 식사 후에도 혈당 변화를 확인해야 한다. 식사 후에 혈당이 30포인트 미만으로 상승한다면, 단백질, 지방과 탄수화물 구성이 좋다는 뜻이다. 그러나 식사 후 혈당이 30포인트 이상 상승한다면 탄수화물을 너무 많이 섭취했다는 뜻이니 다음 식사에 탄수화물 양을 조절할 필요가 있다. 이때 단호박, 겨울 호박, 콩, 혹은 적정량의 다른 탄수화물로 섭취 음식을 대체하는 것도 하나의 방법이다. 정기적으로 식사 후 혈당이 1.6mmol/L(또는 30mg/dL) 이상 상승한다면, 정제되고 가공된 탄수화물을 과도하게 섭취하고 있을 가능성이 크다는 것이니 섭취량을 조절할 필요가 있다.

월경을 하고 있다면 탄수화물 섭취의 이상적인 시기는 황체기, 특히 월경 주기 5~7일 전이다. 이 시기에는 인슐린 저항성이 높아지기 때문에 섭취하는 탄수화물 종류를 전략적으로 선택하는 것이 좋다. 탄수화물을 과도하게 많이 섭취하라는 의미가 아니라, 하루에 추가로 1~2회, 한 끼에 30g 정도로 양질의 탄수화물을 섭취하는 것을 말한다. 나는 이 시기에 고구마나 다른 뿌리채소 1/3컵, 겨울 호박 1/3컵, 혹은 콩이나 렌틸콩 1/3컵을 섭취한다.

결론적으로 탄수화물은 영양상으로 마냥 '나쁜 녀석들'이 아니며 어느 정도는 골고루 섭취해야 하는 필수군이다. 장기적으로 저탄수화물이나 무탄수화물 식단을 유지하는 것은 대부분 사람에게 어렵다. 체중과 체질량 목표를 달성하면서도 지속할 수 있는 방법으로 탄수화물 섭취를 실천해야 한다. 현명한 선택을 통해 당신의 몸에 가장 적합한 방법을 찾길 바란다.

지방

지방은 지방산 사슬에 있는 수소 원자의 수를 말하는 '포화도'에 따라 분류된다. 지방산에 수소 원자가 최대치로 있는 상태를 '포화 상태'라고 한다. 지방은 더 많이 포화할수록 실온에서 더욱 단단한 상태가 된다. 포화 지방의 예로는 소고기, 유제품, 버터에 포함된 지방이나 코코넛 같은 일부 채소에서 발견되는 지방이 있다.

지방산 사슬에서 수소가 빠진 곳이 하나 이상 있다면 그 지방산은 불포화 상태이다. 불포화 정도가 하나인 지방산은 단일 불포화 지방이라고 한다. 대표적으로 올리브 오일, 올리브, 아보카도, 견과류 및 씨앗이 있다. '다중 불포화 지방'은 두 개 이상의 불포화 지점이 있는 지방으로, 대부분의 식물성 기름이 여기 해당한다. 생선에 들어 있는 오메가-3 지방산은 모두 불포화 지방이다. 우리 몸은 에너지원과 뇌와 심장 등 장기 건강을 위해 반드시 지방이 필요하다.

지방은 다음과 같은 역할을 한다.
- 몸을 보호하는 효과가 있는 비타민 등 필수 지방산을 제공한다.
- 지용성 비타민(A, D, E, K)의 전달과 분배를 돕는다.
- 세포막을 형성한다.
- 몸의 열을 보존하고 몸을 보호한다.
- 성장과 발달을 지원한다.
- 에너지를 제공한다.
- 포만감을 전달하는 렙틴을 조절한다.
- 음식의 맛을 돋운다.

지방과 호르몬 균형
지방은 호르몬 생성과 조절을 하는 데 중요한 역할을 한다. 호르몬 대부분은 분비샘에서 생성되지만 일부는 지방 조직에서도 생성된다. 에스트로겐이 대표적인 예이다. 콜레스테롤 역시 성호르몬과 관련해 빠질 수 없다. 몸은 콜레스테롤 없이는 에스트로겐, 프로게스테론, 테스토스테론을 생성할 수 없다. 우리 몸은 식이 지방으로부터 콜레스테롤을 생성하기도 한다. 많은 사람이 콜레스테롤 수치가 상승하는 것을 두려워하지만 콜레스테롤이 낮아지면 인지 기능 장애와 호르몬 불균형과 같은 여러 건강상의 문제를 초래할 수 있다. 결국 다양한 종류의 지방을 골고루 섭취하는 것이 중요하다는 말이다. 나는 이것을 '건강한 지방'이라고 부른다.

호르몬 균형을 유지하는 데 좋은 건강한 지방으로는 지방이 풍부한 생선, 아마씨, 치아시드에 함유된 오메가-3 지방산, 아보카도, 코코넛 오일, 올리브 오일, 견과류 및 견과류 버터가 있다. 유기농 자연 방목 달걀 역시 건강한 지방을 효과적으로 섭취할 수 있는 훌륭한 방법이다.

나는 포화 지방 역시 건강한 지방으로 간주한다. 가공식품에 들어 있는 포화 지방이 아닌 목초를 먹인 육류에 들어 있는 포화 지방은 성호르몬 생성을 돕기 때문이다. 포화 지방을 섭취하면 건강에 좋지 않은 LDL 콜레스테롤이 증가할 수 있지만 동시에 좋은 HDL 콜레스테롤이 증가하고 중성 지방은 감소한다. 건강한 포화 지방보다 더 심각한 영향을 끼치는 것은 탄산음료, 백미, 흰 식빵, 설탕 시리얼, 달콤한 음식 같은 고도로 가공된 식품이다. 이러한 식품은 LDL 콜레스테롤을 증가시키는 것으로 나타났다. 위에서 언급했듯이, 무엇이든 적절한 양을 골고루 섭취하는 것이 핵심이다. 코코넛 오일 등 일부 포화 지방은 사실 몸의 지방 연소를 돕는 긍정적인 역할을 하기 때문이다.

다량영양소나 미량영양소 하나로 건강 문제나 질병을 해결하려 하지 말고 전체적인 식단의 영양소를 균형 있게 고려하라. 다시 말해 식단을 전체적으로 살펴보고 건강한 식습관을 구축하는 데 집중하자. 적절한 양의 다양한 지방 섭취를 권장했지만 일부 지방은 최대한 피하는 것이 좋다. 일부 식물성 기름에 들어 있는 다량의 불포화 지방, 씨에서 짠 기름은 되도록 섭취를 지양한다. 이런 기름은 가공식품에 많이 함유되어 있는데, 오메가-6 지방산이 많아 체내 자유 라디칼과 염증을 증가시킨다. 이 범주에 속하는 해로운 지방은 대표적으로 콩기름, 땅콩기름, 옥수수기름, 카놀라유, 면실유(목화씨기름), 해바라기씨유 및 홍화유다. 이런 기름은 세포막과 미토콘드리아의 건강을 해칠 수 있다.

이상적인 다량영양소 비율

사람마다 자기에게 맞는 적절한 다량영양소 비율을 찾기까지 다소 시간이 걸릴 수 있다. 특히 아직 월경을 하고 있고 월경 주기에 따라 탄수화물 섭취량을 변경하거나 활동량에 따라 탄수화물 사이클링을 하고 있다면 적절한 비율이 다를 수 있다. 하지만 일반적으로는 50/30/20(단백질/지방/탄수화물) 비율로 시작하여 필요에 따라 조절하는 것이 좋다. 나에게 어떤 비율이 맞는지 어떻게 알 수 있을까? 다음 질문에 답해 보자.

- 식욕은 어떤가? 식사 후 포만감을 느끼고 간식을 먹고 싶은 생각이 들지 않아야 한다. 달콤한 음식이 먹고 싶지도 않아야 한다.
- 에너지 수준은 어떤가? 매 식사 후 에너지가 고갈된 느낌이 아니라 안정적이고 회복된 느낌을 받아야 한다.
- 정신적, 정서적 건강은 어떤가? 식사 후에는 행복감을 느끼고 기

분이 좋아지며 정신적 에너지가 증가해야 한다. 긍정적인 기분을 느껴야 하며 정신은 집중하기 어렵지 않고 맑아야 한다.

이 질문을 진지하게 고려하고 당신의 몸 상태에 귀를 기울여 보라. 내 고객 안드레아를 예로 들어 보겠다. 40대를 나름대로 잘 보내고 있던 안드레아는 어느 날부터 식사 후 졸음이 쏟아지기 시작했다. 얼마 지나지 않아 야간 발한으로 밤에 잠을 자기가 어려워졌다. 복부 주변에도 살이 찌기 시작했다.

이 변화의 근본적인 원인은 달마다 발생하는 호르몬 변동과 특정 시간에 급격하게 증가하는 호르몬 때문이었지만, 다량영양소 비율 역시 변화의 원인 중 하나로 작용했다. 안드레아가 먹고 있던 식단의 다량영양소 비율로는 이런 호르몬 변화에 도움을 줄 수 없었다. 질 낮은 탄수화물을 너무 많이 먹었고, 단백질은 너무 조금 먹고 있었으며 건강한 지방류는 충분히 먹고 있지 않았다. 나는 탄수화물을 줄이고 건강한 탄수화물을 추가했으며 단백질과 지방 섭취량을 늘려 탄수화물/지방/단백질 비율을 50/30/20으로 조정하는 식단을 권했다.

그리고 간헐적 단식을 시작하도록 했고 이내 안드레아는 식사 후 육체적, 정신적 에너지를 얻을 수 있었으며 지긋지긋했던 복부 주변의 살을 뺄 수 있었다. 그녀는 예전으로 돌아간 것 같은 느낌을 받았다. 영양소 균형을 조금만 바꿨을 뿐인데 큰 변화가 일어난 것이다.

13장의 식단 계획은 다량영양소 비율에 도움이 될 뿐만 아니라 탄수화물 사이클링 방법을 보여 준다. 이 식단을 따르다 보면 머지않아 내가 추천하는 식단에 맞춰 식사를 계획하는 것이 자연스러워질 것이다.

호르몬 불균형이 있다면? 시드 사이클링!

이 장에서 씨앗류에 대해 언급한 만큼 호르몬 균형에 효과적인 영양 기술인 시드 사이클링seed cycling에 대해 이야기하겠다. 시드 사이클링은 호르몬이 어떤 상태이든 상관 없이 어느 단계에서든 할 수 있는 방법이다. 한 달 내내 다양한 종류의 씨앗을 섭취하기만 하면 되는데, 특히 에스트로겐 우세증이 있는 경우 큰 효과를 볼 수 있다. 월경 주기 시점마다 해야 할 일은 다음과 같다.

1~14일 차:
월경 주기 전반부에는 아마씨와 호박씨를 먹는다. 1일 차는 월경 첫날을 말한다. 매일 씨앗 한 숟가락만 섭취해도 효과를 볼 수 있다. 아마씨와 호박씨는 에스트로겐 생성 촉진에 도움이 된다. 아마씨에는 에스트로겐과 유사한 식물성 에스트로겐이 함유되어 있으며 호박씨에는 아연이 풍부하여 생리통 완화에 도움이 된다.

15~28일 차:
해바라기 씨와 참깨를 섞어서 먹는다. 다시 말하지만 매일 한 숟가락만 섭취하면 된다. 해바라기 씨와 참깨는 프로게스테론의 생성을 도와 월경통 증상을 완화하는 데 도움이 될 수 있다. 스무디나 샐러드에 넣어 먹어도 좋고, 작은 에너지 바나 그래놀라로 만들어 먹어도 좋다.
해바라기 씨와 참깨에는 호르몬 균형에 도움이 되는 영양소인 비타민 E가 풍부하다. 이 '시드 사이클링' 방법을 사용하면 2~3개월 안에 몸 상태가 눈에 띄게 개선되는 것을 느낄 수 있다. 처방 약 없이도 효과를 볼 수 있는 재밌는 방법이며 건강에 좋은 음식이 약이 될 수 있다는 것을 보여 주는 좋은 예가 된다. 폐경 후에도 이 방법을 활용하면 효과를 볼 수 있다. 달의 주기를 따라서 하면 된다. 초승달이 처음 뜬 날을 시드 사이클링 1일 차로 정하고 시작하면 주기를 가늠하기 쉽다.

항염증 영양소와 호르몬 균형

내가 추천하는 다량영양소와 식품을 식단에 포함하면 항염증 영양 계획을 실천할 수 있다. 항염증 영양소는 건강과 호르몬에 있어 매우 중요하게 작용한다. 염증은 그 자체로는 나쁘지는 않다. 염증은 부상이나 질병에 대한 신체의 반응으로 보호 작용을 하기 때문이다. 그러나 염증이 만성적으로 발생한다면 호르몬 불균형과 호르몬 조절 장애 같은 문제를 일으킬 수 있다.

염증은 심장 질환, 암, 알츠하이머병, 갑상샘 질환, 크론병과 같은 소화기 질환, 과민성 대장 증후군 등 대부분의 만성 질환의 근본적인 원인이되기도 한다. 하시모토 갑상샘염, 류머티즘성 관절염, 섬유근육통과 같은 자가면역 질환은 말할 것도 없다.

식단은 우리 몸에서 발생하는 대부분의 염증에 상당한 영향을 준다. 따라서 건강을 유지하고 신체를 보호하기 위한 첫 번째 단계는 항염증 영양소를 섭취하는 것이다. 염증을 줄이는 데 도움이 되는 식품들을 소개하기 전에, 과학적으로 염증 유발이 입증되어 피해야 하는 식품들을 먼저 소개하고자 한다.

글루텐. 밀, 보리, 호밀에서 찾아볼 수 있는 단백질인 글루텐은 자가면역이라고 알려진 세포에 면역 공격을 일으킬 수 있다. 글루텐은 장 누수 증후군이라고도 하는 '소장 과투과성'을 유발할 수 있다. 이는 장벽 틈새를 통해 박테리아와 기타 독소가 혈류로 유입되어 다른 신체 부위에서 추가적인 자가면역 연쇄 반응을 유발할 수 있는 현상을 말한다.

글루텐은 갑상샘 질환에도 영향을 주며 갑상샘에 염증을 일으켜 하시모토병을 악화시킬 수 있다. 이를 '분자 모방'이라고 하는데, 우리 몸의 면역 체계가 글루텐뿐만 아니라 조직도 공격한다는 의미다.

정제당. 정제당은 식물에서 추출되었으나 식물성 영양소가 제거된 설탕을 말한다. 정제당과 액상과당(청량음료 및 기타 가공식품에 함유되어 있음)이 대표적인 예이며, 그 외에도 다양한 당류가 가공식품 안에 첨가된다. 이러한 종류의 설탕은 혈당 수치를 높여 인슐린 반응을 높이고, 간과 골격근에 저장할 수 있는 양 이상으로 과다하게 섭취할 경우 지방으로 저장되는 단점이 있다.

설탕을 너무 많이 섭취하면 심장병, 당뇨병, 암, 우울증, 세포와 피부의 노화, 신진대사 유연성 저하, 체중 증가 등 여러 가지 건강상의 문제가 일어날 수 있다. 또 설탕을 많이 먹을수록 당분 처리량이 많아져 더 많은 인슐린이 필요하게 되는데, 이는 인슐린 저항성을 유발할 수 있다. 인슐린 저항성과 혈당 조절에 문제가 생기면 에스트로겐, 테스토스테론, 황체 형성 호르몬, 난포 자극 호르몬을 비롯한 주요 생식 호르몬의 불균형이 일어날 수 있다. 이렇게 광범위한 건강 손상의 원인 중 상당 부분은 염증과 관련이 있으며, 정제된 설탕은 염증을 유발하는 것이 특징이다.

2018년 저널 〈영양소Nutrients〉에 발표된 리뷰에 따르면 설탕, 특히 가당 음료를 통한 식이 당분 섭취는 만성 염증과 관련이 있다. 설탕을 많이 섭취하는 사람들의 혈중에는 C-반응단백질이라는 마커를 포함한 염증 마커가 더 많았다.

성분표에 은밀하게 숨겨진 설탕의 다른 이름

- 아가베 넥타
- 바베이도스 설탕(무스코바도 설탕이라고도 함)
- 보리 맥아 및 보리 맥아 시럽
- 비트(사탕무) 설탕
- 흑설탕
- 사탕수수 주스 및 사탕수수 주스 결정(탈수 또는 증발 사탕수수 주스 라고도 함)
- 사탕수수 설탕
- 캐러멜
- 캐롭 시럽
- 코코넛 설탕(또는 코코넛/야자당)
- 제과용 설탕(또는 파우더 설탕/아이싱 설탕)
- 옥수수 감미료/시럽 및 옥수수 시럽 고형분
- D-리보스
- 대추야자 설탕
- 데메라라 설탕
- 덱스트린
- 덱스트로스

- 과당 및 결정과당
- 과즙 및 과즙 농축액
- 갈락토스
- 글루코스 및 글루코스 고형분
- 과립 설탕
- 포도당
- 고과당 옥수수 시럽HFCS(액상과당)
- 꿀
- 가수분해 전분
- 반전 설탕(또는 액상 반전 설탕)
- 맥아 시럽
- 말토덱스트린
- 말톨
- 말토오스(엿당)
- 만노스
- 메이플 시럽
- 당밀
- 원당
- 정제 시럽refiner's sirup
- 쌀 시럽(또는 현미 시럽)
- 슈크로스
- 수수 물엿
- 수크로스(식용 설탕)
- 고구마 시럽

- 단수수
- 타피오카 시럽
- 트리클
- 터비나도 설탕

유제품. 우유는 송아지의 성장을 돕고 체중을 늘리는 데 도움을 준다. 하지만 우리는 송아지나 젖먹이 아기가 아니기 때문에 사실 우유가 필요하지 않다. 대부분의 사람은 우유나 기타 유제품에 함유된 칼슘을 먹으며 뼈를 튼튼하게 만들어야 할 필요가 없다. 칼슘은 다른 식물성 식품에서도 쉽게 섭취할 수 있기 때문이다. 더욱이 유제품은 대부분 사람에게 염증을 유발하는 식품이기도 하다. 우유 가공 과정, 특히 탈지유 가공 과정은 영양소를 높이기는커녕 염증만 더 심하게 만든다. 또 많은 유제품에는 현재 다양한 소화기 및 건강 문제를 일으키는 것으로 알려진 A1 카제인 단백질이 함유되어 있다.

씨앗 기름. 평균적으로 현대인들은 지방 칼로리의 80%를 종자유에서 섭취한다. 여기에는 카놀라유, 옥수수유, 목화씨유, 포도씨유, 쌀겨유, 홍화유, 대두유, 해바라기씨유 등이 있다. 특히 대두유는 가장 많이 소비되는 기름 중 하나다. 이러한 기름에는 불안정한 오메가-6 지방산이 다량 함유되어 있는데, 이는 조리 시 독소로 분해된다.

고대인들은 오메가-3 지방산과 오메가-6 지방산을 약 1:1 비율로 섭취한 것으로 추정된다. 그러나 지난 100여 년 동안 서구식 식단으로 이 비율은 급격히 변화하였고 20:1(오메가-6 지방산 대 오메가-3 지방산 비율) 정도로 높아졌다. 오메가-6 지방산을 너무 많이 섭취하면 만성 염증을 유발할 수 있고 혈관 내벽을 손상시키며 전반적인 혈액 순환과 뇌로 가는 혈류에 영향을 미칠 수 있다. 이를 통해 심장병과 당뇨병의 위험이 높아지기도 한다. 또 씨앗 기름의 지방산은 세포를 훼손하는 혼란스러운 분자, 즉 자유 라디칼을 많이 만든다.

씨앗 기름은 다른 문제도 가지고 있다. 씨앗 기름을 과도하게 섭취하면 신진대사를 방해하고 제2형 당뇨병과 같은 대사 장애를 일으킬 수 있다. 씨앗 기름의 지방산은 특정 농도에서 미토콘드리아의 에너지 생성 능력을 차단한다. 미토콘드리아는 생존을 위해 혈류에서 더 많은 당분을 끌어와야 하므로 혈당이 크게 고갈된다. 혈당이 떨어지면 저혈당증(저혈당)이 발생하는데 이때 미친 듯이 달콤한 음식이 먹고 싶어진다. 따라서 씨앗 기름이 많이 함유된 음식을 먹으면 설탕과 정제 탄수화물에 중독될 위험이 높아진다. 이러한 문제를 피하는 가장 쉬운 방법은 씨앗 기름을 섭취하지 않는 것이다. 씨앗 기름은 많은 가공식품에 함유되어 있으니 식품을 구매하기 전 성분표를 먼저 확인해 보길 권한다. 이 책에서 소개하는 건강한 지방을 섭취하면 씨앗 기름 때문에 일어날 수 있는 건강 문제를 예방하는 데 큰 도움이 될 것이다.

식품 첨가물. 가공식품 대부분에는 유통기한까지 보존하기 위해, 색이나 인공적인 맛을 더하거나, 음식을 걸쭉하게 하거나, 맛을 바꾸는 등 어떤 식으로든 식품을 변형하기 위해 고안된 화학 물질('첨가물')이 함유되어 있다. 그중 다수는 장내 미생물을 변화시켜 심각한 질병이 발생할 수 있는 환경을 조성한다. 우리 몸은 해로운 박테리아에 대한 방어 기능이 내장되어 있지만 화학적으로 만들어진 식품 첨가물은 기존의 방어 기능을 뚫고 들어온다. 일반적으로 장의 점막은 나쁜 박테리아의 유입으로부터 장을 보호하지만, 첨가물은 장 점막을 통해 유해 박테리아를 은밀하게 운반하여 장내 환경을 악화시킨다. 이러한 변화가 심해지면 염증이 생길 수 있다. 나아가 장 누수 증후군, 과민성 대장 증후군[IBD], 심각하게는 대장암까지 유발할 수 있다. 이처럼 염증을 유발하는 식품은 신체에 광범위한 손상을 일으킬 수 있으므로 피하는 것이 좋다.

항염증 식품 선택하기

다행히도 염증을 유발하는 식품보다 항염증 식품 종류가 더 많다.

과일과 채소

과일과 채소의 항염증 효과는 아무리 강조해도 지나치지 않는다. 따라서 어떤 과일과 채소를 섭취하든 염증 예방에 긍정적인 도움을 준다. 연구 결과에 따르면 색이 화려한 과일과 채소를 선택하는 것이 좋다고 한다. 대표적인 예는 시금치, 케일, 콜라드 그린과 같이 잎이 짙은 채소로 저탄수화물 채소이자 세포 손상을 방지하는 다양한 비타민과 미네랄이 함유되어 있다. 또 녹색 채소에는 이소플라보노이드라는 천연 식물성 화합물이 함유되어 있어 간에 해로운 과잉 에스트로겐을 빠르게 배출하도록 돕는다. 또 모든 십자화과 채소는 염증을 퇴치하는 항산화 작용을 한다. 베리류에는 항산화제, 특히 염증에 좋은 비타민 C가 풍부하게 함유되어 있어 과일계의 슈퍼스타 같은 존재다. 또 우리 몸이 세로토닌을 더 많이 생성하도록 도와준다.

통곡물

일부 통곡물은 혈중 C-반응 단백질(염증 마커)의 수치를 낮추는 작용을 하므로 일종의 항염증 식품이다. 현미, 퀴노아, 아마란스, 메밀, 기장, 테프, 수수, 글루텐 프리 인증 귀리와 같은 글루텐 프리 품종을 선택하는 것이 가장 좋다. 이때 통곡물은 소량만 섭취하는 것이 좋다. 특히 40세 이상이라면 더욱 그렇다. 나이가 들어감에 따라 몸이 곡물을 잘 소화하지 못하기 때문이다.

나는 가능하면 곡물류는 먹지 않는다. 곡물류를 소화하는 데 어려움이 있기 때문이다. 이는 미국 시장에서 쉽게 구할 수 있는 유전자 변형 곡물과 관련이 있다고 본다. 따라서 나는 탄수화물 대부분을 채소와 과일을 통해 섭취한다.

건강한 지방

모든 지방을 두려워할 필요는 없다. 지방을 두려워하는 것은 근절되어야 할 오래된 통념 중 하나다. 건강한 지방은 적절한 세포 기능과 비타민 흡수에 중요하게 작용한다. 건강한 지방의 대표적인 예는 견과류와 씨앗류로, 특히 호두에는 오메가-3와 망간, 구리, 마그네슘과 같은 영양소가 풍부하게 들어 있어 염증으로 인한 손상을 회복하는 데 도움을 준다.

올리브 오일은 특히 건강에 좋은 지방류로, 많은 연구에서 올리브 오일을 정기적으로 섭취하는 사람은 암과 심장병 발병률이 낮은 것으로 나타났다. 하버드 소속 연구팀에 따르면 올리브 오일을 하루에 한 번 이상 먹는 그리스 여성이 올리브 오일을 덜 먹는 여성에 비해 유방암 발병률이 25% 낮았다. 올리브 오일의 치유력은 단일 불포화 지방 함량에서 나오는 것으로 알려졌다. 이는 염증이 감소하는 데 도움이 된다. 올리브 오일의 효능을 효과적으로 얻으려면 유기농 냉압착 엑스트라 버진 올리브 오일을 사용하는 것이 좋다.

아보카도 역시 염증 예방에 효과적이다. 아보카도에 함유된 지방의 대부분은 단일 불포화 지방으로 우리 몸에 좋다. 아보카도에는 자유 라디칼을 파괴하는 강력한 힘을 가진 '최고의 항산화제' 글루타티온이 매우 풍부하게 함유되어 있으며, 독소의 해로움을 막는다.

코코넛 오일도 좋은 지방원이다. 〈미국 임상 영양학 저널American Journal of Clinical Nutrition〉에 따르면 평소 섭취하는 다른 지방 대신 코코넛 오일 2숟가락을 섭취하면 복부 지방을 60% 더 줄일 수 있다고 한다.

많은 종류의 코코넛 오일에는 복부 지방을 연소하여 에너지로 활용하도록 자극하는 지방산의 일종인 중쇄 중성 지방MCT이 함유되어 있다. 가장 좋은 형태의 MCT 오일은 지방을 연소하고 에너지를 높이며 뇌 기능을 향상하고 장내 미생물을 개선하며 식욕을 조절하고 신진대사를 돕는 지방산인 'C-8'이 함유된 오일이다. 코코넛 오일의 또 다른 지방산인 라우르산은 항염증 작용을 한다.

지방이 많은 생선과 해산물

오메가-3가 풍부한 알래스카 자연산 연어, 정어리, 참치, 고등어를 주중에 다양한 방법으로 섭취한다면 심장 건강 및 항염증 효과를 얻을 수 있다. 연구에 따르면 매주 해산물 약 340g을 섭취하면 관절과 힘줄의 뻣뻣함과 통증(염증으로 인한)을 55%까지 줄일 수 있다고 한다. 오메가-3를 앞서 설명한 오메가-6 지방산과 헷갈리면 안 된다. 대부분 오메가-6를 과도하게 섭취하고 있기 때문에 오메가-3 지방을 더 건강하게 섭취하는 균형이 필요하다.

익힌 버섯

특히 표고버섯에는 면역력을 높이고 염증을 억제하는 물질이 풍부하게 함유되어 있다. 식용 버섯의 항염증 효능에 대한 2018년 연구에서는 다음과 같은 결론을 내렸다. "최근 보고에 따르면 식용 버섯은 염증과 관련된 질병 치료 및 건강 증진에 유리한 효능이 있는 것으로 나타났다. 식용 버섯은 '슈퍼 푸드'라고 할 수 있으며 매일 식단의 주요 구성 요소로 권장할 만하다."

허브와 향신료

특히 강황은 항염증 작용으로 잘 알려져 있다. 진한 오렌지색 향신료인 강황은 인도 요리와 동남아시아 요리에 많이 활용되며 커큐민이라는 강력한 화합물을 함유하고 있다. 커큐민의 항염증 효과는 모트린이나 다른 항염증제에 필적하는 것으로 알려져 있다. 마늘, 생강, 계피 역시 같은 계열의 향신료로 강력한 효과를 보인다. 이런 허브와 향신료는 동맥에 해로운 염증이 생기는 것을 방지한다.

자신에게 맞는 식품을 선택하라

염증 문제를 해결하기 위한 목표를 가지고 건강한 식단을 짤 때는 언제나 다양한 식품을 골고루 섭취하도록 하라. 식단에 자연 그대로의 음식을 최대한 많이 포함하고 항상 과일과 채소를 충분히 먹을 것을 추천한다.

하지만 모든 식품이 다 잘 맞지 않을 수도 있다. 나는 이 문제를 직접 경험했다. 2019년에 남편과 하와이 여행을 떠난 뒤, 나는 살면서 처음 겪어보는 복부 통증으로 몸부림치며 집으로 돌아왔다. 맹장 파열, 대장 전체에 생긴 염증, 장폐색, 복막(복강) 농양, 누공(충수돌기와 맹장 사이에 비정상적인 굴이 생기는 것)을 겪었다. 몸 상태는 말도 못 할 정도였다. 생명에 지장이 있을 정도로 상태가 좋지 않았고, 맹장 제거 수술을 받기까지 6주를 기다려야 했다.

퇴원 후 의사는 '저잔류' 식단을 추천했다. 저잔류 식단은 고도로 가공된 식품을 섭취하는 것을 의미하는데, 평소에 내가 절대로 먹지 않고 내 고객에게도 추천하지 않는 식품 유형이었다. 저잔류 식단 중 유일한 건강식품은 잘 익힌 육류(조림이나 구운 고기)와 삶은 채소뿐이었다. 따라서 나는 잘 익힌 육류와 채소에 집중해서 음식을 먹었다. 이렇게 먹다 보니 소화 기관이 회복할 시간이 생겼고 영양이 풍부한 음식을 큰 어려움 없이 섭취할 수 있게 되었다. 다른 음식이 그립긴 했지만 천천히 적응해 나갔다. 퇴원 후 처음 9개월 동안은 육식 위주의 식습관을 유지하려고 노력했고, 그 후 1년이라는 시간 동안 천천히 다른 식품 섭취를 늘려 갈 수 있었다.

이내 내가 견과류, 씨앗, 과일 등 이전에 즐겨 먹었던 음식들에 매우 민감하다는 것을 깨닫게 되었다. 또한 녹색 잎채소에도 민감하게 반응하고 있다는 것을 알게 되어 이를 식단에서 제외시켜야 했다. 견과류와 녹색 잎채소 같은 식품에는 장내에서 미네랄과 결합하여 체내 흡수를 방해하는 옥살산염이 함유되어 있다. 옥살산염이 많이 함유된 식품은 신장 결석의 위험을 증가시킬 수도 있다. 하지만 모든 사람이 옥살산염을 먹지 못하는 것은 아니다.

수술 후에는 글루텐, 곡물, 유제품을 피하는 수술 전 식습관을 고수할 수 있었다. 그리고 달걀, 소고기, 돼지고기, 들소, 생선, 가금류는 계속 먹을 수 있었다. 이 모든 방법이 효과적이었으며 지금도 매일 이렇게 식단을 구성하고 있다. 1년 후에는 13일간의 입원 기간 중에 빠진 체중 대부분을 회복할 수 있었다. 지금은 잠도 잘 자고 에너지도 넘친다. 내가 말하고 싶은 것은 건강 관련 팁이 모두에게 맞지는 않으니 일부는 각자의 몸에 맞게 조정해야 한다는 것이다.

위에 나열된 모든 음식은 엄밀히 말해 항염증 효과를 가지고 있지만 장 누수 증후군이나 다른 문제를 발생시킬 수 있고 식품 민감성 검사를 받지 않은 경우 아보카도처럼 건강한 음식을 먹더라도 염증이 발생할 수 있다. 만성 염증 증상이 가라앉지 않는 것 같다면 직접 찾아보고, 먹은 음식을 기록하고, 제거 식이 요법을 병행해 보길 바란다.

나는 실질적인 검사를 중요하게 생각하기 때문에 전달 물질 방출 혈액 검사MRT를 통해 고객의 식품 민감성을 확인하고 있다. 이 검사는 150가지 음식과 화학 물질에 대한 면역 체계의 반응(또는 무반응)을 확인한다. 또한 GI-MAP(DNA 기반 대변 검사)과 DUTCH(건조 소변 및 타액 호르몬 검사)도 사용한다.

모든 식이 요법에서 중요한 것은 단식이나 식사 시간에 맞춰 적절한 다량영양소(단백질, 지방, 탄수화물)를 섭취하는 것이다. 그 방법은 3부에서 IF:45 프로그램에 대해 설명할 때 다루도록 하겠다.

7장 단식 중 보충제 섭취 방법

간헐적 단식을 하는 동안 우리 몸은 음식에 대한 휴식을 취한다. 이를 통해 지방 연소, 호르몬 균형, 노화 방지 등 여러 가지 이점을 얻을 수 있다. 하지만 보충제는 어떨까? 단식을 하면서 IF:45 프로그램을 따르는 동안 보충제를 먹는 것이 가능할까? 보충제 섭취는 가능하지만 몇 가지 고려해야 할 점이 있다.

공복에 먹어도 되는 보충제
음식과 함께 먹어야 하는 보충제
인슐린 스파이크를 유발하는 보충제
단식을 중단할 수 있는 물질
간헐적 단식 중 수분 보충이 필요한 이유

간헐적 단식의 본질적인 이점을 활용하여 최상의 결과를 얻으려면 각 문제들을 올바르게 이해하는 것이 무엇보다 중요하다. 내가 맡았던 환자 샐리의 이야기를 예로 들어 보겠다. 샐리는 약 6개월 동안 간헐적 단식을 실천했지만 이렇다 할 효과를 보지 못하고 있었다. 나는 샐리의 단식 방법을 주의 깊게 살펴본 후에야 그녀의 단식이 효과를 보지 못한 이유를 알게 되었다. 우선 샐리는 패스팅 윈도우 동안 지방과 당분이 많이 함유된 달콤한 커피를 마시고 있었다. 또 단식 중에 껌,

사탕, 심지어 특정한 건강 보조 식품을 '몰래' 먹었는데, 이에 따라 샐리의 신체 시스템은 음식이 들어올 것으로 생각하게 됐다.

잘못된 단식 방법으로 인해 샐리의 몸은 올바르게 지방을 연소할 수 없었다. 샐리는 피딩 윈도우 동안 식사 사이에 간식을 먹었다고 고백하기도 했다. 이렇게 섭취한 음식들이 다이어트 결과에 미치는 영향을 알게 된 후 샐리는 식습관을 완전히 바꾸었고 드디어 간헐적 단식에 성공할 수 있었다. 브레인 포그 증상이 사라졌고 에너지 수치가 증가했으며 다시 '스키니 진'을 입을 수 있게 되었다. 작은 변화가 큰 차이를 만들어 낸 것이다.

IF:45 프로그램에 따라 보충제를 올바르게 섭취한다면 보다 긍정적인 효과를 낼 수 있다. 이제 어떤 보충제를 언제, 어떻게 섭취해야 하는지, 수분 보충은 어떻게 해야 하는지, 그리고 단식과 보충제 섭취의 과학적 근거에 대해 알아보도록 하겠다.

물을 많이 마셔라!

단식 중에 수분을 유지하는 것은 무엇보다 중요하다. 우리 몸의 모든 세포는 물이 있어야 하며 모든 신진대사 과정에서 물을 사용한다. 우리 몸에는 물을 저장할 수 있는 예비 저장소가 없기 때문에 지속적으로 충분한 수분을 공급해 주어야 한다.

IF:45 프로그램의 도입 단계에서는 탄수화물 섭취량을 줄인다. 탄수화물을 줄이면 이뇨 작용으로 인해 세포에서 많은 양의 수분이 방출되는데 이때 배출하는 수분만큼 충분한 수분 섭취가 필요하다. 또한 수분을 충분히 섭취하게 되면 허기가 줄어들고 정신이 맑아지며 장 건강이 증진된다. 우리 몸은 나이가 들수록 갈증을 느끼는 감각이 둔

해져 탈수 위험이 커진다. 탈수증은 피부의 탄력을 떨어뜨려 주름과 처짐을 유발하기에 갈증을 느끼든 느끼지 않든 언제나 충분한 물을 마셔야 한다. 수분 보충에 도움이 되는 전해질이 함유된 물을 매일 체중의 약 30배만큼 ml 단위로 섭취하는 것을 목표로 하라. 단식 중이든 아니든, 물은 부족하지 않게 마셔야 한다.

그 외 건강에 좋은 음료

커피와 허브차를 마셔도 좋다. 커피는 단식 중, 특히 아침에 마시면 매우 유익한 음료이다. 커피는 오토파지를 유도하고 세포 대사에 도움이 된다. 또 신진대사를 촉진하고 지방 연소를 촉진하며 뇌세포를 보호할 수 있다. 또한 커피는 훌륭한 식욕 억제제이기도 하다. 커피에는 클로로젠산이라는 식물성 항산화제가 함유되어 있어 배고픔을 줄이는 데 도움이 될 수 있다. 커피에 들어 있는 카페인 역시 신진대사를 촉진하기 때문에 같은 효과를 발휘한다. 커피에는 배고픔을 억제하는 호르몬인 펩타이드 YY가 함유되어 있다. 이 호르몬은 소장과 결장 내벽의 혈액 세포로 방출되어 포만감과 만족감을 느끼는 데 도움을 준다.

하지만 카페인에 민감하다면 어떻게 해야 할까? 디카페인 커피로도 배고픔을 억제하고 식욕을 억제하는 데 도움을 받을 수 있다. 실제로 한 연구에 따르면 디카페인 커피가 일반 커피보다 식욕을 억제하는 데 더 효과적이라는 사실이 밝혀지기도 했다.

이렇듯 장점이 많다고 해서 커피를 너무 많이 마시는 것은 피해야 한다. 어떤 사람은 생물학적 특성 때문에 커피에 민감하게 반응하기도 한다. 이런 사람이 커피를 과도하게 마시면 코르티솔과 혈당이 모두 높아질 수 있다. 또 커피를 통해 곰팡이가 생성하는 독소인 마이코톡신을 섭취하게 될 수도 있는데, 이는 대부분의 시판 커피와 기타 식품, 특히 곡물에서 쉽게 발견되는 독소 중 하나다. 다행히도 마이코톡신은 노출되는 양에 따라 신경을 통해 간에서 중화된다. 커피에 들어 있는 마이코톡신 수치는 안전 기준치보다 훨씬 낮고 실제 영향을 미치기에는 한참 적은 양이지만 그럼에도 커피를 과다하게 섭취할 경우 문제가 될 수 있으니 주의가 필요하다. 마이코톡신에 과도하게 노출되면 염증이 유발되고 면역 체계가 억제되어 뇌와 신장에 해로울 수 있다.

녹차나 홍차에는 EGCG(에피갈로카테킨갈레이트) 성분이 있어서 간을 중심으로 오토파지 작용을 자극한다. 강력한 폴리페놀인 EGCG는 염증을 줄이고 체중 감량에 도움을 주며 심장 및 뇌 질환을 예방하는 역할을 하는 것으로 알려져 있다. 일반적으로 차는 활성 산소를 없애고 노화를 억제하는 항산화 물질이 풍부하여 장수 식품으로 불리기도 한다. 로마 국립 영양 연구소National Institute of Nutrition in Rome에서 실시한 연구에서 참가자들은 홍차 또는 녹찻잎 3티스푼을 넣고 2분간 끓인 진한 차를 한 잔 이상 마셨다. 실험 결과, 녹차를 마신 지 30분, 홍차를 마신 지 50분 만에 참가자의 혈액 내 항산화 활성도가 41~48%까지 치솟은 것으로 나타났다.

이렇듯 차가 가진 항산화 효과는 다양한 연구를 통해 입증되었으며, 특히 심혈관 질환과 관련해서는 더욱 효과가 있는 것으로 나타났다. 실험에 따르면 차는 플라크가 쌓이는 것을 막고 뇌졸중 위험을 줄이며 비정상적인 혈액 응고를 예방하는 것으로 나타났다.

녹차나 홍차는 암이 전이되는 것을 예방하기도 한다. 럿거스대학교Rutgers University 연구진은 차에 함유된 천연 화학 물질이 백혈병과 간 종양 세포가 스스로 복제하는 데 필요한 DNA를 만드는 능력을 차단한다는 사실을 발견했다. 이에 따라 암세포가 증식하거나 종양을 퍼뜨릴 수 없었다.

특히 녹차는 지방을 연소하는 데 뛰어난 효과를 가지고 있다. 그만한 이유가 있다. 우선 녹차에 함유된 EGCG는 신진대사를 향상시킨다. 동물을 이용한 연구에 따르면 EGCG는 노르에피네프린과 같은 일부 지방 연소 호르몬의 효과를 높일 수 있다고 한다. EGCG는 노르에피네프린을 분해하는 효소를 차단한다. 이 효소가 억제되면 더 많은 노르에피네프린이 분비되어 지방 분해를 촉진한다. 녹차에 자연적으로 함유된 카페인과 EGCG는 지방 연소에 있어 시너지 효과를 발휘할 수 있다. 지방 세포가 더 많은 지방을 분해하고 이는 혈류로 방출되어 에너지로 연소되는 것이다. 그러니 IF:45 프로그램을 실천하고 있다면 마시고 싶은 모든 차를 마음껏 마셔도 좋다.

건강에 좋은 다른 차로는 베르가모트 차, 무가당 허브차, 생강차 등이 있다. 이 차들에는 폴리페놀과 오토파지를 자극하는 기타 화합물이 함유되어 있다. 차를 마시는 것 만으로도 커피와 마찬가지로 신진대사를 촉진하고 체중 감량에 도움을 받을 수 있다. 간헐적 단식 중 위의 차 종류를 마시되 독소 노출을 피하기 위해 유기농 제품을 선택하는 것이 좋다.

단식 중에는 우유, 크림, 크리머, 설탕, 인공 감미료 등을 넣지 말고 순수한 차 그대로 마셔야 한다. 평소 차에 우유, 크림, 설탕 등을 넣는 것을 좋아하고 유제품이 몸에 잘 맞는다면 피딩 윈도우 동안 약간의 우유, 크림, 설탕을 넣어서 마시는 것도 괜찮다. 그러나 일반적으로 이러한 식품, 특히 설탕과 인공 감미료는 피하는 것이 좋다.

클린 단식과 더티 단식 비교

'클린 단식'과 '더티 단식'은 간헐적 단식이 중단되는 것을 설명하는 용어이다. 클린 단식은 간헐적 단식을 하면서 우유, 크림, 크리머, 설탕, 인공 감미료 없이 물, 전해질이 포함된 물, 블랙커피 또는 차만 섭취하는 것을 말한다. 이때 버섯 가루 정도는 함께 먹을 수 있다. 버섯 가루 섭취 정도로는 단식이 중단된다고 보지 않는다. 오히려 버섯은 오토파지를 자극하는 데 도움이 된다.

일반적으로 더티 단식이란 단식하는 동안 크림, 버터, 영양소가 없는 감미료, 저칼로리 음식이나 음료를 섭취하고 이것이 괜찮다고 생각하는 것을 말한다. 그러나 단식 기간에 음식을 섭취하면 단식 상태가 중단되는 것은 물론이고 인슐린 반응을 유발하여 오토파지를 방해할 수 있다고 알려져 있다.

위에서 언급된 샐리의 경우가 여기 해당한다. 샐리는 더티 단식을 하고 있었고, 이에 따라 단식이 중단되어 있었다.

인공 감미료의 문제

스테비아, 수크랄로스, 아스파탐 등의 인공 감미료는 칼로리가 없으니 단식 중에 먹어도 괜찮을 것이라고 생각할 수 있다. 하지만 이는 잘못된 생각이다. 특히 단식 중에는 더욱 그렇다. 인공 감미료는 혀의 단맛 수용체를 자극하는 합성 화학 물질이다. 스테비아는 인공 감미료가 아닌 스테비아 식물에서 추출하지만 여전히 주의가 필요하다.

많은 제조사에서 스테비아 제품에 수크로스나 당알코올과 같은 다른 감미료를 함께 첨가하기 때문이다. 인공 감미료는 다이어트 탄산음료와 간편 도시락, 저칼로리 디저트에 이르기까지 많은 음식에 골고루 들어 있다. 심지어 껌이나 치약과 같이 식품이 아닌 제품에도 인공 감미료가 들어간다고 하니 더욱 주의가 필요하다.

인공 감미료와 관련된 가장 큰 의문점은 이것이다. 감미료가 인슐린 반응을 유발하여 단식을 중단시키는 것일까? 때때로 인슐린은 설탕이나 탄수화물이 혈류에 들어가기 전에 분비되기도 한다. 이러한 반응을 '뇌상 인슐린 반응'이라고 한다. 이 반응은 음식의 시각, 후각, 미각뿐만 아니라 씹고 삼키는 행동 때문에 촉발되기도 한다. 즉 '음식을 보기만 해도 살이 찐다'라는 말은 사실인 것이다!

혈당 수치가 너무 낮아지면 간에 저장된 글리코겐을 방출하여 혈당 수치를 안정화한다는 사실을 기억하자. 이는 하룻밤이라도 단식을 하면 나타나는 현상이다. 인공 감미료가 어떻게 이 과정에 방해가 되는지 설명한 몇 가지 이론은 다음과 같다.

1. 인공 감미료의 단맛이 뇌상 인슐린 반응을 유발하여 인슐린 수치를 약간 상승시킨다.
2. 인공 감미료를 지속적으로 사용하면 장내 유익 박테리아와 유해 박테리아의 균형에 부정적인 영향을 끼친다. 이는 인슐린 저항성을 유발하여 혈당과 인슐린 수치를 모두 높일 수 있다.

인공 감미료와 인슐린 반응에 대한 연구는 아직 많지 않다. 지금까지 알려진 바에 따르면 그중 수크랄로스가 인슐린 수치에 가장 부정적인 영향을 끼쳤다. 한 연구에서는 참가자 17명에게 수크랄로스 또는 물을 각각 제공했다. 그 후 포도당 부하 검사를 실시했는

데, 수크랄로스를 섭취한 사람들은 혈중 인슐린 수치가 20% 더 높게 나타났다. 또 인슐린 수치가 더 천천히 떨어졌다. 수크랄로스는 뇌상 인슐린 반응, 즉 입안의 수용체를 자극하여 인슐린 수치를 증가시키는 것으로 알려져 있다.

사카린도 수크랄로스와 같은 작용을 할 수 있지만 이를 뒷받침하는 인간을 대상으로 한 양질의 연구가 거의 없다. 아세설팜칼륨은 실험용 쥐를 대상으로 한 실험에서 인슐린을 증가시키는 것이 확인되었으나 현재까지 이 효과를 입증할 인체 연구는 수행된 바 없다. 아스파탐은 인슐린에는 영향을 미치지 않지만 두통, 현기증, 설명할 수 없는 감정 기복, 구토 및 메스꺼움, 복부 경련 등 신체에 여러 가지 부작용을 일으킬 수 있다.

스테비아의 경우 인슐린 반응을 일으킬 수 있는 성분이 포함되어 있지 않으며, 엄밀히 말하면 단식을 중단시키는 물질은 아니다. 하지만 그렇다고 해서 스테비아가 좋다고 추천하는 것은 아니다. 스테비아를 포함한 모든 감미료는 배고픔을 유발하고 설탕이 더 당기게 만드는 것으로 알려져 있기 때문이다.

간헐적 단식의 목적은 두 가지다. 감미료의 달콤한 맛은 우리 몸을 속여 단맛이 나는 고칼로리 음식이 곧 몸에 들어올 것이라고 착각하게 만든다. 이때 몸이 착각한 음식 섭취가 일어나지 않으면, 이는 식욕을 자극하고 갈망을 부추기며 배고픔을 채우기 어렵게 만드는 악순환으로 작용한다. 따라서 허기를 관리하고 설탕 중독을 치료하며 체중을 감량하고 싶다면 인공적인 단맛을 완전히 끊는 것이 가장 중요하다.

간헐적 단식을 하면 안 되는 사람은?

대부분의 사람은 체중 감량을 위해 간헐적 단식을 시작한다. 호르몬 문제, 장 문제, 정신 건강 또는 관절 문제와 같은 만성 질환을 해결하기 위해 간헐적 단식을 하는 사람들도 있다. 많은 장점을 가지고 있음에도 불구하고 간헐적 단식이 모든 사람에게 적합한 것은 아니다. 다음과 같은 사람은 간헐적 단식을 추천하지 않는다.

- 18세 미만의 어린이와 청소년
- 고령자
- 임신 중이거나 모유 수유 중이거나 임신을 시도 중인 여성
- 불안정성 당뇨로 불리는 중증 당뇨병이 있는 사람 또는 혈당이 언제 떨어지는지 알지 못하는 당뇨병 환자(저혈당증)
- 심각한 간, 신장, 심혈관 또는 폐 질환으로 치료 중인 사람
- 섭식 장애 병력이 있는 사람(거식증, 신경성 폭식증, 폭식, 또는 이 모든 것을 합친 증상)
- 체질량 지수(BMI)가 18.5 미만으로 저체중인 사람. BMI는 키와 몸무게로 계산하는데, 이에 따라 체질량 지수의 일반적인 기준을 알 수 있다. 미국 질병통제예방센터에서는 BMI 18.5 미만을 저체중으로 간주한다.
- 대회 참가를 앞두고 훈련 중인 여성 운동선수
- 최근 입원한 적이 있는 사람
- 알코올 중독으로 어려움을 겪고 있는 사람
- 스트레스가 심각하거나 장기간 지속되고 있는 사람, 심각한 스트레스는 단식 전에 꼭 해결해야 함

전해질

단식을 통해 물과 함께 몸 밖으로 배출되는 물질이 전해질이다. 전해질은 소듐, 포타슘, 마그네슘, 염화물과 같은 미네랄이다. 이 미네랄류는 신체의 모든 세포에 영향을 주는데, 세포가 소통하고 기본적인 기능을 수행할 수 있도록 전기 자극을 전달한다. 이들은 서로 영향을 주며 작용하는데, 소듐이 부족하면 마그네슘 역시 흡수되지 않는다. 따라서 전해질의 균형을 맞추는 것은 매우 중요한 일이다.

단식을 시작하면 두통, 메스꺼움, 몸살, 불면증, 그리고 합쳐서 '케토 독감'이라고 불리는 여러 증상을 겪는 부작용이 나타난다. 이러한 증상은 보통 가벼운 전해질 불균형과 관련이 있는데 전해질을 보충하면 해결되는 문제다. 다음은 이처럼 중요하게 작용하는 미네랄에 대해 자세히 살펴보도록 하겠다.

소듐과 포타슘

가장 중요한 전해질 중 하나는 소듐이다. 단식 상태나 저탄수화물 식이 요법을 하는 동안에는 소듐이 소변으로 빠져나갈 가능성이 높다. 이는 혈압과 체액 균형을 조절하는 호르몬 시스템인 레닌-앤지오텐신-알도스테론계[RAAS]에 의해 시작된다. RAAS는 주로 레닌, 앤지오텐신 II, 알도스테론의 세 가지 호르몬으로 구성된다. 레닌은 신장에서 생성되는 호르몬으로 혈압을 높이고 소듐을 보유한다. 앤지오텐신 II는 혈압, 체수분, 소듐 함량을 증가시키는 단백질이다. 알도스테론은 혈액 내 소듐-포타슘-수분 균형을 유지하는 역할을 한다. 이 호르몬은 주로 소듐 함량을 보존하는 역할을 한다.

신체가 소듐이 더 필요하다고 생각하면 알도스테론을 분비하여 신체를 '소듐 보존' 모드로 전환시킨다. 이렇게 하면 신체가 더 많은 소듐을 보유하게 되어 땀으로 손실되는 소듐의 양이 줄어든다. 반대로 알도스테론이 너무 많으면 소듐이 과다해지고 포타슘 수치가 낮아질 수 있다. 과잉 소듐은 혈류로 흘러 들어가 심장이 더 열심히 펌프질하도록 만들기 때문에 고혈압을 유발할 가능성이 높아진다.

최근 연구에 따르면 알도스테론이 과도하게 분비되는 사람은 인슐린 저항성이 있는 것으로 나타났다. 알도스테론 수치가 낮으면 소듐 수치도 낮을 수 있는데 이때 평소와 다르게 짠 음식이 당긴다면 우리 몸에 소듐이 필요하다는 신호이다. 따라서 어떤 면에서 알도스테론은 몸 안에서 일어나는 과정을 위해 신장에 충분한 소금을 유지하라고 알리는 메신저 역할을 한다. 단식을 하면 수분이 손실될 뿐만 아니라 보유 중이던 소듐도 함께 고갈된다. 소듐이 너무 많이 고갈되면 여러 가지 증상이 나타날 수 있다. 소듐이 부족하면 코르티솔과 에피네프린이 증가하여 불면증과 기타 스트레스 반응을 일으킬 수 있다. 소듐 부족의 증상으로는 다음과 같은 것들이 있다.

- 무력감
- 두통
- 메스꺼움
- 불안
- 인슐린 저항성

마그네슘

마그네슘은 300가지 이상의 신체 반응에 영향을 준다. 마그네슘은 견과류, 씨앗류, 콩류 및 기타 많은 식품에 들어 있지만 식단만으로는 충분한 마그네슘을 섭취하기 어렵다. 한 연구에 따르면 건강한 성인 여성 11명에게 특수 경구 마그네슘 검사를 수행한 결과 그중 10명이 마그네슘 결핍으로 나타났다. 해당 연구는 "일반적으로 생각하는 것보다 마그네슘 결핍이 자주 발생한다"는 결론을 내렸다.

마그네슘 결핍은 만성 질환, 항생제 및 당뇨병 치료제와 같은 약물, 가공식품, 과도한 알코올 섭취, 스트레스, 마그네슘 고갈 토양(유기농으로 재배한 경우도 마찬가지) 때문에 발생한다. 마그네슘을 충분하게 섭취하지 못하는 또 다른 이유는 물 공급 방식이다. 과거에는 물을 통해 마그네슘을 얻곤 했지만, 오늘날의 상수도에는 마그네슘이 녹아 있지 않다. 게다가 오늘날 대부분의 사람은 마그네슘이 없는 생수를 마신다. 마그네슘 부족이 지속되면 근육 경련과 통증, 불면증, 피로를 유발할 수 있다. 더 심각한 영향으로는 고혈압, 심장, 간, 골격근 석회화, 신장 질환, 심장 질환 등이 있다.

간헐적 단식을 할 때 마그네슘이 중요한 이유는 무엇일까? 우선, 마그네슘이 충분하지 않으면 미토콘드리아가 손상될 수 있다. 세포 공장과 같은 존재인 미토콘드리아를 방해하면 에너지 생성 능력이 저하되어 미토콘드리아 장애가 발생할 수 있다. 또 마그네슘이 부족하면 간헐적 단식을 통해 치료하는 것이 목표인 인슐린 저항성에 더 취약해질 수 있다. 2017년 학술지 〈영양소Nutrients〉에 발표된 임상 시험 13건에 대한 통계 연구에 따르면 마그네슘이 부족한 인슐린 저항성 환자가 마그네슘을 보충했을 때 인슐린 저항성이 감소한 것으로 나타났다. 의료 전문가들은 인슐린 저항성이 치료되지 않았을 때 선행되는 증상인 당뇨병의 진행 과정에 마그네슘이 도움이 될 수 있다고 본다. 마그네슘 섭취는 식욕을 자연스럽게 억제하는 방법으로도 주목받고 있다.

연구에 따르면 마그네슘이 부족할 때 식욕이 증가할 수 있다고 한다. 매일 600㎎의 마그네슘을 꾸준히 섭취했을 때 식욕이 감소하는 것으로 나타났다. 마그네슘은 폐경주변기와 폐경기를 겪는 여성의 고민거리 중 하나인 뼈 강도에도 도움을 준다. 골다공증이 쉽게 나타나는 여성들에게 마그네슘이 부족한 경우가 많다. 마그네슘은 칼슘 및 비타민 D와 함께 작용하여 뼈 건강을 돕는다.

마그네슘은 일반적으로 다른 건강 문제에도 상당한 영향을 준다. 2015년 발표된 검토 문헌에 따르면 마그네슘 수치가 낮으면 알츠하이머병, 제2형 당뇨병, 고혈압, 심혈관 질환, 편두통, ADHD 등 여러 만성 질환에 영향을 미치는 것으로 나타났다.

마그네슘 보충제는 다양한 조직을 대상으로 10가지 유형이 있다. 다음 표에는 흡수율이 가장 높아 체내에서 가장 잘 이용되고 소화되는 마그네슘 보충제 종류가 나와 있다. 나는 일반적으로 경구용과 경피용(피부를 통해 흡수하는) 마그네슘 제품이 가장 흡수율이 높으므로 이를 추천한다. 경피용 마그네슘은 일주일에 두세 번 사용하는 것이 좋으며, 경구용은 매일 복용해도 좋고 복용량은 일반적으로 필요에 따라 결정하면 된다. 예를 들어, 영양제 제조사에서 권장하는 복용량을 문제없이 받아들일 수 있는가? 아니면 변비가 있어 더 많이 섭취해야 하는가? 이러한 문제는 의료 전문가와 상담을 통해 결정할 사항이다.

흡수율이 높은 마그네슘 형태와 효능

마그네슘의 형태	효능과 이점
염화 마그네슘	변비 치료, 속쓰림 완화
구연산 마그네슘	변비 치료, 체내 에너지 생성에 도움
글리시네이트 마그네슘	항염증 작용, 변비 치료, 불안, 우울증, 스트레스 및 불면증에 도움
젖산 마그네슘	다른 형태의 마그네슘보다 소화 시스템 자극이 덜함
말산 마그네슘	만성 피로 해소에 도움
오로트산 마그네슘	심장 건강 증진
마그네슘 L 트레오네이트	우울증, 노화 관련 기억 상실과 같은 특정 뇌 질환 관리에 도움

염화물

전해질 계열에 속하는 염화물은 우리가 일반적으로 자주 접하게 되는 미네랄은 아니지만 건강에 중요한 영양소 중 하나이다. 염화물은 나트륨 및 칼륨과 함께 작용하며 체내 체액을 조절하고 전해질 균형을 유지하는 데 도움을 준다. 나트륨과 마찬가지로 염화물은 근육 기능에 영향을 미치고 적절한 혈압을 유지하는 데 도움이 된다.

염화물은 염화나트륨으로 알려진 일반 소금인 소듐과 결합되어 있다. 식품 대부분에 함유되어 있기에 염화물 결핍증은 거의 발생하지 않는다. 염화물은 염산의 형태로 위장에서 위액 일부를 구성하며 신체가 음식을 통해 필수 영양소를 소화하고 흡수하는 데 도움을 준다.

전해질 보충

RAAS와 전해질은 복잡한 상호 작용을 하므로 미네랄을 보충하는 것이 중요하다. 균형 잡힌 전해질은 공복 상태를 개선하고 성공적인 단식을 유지하는 데 도움이 된다. 내가 추천하는 것은 물에 녹여 마시는 전해질이다. 나 역시 아침에 일어나면 제일 먼저 전해질을 물에 녹여 마시고 있다. 패스팅 윈도우 동안에는 물에 녹여 먹는 전해질 중 아무런 맛이 가미되지 않은 제품을 사용해야 한다. 맛이 첨가된 제품은 단식을 중단시킬 수 있기 때문이다. 피딩 윈도우 동안에는 음식에 소금을 뿌려 먹을 것을 권한다. 전해질 균형을 유지하려면 식단에 소금이 필요하다.

성공적인 단식을 위한 기타 보충제

일부 보충제는 단식 중에 섭취하면 단식 효과를 높일 수 있다. 단식을 방해하지 않고 오히려 단식을 도와주는 식품이다. 보충제를 권장하는 이유는 단식을 성공적으로 유지하는 데 도움이 되기 때문이지만, 모두 선택 사항이다.

스페르미딘

스페르미딘은 뇌와 심장을 보호하고 단식과 같은 효과를 인체 세포에 모방하는 보충제이다. 스페르미딘은 정액에서 최초로 발견되어 이런 이름이 붙여졌는데(정액을 영어로 sperm이라고 한다), 두 개 이상의 아미노기로 구성된 분자를 가진 화합물인 폴리아민이다. 미국 국립 의학도서관National Library of Medicine, PubMed에는 스페르미딘의 건강 및 장수 효능에 대한 연구 논문이 200편 이상 있을 정도이다. 특히, 스페르미딘은 다음과 같은 효과를 가지고 있다.

- 에너지의 산화 경로를 개선한다.
- 오토파지에 도움을 준다.
- 수치가 높아지면 DNA를 변형할 수 있는 메싸이오닌이 감소한다.
- 세포를 훼손하고 산화 스트레스를 유발할 수 있는 활성 산소와 싸운다.
- 심장 미토콘드리아를 증가시킨다.
- 세포 찌꺼기, 세균, 암세포 및 기타 해로운 이물질을 집어삼키고 소화하는 면역계의 백혈구인 대식 세포의 증가를 돕는다.
- 염증을 촉진하는 분자인 염증성 사이토카인이 감소한다.
- 줄기세포 활동을 증가시켜 신체의 재생을 돕는다.
- 더 효과적인 세포 보호 기능을 제공한다.
- 백색 지방 조직이 감소한다.
- 근감소증이 감소한다.
- 스페르미딘 수치가 증가하면 심혈관 질환 및 암으로부터 신체를 보호할 수 있다.

이러한 모든 이점을 누리려면 장내 미생물이 건강하고 유익한 장내 세균이 많아야 하며 소화 기능이 잘 작동해야 한다. 나이가 들어감에 따라 체내 스페르미딘 수치는 감소한다. 스페르미딘은 낫토, 된장, 소고기, 버섯, 연어, 알, 닭고기 등 다양한 식품을 통해 자연적으로 섭취할 수도 있다.

베르베린

수백 건의 다양한 연구를 통해 그 효과가 입증된 바 있는 베르베린은 혈당 감소, 체중 감량 촉진, 심장 건강 개선 등 다양한 효능을 제공한다. 베르베린은 제2형 당뇨병 환자의 혈당을 낮추기 위해 처방되는 메트포르민(글루코파지) 같은 의약품만큼 효과가 입증된 몇 안 되는 보충제 중 하나이다. 베르베린은 주로 매자나무에서 발견되는 화합물로, 다음과 같이 다양한 의학적 효능을 제공하고 있다.

- 인슐린 저항성을 감소시켜 인슐린의 효과를 높인다.
- 신체가 세포 내에서 당분을 분해하도록 돕는다.
- 간에서 당 생산을 감소시킨다.
- 장에서 탄수화물 분해 속도를 늦춘다.
- 장내 유익균 수를 증가시킨다.
- 신체가 더 빨리 오토파지에 들어가도록 돕는다.
- 체중 감량 보충제 효과가 있다.
- 하루에 세 번, 500㎎(하루 총 1,500㎎)씩 섭취하는 것이 일반적이다. 베르베린은 많은 장점을 가지고 있지만 매일 처방약을 복용하거나 당뇨병 또는 저혈당 병력이 있는 경우 복용하기 전 의료인과 상담이 필요하다.

GTF 크롬

GTF 크롬이라고 불리는 폴리니코티네이트 크롬chromium polynicotinate은 천연 비타민 B3(니아신)에 화학적으로 결합한 크롬이다. 이는 체중 감량, 식욕 감소, 체지방 감소, 제지방량(지방 뺀 체중) 증가, 면역 기능 강화, 혈당 조절에 도움이 되는 간단하고 저렴한 미네랄 보충제 중 하나이다.

GTF 크롬은 인슐린과 혈당을 낮추는 등 단식 효과와 같은 신체 변화를 유도하는 효과가 있어 나 역시 일부 고객에게 이를 추천하고 있다. 이 보충제는 신진대사 유연성을 지원하는 데 도움이 될 수 있는 또 하나의 옵션인 셈이다. GTF 크롬을 복용하기로 했다면 전문가와 상의하는 것이 좋다. 보충제이기는 하지만 혈당, 오토파지 등에 긍정적인 영향을 미치기 때문이다.

약용 버섯

오랫동안 약용 및 식용으로 사용되어 온 약용 버섯은 감염과 염증성 질환을 비롯한 다양한 질병에 효과가 있는 것으로 입증되었다. 2017년에 실린 검토 문헌에서는 약용 버섯에 대해 다음과 같이 언급했다. "버섯은 항알레르기, 항콜레스테롤, 항종양, 항암 효능이 있는 것으로 입증되었다."

개인적으로 약용 버섯에 대해 연구해 본 결과 역시 약용 버섯이 주는 효능은 상당하다. 나는 간헐적 단식을 보완할 수 있는 식품으로 버섯을 추천한다. 약용 버섯은 항산화 물질이 풍부하며, 면역력을 강화하고 오토파지를 촉진한다. 가장 강력한 약용 버섯으로는 차가버섯, 동충하초, 영지버섯, 구름버섯, 노루궁뎅이 버섯, 표고버섯 등이 있다.

단식 상태에서 버섯을 섭취하는 가장 효과적인 방법 중 하나는 커피나 녹차에 분말 형태로 첨가하는 것이다. 위에서 언급했듯이 버섯은 단식을 중단시키지 않는다. 오히려 버섯이 주는 효능을 이용해 간헐적 단식이 우리 몸에 주는 효과를 증폭시킬 수 있다. 동시에 카페인의 과도한 자극을 예방하는 데 도움이 되기도 한다.

자양 강장 허브

자양 강장 허브는 두뇌를 지원하고 스트레스 감소, 이완 촉진, 코르티솔 균형을 유지하는 데 도움이 되는 자연 발생 식물 화합물이다. 단식은 스트레스를 유발하기 때문에 이러한 효능은 단식을 유지하는 데 효과적으로 작용한다. 허브 강장제의 종류는 다양하지만 개인적으로 단식 중에 가장 많이 섭취했고, 연구 결과 또한 제일 많은 허브는 홍경천과 아슈와간다이다.

홍경천은 러시아, 스칸디나비아 및 기타 유럽 지역에서 오랫동안 약용으로 사용된 허브 종류 중 하나다. 에너지, 체력, 근력, 정신력을 증진하고 운동 능력을 개선하며 스트레스를 줄여 주고 우울증과 불안을 관리하기 위해 복용한다. 임상 복용량은 일반적으로 하루 200~600 mg이다.

인도, 중동, 아프리카 일부 지역에서 자라는 작은 상록 관목의 뿌리와 열매로 만든 아슈와간다에는 뇌를 진정시키고 염증을 줄이며 혈압을 낮추고 면역 체계를 강화하는 데 도움이 되는 화학 물질이 함유되어 있다. 스트레스 완화를 목적으로 한다면 권장 복용량은 아슈와간다 뿌리 추출물을 하루에 두 번, 300mg씩 섭취하는 것이다.

애플 사이다 비니거(사과 사이다 식초)

사과 사이다를 발효시켜 만든 식초는 여러 가지 건강상의 장점을 제공한다. 예를 들어 혈당을 낮추고 인슐린 감수성을 증가시켜 간접적으로 지방 연소를 촉진하고 단식에 도움을 준다. 또한 포만감을 증가시킬 수도 있다.

패스팅 윈도우 중에는 애플 사이다 비니거를 여과해서 사용하자. 피딩 윈도우 중에는 여과하지 않은 생 식초를 섭취할 수 있다. 애플 사이다 비니거에는 단백질과 박테리아가 포함되어 있어 단식 중 오토파지를 효과적으로 억제할 수 있다. 식초를 물에 희석하여 마시는 것을 좋아하는 사람도 있을 것이다. 일반적인 복용량은 매일 1~2티스푼에서 1~2큰술을 물에 희석하여 마시는 것이다.

디톡스 바인더

디톡스 바인더는 몸 속 다양한 독소에 붙어 이를 제거함으로써 체내 독소 수치를 낮추는 데 도움을 준다. 우리 몸은 스스로 독소를 제거할 수 있지만, 독소 부하가 너무 높을 땐 적당히 도움 받을 것을 추천한다. 이때 디톡스 바인더가 필요하다. 디톡스 바인더는 다음과 같이 작용한다.

- 축적된 독소 제거
- 장 내벽 손상 개선
- 가스 및 복부 팽만감 완화
- 독소 흡수 및 중독 예방

독성 과부하가 해결되지 않으면 독소는 장기, 특히 간을 통해 다시 순환하게 된다. 이 과정은 신체가 스스로 해독을 시도하는 과정에서 과도한 부담을 준다. 신체의 해독 경로가 더 효과적으로 작동하기 위해서는 G.I. 디톡스라는 제품을 추천한다. 여기에는 다음과 같은 여러 가지 유효 성분이 포함되어 있다.

- **제올라이트 클레이.** 용암으로 만들어진 점토로 독소에 결합하여 이를 중화시키며 장내 미생물 균형 회복에 도움이 된다.
- **모노메틸실란트리올 실리카.** 지각, 식물이나 일부 채소에서 발견되는 자연 발생 물질인 실리카(이산화규소)로 만들어진다. 이 성분은 체내 알루미늄을 해독하고 장 내벽을 치유한다.
- **휴믹산과 풀빅산.** 모두 제초제와 살충제로부터 몸을 해독하는 천연 유기 화합물이다.
- **애플 펙틴.** 사과에서 자연적으로 발견되는 식이 섬유의 일종으로 장 건강을 개선하고 위장 및 대사 장애를 예방하거나 치료하는 데 도움이 된다.
- **활성 대나무 숯.** 대나무로 만들어진 미세한 검은색 분말로 중금속을 포함한 체내 독을 흡수하는 역할을 한다. 장내 가스와 복부 팽만감을 줄여 준다.

일주일에 몇 번 정도 공복에 1~2캡슐을 복용하라. 모든 결합제는 의약품 및 보충제 복용 1시간 전 또는 2시간 후에 복용해야 한다. 이렇게 시차를 두면 약물이 보충제와 결합하는 것을 예방할 수 있다.

단식을 방해하는 보충제

일부 보충제, 특히 포도당이나 설탕이 함유된 보충제, 20칼로리 이상의 보충제, 식사와 함께 섭취해야 하는 보충제 등은 단식을 중단시킬 수 있다. 이러한 보충제 중 일부는 인슐린을 증가시키기 때문에 단식이 중단될 수 있으니 명심하자. 다음은 패스팅 윈도우 동안 섭취해서는 안 되는 보충제 목록이다.

소화 효소, 위산 및 담즙 제품, 피쉬 오일, 아연, 철분, 종합 비타민/미네랄(전해질 제외) 등 일반적으로 식사와 함께 복용해야 하는 모든 보충제. 이외 다음과 같은 보충제 역시 단식을 중단시킨다.

- 분지 사슬 아미노산BCAA
- 단백질 파우더
- 크레아틴
- 지용성 비타민(A, D, E, K)
- 음식과 함께 섭취해야 하는 모든 허브류

적절한 보충제 섭취와 클린 단식을 통해 단식이 주는 다양한 이점을 효과적으로 얻을 수 있다. 패스팅 윈도우는 가능한 한 아무것도 섭취하지 않으면서 순수하게 유지하는 것이 좋다. 마음을 비우고, 명상하고, 요가를 하고, 충분한 수분을 섭취하면서 앞으로 45일 동안 몸과 마음에서 일어나는 모든 긍정적인 효과를 누려 보길 바란다.

8장 성공적인 단식을 위한 준비

무엇을 먹어야 하는지, 어떻게 보충해야 하는지, 그리고 패스팅 윈도우가 어떤 원리인지 알게 되었으니 간헐적 단식이라는 새로운 라이프 스타일을 시작할 준비가 되었다. 내가 제안하는 IF:45 프로그램을 적용하면 간헐적 단식을 쉽게 시작할 수 있을 것이다. 이 프로그램은 개개인의 건강 상태에 맞춰 점진적인 속도로 진행되기 때문에 신체가 단식에 더욱 원활하게 적응할 수 있다. 장기적으로 건강을 돕는 간헐적 단식 라이프 스타일로 넘어가는 데 도움이 될 것이다.

간헐적 단식에는 다양한 형태가 있지만, 나는 주로 시간제한 식사라고도 알려진 16:8 모델(16시간 단식, 8시간 식사)에 중점을 두고 있다. 간헐적 단식을 처음 시작한다면 이 방법을 추천한다. 간헐적 단식에 쉽게 입문할 수 있으며 자신의 일정과 생활 습관에 맞게 조정할 수 있다. 나는 많은 고객을 거치면서 16:8 모델이 체중 감량과 혈당, 호르몬 균형, 두뇌 기능 및 수명을 개선하는 데 가장 효과적이라는 사실을 알게 되었다. 간헐적 단식에 대한 연구는 계속 진행 중이다.

2020년에 발표된 한 연구에 따르면 이 단식법은 '체중 감소, 복부 지방 감소, 혈압 및 콜레스테롤 감소'를 가져온다고 한다. 흥미롭게도 이 연구에 사용된 단식 시간은 14:10(단식 14시간, 식사 10시간)으로, 더욱 짧은 시간의 단식이라도 효과적으로 작용한다는 것을 시사한다.

여러분은 단식을 통해 최대한의 효과를 얻고 싶을 것이고, 단식이 우리 몸에 얼마나 유익하게 작용하는지 알아보고 싶은 마음이 들었을 것이다. 간헐적 단식은 많은 사람이 일반적으로 생각하는 것보다는 훨씬 쉽게 시작할 수 있지만, 여전히 큰 변화이므로 몇 가지 준비해야 할 사항이 있다. 충분한 준비 없이 너무 빨리 시작한다면 제대로 해 보지도 못한 채 부정적인 태도만 갖게 될 수 있으니 주의하자. 이런 일이 일어나지 않도록 하려면 중요한 요소들을 먼저 고려해야 한다. 성공적인 단식을 준비하는 데 필요한 6가지 기준을 소개한다.

1. 단식 일정 계획하기

16:8 모델이 매력적이고 효과적인 이유 중 하나는 유연한 적용이 가능하기 때문이다. 바쁘든 바쁘지 않든 누구나 이 모델을 자신의 일상에 적용할 수 있다. 이 모델은 모든 라이프 스타일에 적합하게 적용되며 최소한의 노력으로도 상당한 결과를 얻을 수 있다. 핵심은 자신에게 가장 잘 맞는 단식 시간을 찾아 계획하는 것이다.

우선 8시간 식사 시간을 하루 중 언제로 할지 결정하자. 이 시간 외 나머지 16시간 동안은 음식을 섭취하지 않는다. 실제로 이 중 7~8시간은 밤에 잠을 자기 때문에 실천하는 것이 그렇게 어렵지 않다. 잠을 자는 동안에도 단식을 하고 있으니까 말이다! 깨어 있는 시간 동안 식사를 하지 않고 약간의 배고픔을 느낄 수 있는 시간은 단 몇 시간뿐이다 (이마저도 간헐적 단식 경험이 쌓일수록 허기를 덜 느끼게 된다).

기상 후에는 생각보다 배가 많이 고프지 않다. 우리 몸의 일주기 리듬에 따르면 배고픔을 촉진하는 호르몬인 그렐린은 아침에 가장 낮으므로 기상 후 적어도 처음 몇 시간 동안은 배고픔을 느끼지 않을 수 있다. 그러다가 정오 무렵에 식사를 하게 된다. 저녁 7시 30분쯤이 되면 저녁 식사 시간이 되고, 다음 날 전체 일정을 다시 시작할 때까지 식사를 하지 않는다. 나는 보통 위와 비슷한 스케줄에 맞춰 8시간 동안 식사를 하고 있다. 자신에게 맞는 방법을 선택하는 것이 좋다.

어떤 사람은 한 끼를 거하게 먹고 간식을 챙겨 먹는 것을 선호하고, 어떤 사람은 두 끼를 잘 챙겨 먹는 것을 선호한다. 자신의 업무 강도와 개인 일정에 따라 다양한 실험을 해 보는 것이 좋다. 사람마다 생체 리듬이 달라서 식사 시간과 식사 종류를 정확히 규정하기는 어려울 것이다. 나는 보통 정오 무렵에 단식을 중단하지만 하루 일정에 따라 달라질 때도 있다. 정오보다 더 일찍, 더 늦게 먹기도 한다. 점심으로는 베이컨과 달걀에 채소나 루콜라를 올리브, 엑스트라 버진 올리브 오일 또는 아보카도 오일과 함께 버무려 먹는 것을 좋아한다. 저녁은 주로 단백질과 녹말이 없는 채소 위주로 먹는다. 항상 식단이 화려하지는 않지만 영양소를 골고루 섭취한다는 목표는 달성하고 있다.

처음에는 피딩 윈도우를 길게 설정한 뒤 점차 시간을 줄이는 방식으로도 16:8 모델에 적응할 수 있다. 예를 들어 오전 9시에 첫 식사를 하고 저녁 9시에 저녁 식사를 마치는 일정으로 식사 12시간, 단식 12시간 모델로 간헐적 단식을 시작할 수 있다. 또는 오전 10시까지 첫 번째 식사를 하고 오후 8시에 저녁 식사를 마치는 14시간 단식도 가능하다. 그런 다음 어느 정도 적응이 되면 16:8 모델로 전환하는 것이다.

예를 들어 아침형 인간이고 16:8 모델을 하는 경우, 오전 10시에 첫 번째 식사와 함께 단식을 중단하고 오후 6시에 식사를 마치는 일정을 원할 수도 있다. 아침에 늦게 일어나는 올빼미족은 오후 1시부터 오후 9시까지만 음식을 먹는 일정으로 단식을 해도 좋다. 오전 9시부터 오후 5시까지 식사하는 일정을 선호하는 사람도 있다. 이 일정은 아침 식사를 즐기는 이들에게 잘 맞는다. 아침에는 든든한 아침 식사를, 정오에는 일반적인 점심 식사를, 단식이 시작되는 오후 5시에는 이른 저녁 식사를 할 수 있는 시간을 확보할 수 있기 때문이다.

또는 교대 근무를 하며 밤낮을 바꿔 일하는 사람도 있다. 괜찮다. 낮에 잠을 자는 시간과 그 주변 시간에도 단식을 할 수 있으니 말이다. 자신에게 가장 잘 맞는 방법으로 몸에 연료를 공급하도록 하자. 장시간 교대 근무를 하더라도 피딩 윈도우 및 패스팅 윈도우를 자유롭게 조정할 수 있다. 단식이 어느 정도 익숙해지고 나면 식사 시간을 더 단축하고 단식 시간을 늘리는 방법을 알려 주도록 하겠다.

모든 사람에게 딱 맞는 일정은 없으므로, 자신의 일상에 가장 적합한 시간대를 자유롭게 시도해 보길 바란다. 유연성이야말로 간헐적 단식의 중요한 포인트라는 점을 기억하자.

2. 동기 부여 목표 설정

단식 일정을 결정했다면 단식 목표와 달성하고자 하는 목표를 명확히 하는 것이 중요하다. 체성분 개선? 체중 감량? 체중 유지? 신진대사 유연성 개선? 인슐린 또는 렙틴 저항성 감소? 정신적 명료성 향상? 신체적, 정서적 디톡스? 잘못된 식습관과 생활 습관의 리셋? 노화 방지? 다시 말해, 간헐적 단식을 하려는 이유가 무엇인가? 원하는 목표가 명확할수록 간헐적 단식 라이프 스타일을 확립하는 데 도움이 된다.

목표는 목적과 방향을 제시하고 나침반처럼 올바른 방향으로 나아갈 수 있도록 도와준다. 동기가 명확할수록 더 쉽게 목표를 달성할 수 있을 것이다. 이 원칙은 단식뿐만 아니라 인생의 다른 모든 것에도 적용된다. 일기장, 휴대전화, 컴퓨터 등에 목표를 적어 두는 것이 좋다. 목표를 기록하면 목표 달성에 대한 동기를 높일 수 있고, 목표를 더욱 구체화하며, 목표 달성이 자신에게 어떤 의미인지 명확하게 정의하는 데 도움이 된다. 연구에 따르면 목표를 기록하는 사람은 목표를 달성할 가능성이 42% 더 높다고 한다. 나는 마음속으로 경험을 시뮬레이션하여 원하는 모든 것이 실현되는 것을 상상하는 매니페스팅manifesting(긍정적인 결과 상상하기)의 신봉자이기도 하다. 원하는 것(목표)을 시각화하고 그것을 이뤘을 때 어떤 느낌일지 상상함으로써 이를 실현할 수 있다.

이상적인 현실을 적극적으로 시각화하면 또 다른 놀라운 일이 일어난다. 뇌의 신경 가소성이 증가하는 것이다. 신경 가소성이란 현실과 상상의 삶의 경험에 반응하여 계속 성장하고 진화하는 뇌의 능력을 말한다. 따라서 시각화하고 표현하는 것은 뇌에 활력을 불어넣는 효과가 있다. 우리가 원하는 결과를 시각화할 때, 우리는 그것을 달성할 수 있는 가능성을 '보기' 시작한다. 이미 목표에 도달한 자기 모습을 상상해 보자.

모든 감각을 사용해 원하는 결과에 대한 구체적인 이미지를 만들어 보자. 신체적으로, 감정적으로, 인지적으로, 활기차게, 정신적으로 어떤 느낌이 들지 상상하는 것이다. 예를 들어, 간헐적 단식을 통해 6kg을 감량하는 것이 목표라면, 그 체중이 되었을 때 평소에는 입지 못했던 멋진 옷을 입고 있는 자기 모습을 상상한다. 훨씬 더 건강해진 모습과 새로운 체중으로 삶을 살아갈 때 느낄 흥분과 만족감, 전율을 상상하자. 목표를 달성할 때까지 계속 시각화하고 구체화하라.

3. 스스로 한계를 두지 않기

한계는 오랜 시간 우리의 발목을 잡고 성공의 걸림돌이 되는 생각이다. 어떤 경우에는 우리 스스로 한계를 만들어 내기도 하고, 또 어떤 경우에는 타인이 우리 머리에 심어 준 것이기도 하다. 나 역시 이런 말을 듣고 자신을 한계에 가둔 적이 있다. "살이 찌고 나이를 먹는 건 어쩔 수 없는 거고, 이게 지금 네 인생이야." 이러한 한계 때문에 우리는 자신에게 도움이 될 수 있는 일을 피하게 되고, 이에 따라 우리 삶은 한계에 갇히게 된다. 다음은 간헐적 단식과 관련해 한계에 갇힌 생각 몇 가지와 이와 관련된 문제이다.

난 절대 음식 없이 16시간은 못 버틸 거야.
단식은 나랑 안 맞아. 난 안 먹으면 반나절도 못 버텨!
난 간헐적 단식을 할 수 있을 만한 절제력이 없어.
그렇게 안 먹으면 몸이 약해져.
와, 나는 절대 그렇게 못 해.
폐경기 지나면 인생은 끝난 거지 뭐.
호르몬을 어떻게 바꿀 수 있겠어. 변화는 그냥 받아들여야지.

이렇게 스스로 한계를 두는 생각은 바꾸기 어려울 것 같지만 그렇지 않다. 첫 번째 단계는 스스로 한계를 두는 생각, 특히 단식과 단식을 통한 목표 달성에 자신이 어떤 생각을 가지고 있는지 파악하는 것이다. 위의 목록을 살펴보라. 이 중 공감되는 것이 있는가? 어떤 것이 있는가? 다른 생각도 있는가? 자기 생각을 솔직하게 적어 보라. 다 적고 나면 가장 방해가 되는 생각부터 순서대로 순위를 매겨 보라. 어떤 생각이 사라지면 가장 큰 도움이 될까? 어떤 방식으로 도움이 될까? 이 질문에 구체적으로 답해 보자.

다음으로, 한계를 두는 생각을 긍정적인 생각으로 바꾸기 위해 노력하라. 이를 '리프레이밍'이라고 하는데, 스스로 몇 가지 질문을 던지는 과정을 통해 이루어진다. 앞서 적은 생각을 하나씩 살펴보고 자신에게 물어보자. 이게 정말 맞는 말인가? 이 생각을 뒷받침할 수 있는 근거는 무엇인가? 예를 들어 위에서 언급된 "난 절대 음식 없이 16시간은 못 버틸 거야"라는 생각을 하고 있다고 가정해 보자. 조금만 찾아보면 정상 체중을 가진 일반적인 사람은 음식 없이도 생존에 필요한 영양분과 에너지를 가지고 최대 40일까지 생존할 수 있다는 사실을 알게 될 것이다. 따라서 단식은 대부분 사람이 안전하게 시도할 수 있는 라이프 스타일이라는 생각을 충분히 가질 수 있다. 또 우리가 지금 하려는 것은 40일 단식이 아니라 잠자는 시간을 포함하여 12~16시간만 단식하는 것이다. 한계를 두는 생각은 충분히 바꿀 수 있다.

그다음, 스스로 물어보자. 이렇게 자신을 통제하고 제한해서 얻을 수 있는 결과가 무엇인가? 예를 들어 보겠다. "폐경기 지나면 인생은 끝난 거지 뭐." 이렇게 생각하고 살아갈 때 우리 삶이 어떨지 생각해 보라. 여행이나 창업, 선거 출마, 소설 쓰기와 같은 긍정적인 삶을 살아가기 힘들 것이다. 물론 노후를 위해 건강 관리를 하지도 않을 것이다. 심플리 인슈런스Simply Insurance의 데이터에 따르면 통계적으로 여성은 일생의 40%를 폐경기로 보낸다고 한다. 인생의 절반 가까이를 폐경기로 보낸다고 생각해 보라! 폐경 이후에도 충분히 자신이 원하는 멋진 삶을 살 수 있다. 다만 이 생각이 스스로 만족하는 데 그치는 예언이 되지 않도록 어떻게 사용할지 구체화하고 시각화하기 시작하라.

마지막으로, 간헐적 단식에 대한 제한적인 신념을 건강과 삶을 개선하려는 노력을 뒷받침하는 신념으로 바꾸자. 예를 들어, 스스로 이렇게 생각해 보는 것이다.

대부분의 패스팅 윈도우는 잠자는 시간이기 때문에 16시간의 단식은 그렇게 어렵지 않다. 간헐적 단식은 다른 많은 사람에게 효과가 있었고 많은 연구 결과에서 그 이점을 뒷받침하기 때문에 나에게도 효과가 있을 것이다.

나는 간헐적 단식을 할 수 있는 충분한 자제력이 있다. 한 번에 한 단계씩 차근차근 간헐적 단식에 적응해 나갈 것이다. 이 책에 소개된 전략을 활용하기 때문에 음식을 먹지 않아도 몸이 약해지지 않을 것이다.

인생은 폐경기와 폐경주변기를 지나야 시작이다. 나는 원하는 것을 성취할 수 있는 자유와 충분한 시간을 가지고 있다. 자연적인 방법으로 호르몬의 균형을 맞추고 내 몸의 노화를 방지할 수 있다.

계속 긍정적으로 생각하는 방법을 연습하자. 특히 간헐적 단식 중 어느 부분에서든 좌절감을 느낀다면 더더욱 반복하여 마음을 가다듬는 연습이 필요하다.

간헐적 단식에 대한 5가지 오해

간헐적 단식에 대한 속설은 단식과 관련해 스스로 한계를 두는 선입견을 만든다. 이러한 속설은 오해의 소지가 있으며 삶을 변화시키는 중요한 방법인 간헐적 단식에 대한 혼란을 일으키기 때문에 이를 바로잡고자 한다. 정확한 사실을 알면 더 정확한 방법으로 단식을 시작할 수 있다. 이를 통해 간헐적 단식으로 얻을 수 있는 모든 이점을 경험할 가능성도 커진다.

오해 #1: 간헐적 단식은 우리 몸을 굶주림 모드로 만든다

사실: 이는 간헐적 단식을 반대하는 사람들이 가장 흔하게 하는 주장 중 하나이다. 하지만 사실이 아니다. 단식을 하면 간과 근육에 저장된 음식과 영양, 즉 체지방과 글리코겐을 에너지로 활용할 수 있도록 하는 호르몬에 변화가 생긴다. 평소의 우리 몸은 밥을 먹은 다음 에너지를 저장한다. 음식을 먹지 않으면(단식처럼) 몸은 저장되어 있는 에너지를 사용하기 시작한다. 하지만 간헐적 단식은 매일매일 정해진 시간에 자연스럽게 에너지를 공급하기 때문에 굶주림으로 이어지지 않는다.

이 오해가 생겨난 다른 이유는 굶으면 신진대사가 느려질 수 있다는 생각과 관련이 있다. 이러한 오해 때문에 사람들은 간헐적 단식을 하면 신진대사가 느려지거나 지방 연소가 일어나지 않게 된다고 생각한다. 하지만 반대로 간헐적 단식을 통해 노르에피네프린과 같은 신진대사 자극 호르몬의 혈중 농도를 급격히 증가시켜 신진대사율을 높일 수 있다. 실제 연구에 따르면 최대 48시간 동안 단식하면 신진대사가 3.6~14% 향상될 수 있다고 한다. 신진대사는 기본적으로 음식을 연료로 전환하는 과정이다. 따라서 단식을 하면 오히려 에너지 수준이 높아진다.

오해 #2: 간헐적 단식을 하면 활력이 떨어진다

사실: 간헐적 단식을 한다고 에너지가 고갈되지 않는다. 그 이유는 다음과 같다. 간헐적 단식을 하면 인슐린과 글루코스 수치가 감소하여 신체가 대체 에너지원인 체지방을 연료로 사용하도록 전환된다. 실제로 많은 여성이 단식 상태일 때 더 활력이 넘치는 느낌을 받는다고 밝힌 바 있다.

정신적으로도 더 활기찬 기분을 느낄 수 있다. 그 이유는 간헐적 단식을 하면 지방 연소의 부산물인 케톤체가 생성되기 때문이다. 베타-하이드록시부티레이트[BHB]와 같은 특정 유형의 케톤은 혈액-뇌 장벽을 통과하여 에너지로 사용된다는 사실을 앞서 살펴봤다. 기억하라. 우리 뇌는 케톤을 연료로 사용하는 것을 좋아하고 실제로 글루코스보다 케톤을 더 선호하므로 간헐적 단식을 하게 되면 집중력이 향상되고 브레인 포그 현상이 사라질 수 있다. 단식하는 동안 에너지가 줄어드는 느낌이 들었다면 단식을 제대로 하고 있지 않거나 내 몸에 맞는 방법이 아니라는 신호일 수 있다.

오해 #3: 간헐적 단식을 하면 근육량이 줄어든다

사실: 근육 조직은 신진대사를 증가시키기 때문에 체중 조절과 건강에 중요한 역할을 한다. 어떤 사람들은 단식을 하면 신체가 근육을 태워 연료로 사용한다고 생각한다. 하지만 연구에 따르면 간헐적 단식은 근육을 유지하는 데 더 좋다는 사실이 입증되었다. 간헐적 단식과 칼로리 제한 식이 요법의 효과를 비교했을 때 감소한 체중은 비슷했지만 간헐적 단식을 통한 근육 손실은 훨씬 적었다. 또 간헐적 단식을 하면 성장 호르몬이 급격히 증가하는데, 이 호르몬은 근육량 유지를 도와주므로 단식 중 근육량 감소에 대해 너무 걱정하지 않아도 된다.

오해 #4: 간헐적 단식은 식욕을 증가시킨다

사실: 간헐적 단식을 오래 할수록 배고픔을 덜 느끼게 된다. 세 끼 식사와 그사이에 간식을 먹던 시절 나는 항상 배가 고팠고 다음에 뭘 먹을까 상상하곤 했다. 간헐적 단식이 내 생활 습관의 일부가 된

후에는 종일 뭔가를 먹고 싶지도 않고 먹는 것에 대한 끊임없는 집착도 사라졌다. 위의 속설과는 달리 간헐적 단식은 적절한 다량영양소를 섭취하기만 하면 끊임없던 식욕에서 벗어날 수 있다.

단식을 통해 식욕이 사라진다는 사실은 여러 연구에서 일관된 방향으로 입증되었다. 2010년 일리노이대학교에서 격일로 단식하는 사람들을 대상으로 한 연구 조사 결과 단식은 식욕을 증가시키지 않는 것으로 나타났다. 실제로 참가자들은 식사하는 날에 '필요한' 에너지 수준보다 5~10% 적게 먹었다. 또 연구진은 사람들이 단식에 빠르게 적응하여 배고픔을 완화하고 만족감을 높이며 체중 감량을 지속할 수 있다는 결론을 내렸다. 단식을 정확한 방법으로 진행한다면 단식 중 식욕이나 통제 불능 식욕에 대해 걱정할 필요가 없다. 참고로 식욕을 통제하기가 어렵거나 식욕이 너무 왕성하다고 느껴진다면 단식 기간을 더 일찍 중단할 수 있다. 다만 단식 시간이 짧을수록 효과는 다소 떨어질 것이다.

오해 #5: 간헐적 단식은 여성에게 안전한 방법이 아니다

사실: 이 말을 들으면 고개를 흔들게 된다! 2016년, 한 연구팀은 〈중년 건강 저널Journal of Mid-Life Health〉에 논문을 발표하고 간헐적 단식이 여성에게 주는 이점을 소개했다. 나는 이 목록을 보고 놀랄 수밖에 없었다. 여성의 간헐적 단식은 체중 감소, 혈당 조절, 종양 성장 둔화 및 암 위험 감소, 뼈와 관절 건강 개선, 심장 보호, 정신 건강 개선, 갱년기 증상 완화에 도움이 된다. 이렇게 놀라운 장점들은 모두 위에서 설명한 생리적, 대사적, 호르몬적 과정에 직접적으로 기인한다. 간헐적 단식은 여성에게 더 효과적인 강력한 건강 도구이다.

4. 사회적 지지받기

사회적 지지란 힘들 때나 격려가 필요할 때 의지할 수 있는 친구와 가족이 있다는 것을 의미한다. 사회적 지지는 삶의 질을 높이고 목표를 더 쉽게 달성할 수 있도록 도와준다. 사회적 지지는 건강 증진에도 도움이 된다. 〈유럽 임상 영양학 저널European Journal of Clinical Nutrition〉에 기고한 연구자들은 이 주제에 대한 데이터를 검토한 후 다음과 같이 결론을 내렸다. "과체중이나 비만과 같은 질병의 위험 요인을 유익한 방향으로 바꾸기 위해서는 사회적 지지가 중요하다." 따라서 새로운 식단이나 생활 방식을 시작할 때 올바른 지지 시스템을 갖추는 것은 매우 중요한 일이다.

우리에게는 성공할 수 있도록 도와주고, 격려하고, 새로운 여정을 홍보해 줄 사람들이 필요하다. 이상적으로는 간헐적 단식 프로그램을 시작한다는 사실을 주변 사람들에게 알리고 동참하는 것이 좋다. 패스팅 윈도우의 대부분은 자는 시간이라고 설명하지 않는 한 간헐적 단식을 이해하지 못하는 사람도 있을 것이다. 또 간헐적 단식을 하는 이유, 즉 원하는 목표를 달성하는 것이 얼마나 중요한지를 알리는 것이 좋다. 다행히 요즘은 많은 사람이 디톡스나 단식과 같은 건강 관리 방법에 대해 잘 알고 있으므로 반대에 부딪힐 일은 없을 것이다.

새로운 라이프 스타일을 시작한다고 해서 가족에게 큰 불편을 끼치지는 않을 것이다. 간혹 새로운 도전을 부정적으로 생각하는 사람이 있을 수 있다. 이런 경우 그 사람에게는 지지를 기대하지 않는 것이 가장 마음 편하다. 독신이라면 '정보 제공형' 사회적 지지를 구하라. 이는 책, 기사, 온라인 자료, 연구 등 간헐적 단식에 대한 긍정적인 정보를 최대한 많이 찾아보고, 간헐적 단식을 성공적으로 실천하고 있는 다른 사람들과 대화하는 것을 말한다.

우리 가족은 이미 간헐적 단식 생활 방식에 익숙해져 있다. 여러분의 친구나 사랑하는 가족들도 곧 간헐적 단식에 익숙해질 것이다. 사실 나는 운이 좋게도 일주일 동안 단백질과 채소를 한꺼번에 미리 조리하는 것을 도와주는 남편이 있어서 많은 시간을 절약할 수 있었다. 한창 자랄 때인 두 아들을 데리고 살다 보면 금방금방 음식이 소진되기 마련이다! 그러니 가능하다면 가족에게 도움을 요청하라. 단식하는 동안 옆에서 지켜봐 주고 돌봐줄 수 있는 가족이 있다는 것은 큰 도움이 되며, 함께 단식을 할 수도 있다.

5. 건강한 수면 취하기

나이가 들수록 매일 양질의 수면을 취하는 것이 그 어느 때보다 중요해진다. 음식이 우리 몸의 연료인 것처럼 수면도 마찬가지이다. 수면은 건강한 뇌와 내분비계를 돕고 모든 주요 호르몬의 균형을 유지한다. 특히 간헐적 단식에 성공하려면 충분한 수면과 함께 깊은 잠을 자야 한다. 내가 중요하게 생각하는 기준 중 하나는 다음과 같다.

밤새 잠을 푹 자지 못한다면 간헐적 단식을 하지 않는 것이 좋다. 따라서 IF:45 프로그램을 시작하기 전에 수면의 질을 개선해야 한다. 단식은 신체에 스트레스가 될 수 있으며, 제대로 잠을 자지 못하면 좋은 효과도 얻기 힘들다. 또 하루 수면 시간이 6시간 미만이면 신진대사가 유연하지 못하고 인슐린 저항성이 생길 가능성이 높아지기에 체중 감량은 사실상 불가능하다. 식욕과 포만감을 조절하지 못하는 어려움도 함께 겪게 된다.

간헐적 단식에 성공하려면 이 두 가지를 모두 조절하는 것이 중요하다. 성장 호르몬은 밤에 잠을 자는 동안 분비되며, 이 호르몬은 신체의 치유를 돕고 근육량을 키우는 데 중요한 역할을 한다는 사실을 기억하라. 충분한 잠을 자지 못하면 성장 호르몬이 분비되지 않는다. 새벽 2시에서 4시 사이에 잠에서 깬다면 체중 감량과 호르몬 균형 유지, 간헐적 단식의 효과를 극대화하는 데 필요한 깊은 수면을 취하지 못하고 있는 것이다. 이러한 패턴으로 계속 새벽 시간대에 잠에서 깨고 있다면 혈당과 호르몬 조절 장애가 있다는 뜻일 수도 있다. 수면 개선을 위한 가이드라인은 다음과 같다.

선선하고 어두운 방(18~19도)에서 수면을 취한다. 온도가 약간 낮은 상태가 잠에 들기 쉽고 자면서 꿈을 꿀 수 있는 단계인 렘수면REM(급속 안구 운동 수면)의 질이 향상된다. 또 방 온도가 낮으면 밤새 호르몬 재생에 도움이 된다. 멜라토닌 분비를 촉진하려면 침실도 최대한 어둡게 만들어야 한다. 필요하다면 암막 커튼을 추천한다. 참고로 나는 실크 수면 안대를 쓰고 자는 것을 정말 좋아한다.

잠자리에 들기 최소 60~90분 전에는 전자기기를 끈다. 컴퓨터, 태블릿, 휴대전화 등은 모두 멜라토닌 생성을 방해하는 블루 라이트를 방출한다. 피할 수 없다면 블루 라이트 차단 안경을 권한다. 잠들기 전 전자기기 사용이 불가피하다면 블루 라이트 차단 안경을 사용하는 것이 확실히 숙면에 도움이 된다.

TV를 켜놓고 잠들지 않는다. TV도 블루 라이트를 방출한다. 거기다 텔레비전은 우리를 차분하게 만들기보다 들뜨게 만든다. 구식이긴 하지만 종이책을 읽으며 잠들려고 노력하라. 나는 이 방법으로 많은 효과를 봤다. 더 좋은 방법은 침실에 TV를 두지 않는 것이다. 침실은 잠과 성관계만을 위한 공간이어야 한다.

잠자리에 들기 전에 마그네슘을 보충하라. 우리 몸은 스트레스와 싸우기 위해 마그네슘을 빠르게 소모한다. 마그네슘 수치를 적절히 유지하면 몸이 부드럽게 회복 상태로 전환하는 데 도움이 된다. 단식을 깨지 않으려면 바르는 순수 마그네슘 오일 스프레이를 사용하는 것도 좋다. 또 다른 방법은 잠자리에 들기 전에 엡솜 소금Epsom salt을 푼 물에 발을 담그거나 목욕하여 마그네슘을 보충하는 것이다. 여기다 라벤더 에센셜 오일을 넣어 잠자리에 들기 전에 긴장을 풀고 마음을 진정시키는 것도 좋은 방법이다.

명상을 한다. 명상은 뇌를 진정시켜 깊은 잠을 자도록 도와준다. 명상은 마음을 비우고 호흡에 집중하는 정신적 운동이라고 정의할 수 있다. 심호흡하고 호흡에 집중하는 간단한 야간 명상을 시도해 보자. 이 방법을 통해 얼마나 빨리 잠들 수 있는지 경험하면 놀라게 될 것이다. 명상이 처음이라면 명상 가이드를 사용하는 것도 방법이다. 우리의 마음을 돌볼 수 있는 또 다른 활동으로는 감사 일기가 있다. 감사한 사건과 사람을 기록한 뒤 다시 읽고 쓴 내용을 묵상하라.

충분히 먹는다. 간헐적 단식을 시작한 다음 식사 시간에 섭취하는 칼로리를 급격하게 줄이는 것은 권하지 않는다. 견디기 어려울 정도로 배가 고플 수 있고 이 때문에 수면이 방해받을 수 있다. 피딩 윈도우에는 단백질과 건강한 지방을 중심으로 음식을 선택해야 한다. 탄수화물을 많이 먹기로 한 날에는 전분이 많은 채소와 저당 과일로 탄수화물을 보충하면 깊은 잠을 자는 데 도움이 될 것이다. 또한, 잠자리에 들기 3~4시간 전에는 피딩 윈도우가 끝나야 일주기 리듬을 제대로 유지할 수 있다.

매일 밤 루틴을 정한다. 이것은 내가 가장 좋아하는 방법 중 하나인데, 건강한 일주기 리듬을 유지하는 데 도움이 되기 때문이다. 자신의 라이프 스타일에 가장 잘 맞는 루틴을 정하라. 잠자리에 들기 전에 뜨거운 물로 목욕하기, 매일 같은 시간에 잠자리에 들기, 전자기기 끄기, 책 읽기 등 몇 가지 아이디어가 있다. 매일 밤 이러한 방법을 실천한다면 신체가 이러한 루틴에 익숙해지고 자동으로 수면을 준비하기 위해 긴장을 풀기 시작할 것이다.

브레인 덤프brain dump**를 한다.** 머릿속에서 너무 많은 생각이 소용돌이쳐서 잠에 들기가 어려운가? 불교에서는 원숭이가 나뭇가지와 나무 사이로 돌아다니듯 우리의 마음이 이 생각에서 저 생각으로 옮겨 다니는 상황을 가리켜 '원숭이 마음monkey minds'이라고 표현한다. 이런 상황을 겪고 있다면 '브레인 덤프'를 시도해 보자. 빈 종이를 몇 장 들고 머릿속에 떠오르는 모든 것을 적는 것이다. 그런 다음 종이를 접어 따로 보관하자. 적어도 당분간은 걱정을 떨쳐 버릴 수 있을 것이다.

잠자리에 들기 전에는 술을 마시지 않는다. 잠들기 전에 와인이나 기타 알코올 음료를 마시는 것은 바람직하지 않다. 알코올은 다른 어떤 것보다도 수면, 특히 렘수면을 방해한다. 알코올은 코르티솔 균형을 방해하여 코르티솔이 떨어져야 할 밤에 코르티솔을 증가시키고 멜라토닌 생성을 억제한다. 저녁에 술을 마신다면 같은 양의 물과 함께 마시고 규칙적인 수면 습관을 지킬 것을 권한다.

6. 스트레스 관리 계획 수립하기

스트레스 없이 사는 사람은 없다. 특히 여성은 스트레스를 적극적으로 해결할 방법을 찾아야 한다. 23년에 걸쳐 진행된 시애틀 중년 여성 건강 연구The Seattle Midlife Women's Health Study에 따르면 현대인들은 많은 스트레스를 받으며 살고 있다. 연구의 하나로 81명의 여성이 '연구에 참여한 이래(1990년 또는 1991년 이후), 인생에서 가장 힘들었던 부분은 무

엇인가요?'라는 질문에 응답했다. 중년 참가자의 스트레스 요인으로
는 다음과 같은 항목이 있었다.

가족 관계의 변화
일과 개인적 삶의 균형 재조정
자아 재발견
충분한 물질적 자원 확보
동시에 발생하는 여러 스트레스 요인에 대처
배우자와의 이혼 또는 이별
개인 건강 문제
부모님의 사망

이런 스트레스들은 우리의 교감 신경계가 계속 활성화된 채로 끊임
없이 싸우거나 도피하는 상황에 부닥치게 할 수 있다. 지속되는 스트
레스는 시간이 지남에 따라 우리 몸을 지치게 하고 코르티솔을 상승
시켜 건강에 부정적인 영향을 미친다. 앞서 언급했듯이 코르티솔은 체
중 증가, 인슐린(또 다른 지방 저장 호르몬) 조절 장애, 면역 기능에 영향을
미치며 다른 많은 문제를 일으킬 수 있다. 간헐적 단식 역시 스트레스
를 유발하기 때문에 지속적으로 스트레스를 받고 있는 상황이라면 단
식을 하기에 이상적인 시기가 아니라는 것을 기억하라. IF:45 프로그
램을 시작하기 전에 스트레스를 줄이기 위해 노력하자. 스트레스를 관
리하는 방법은 사람마다 다를 수 있지만, 도움이 된다고 입증된 몇 가
지 방법을 소개하겠다.

좋아하는 운동을 찾아본다

운동은 훌륭한 스트레스 해소제이다. 운동할 때는 '러너스 하이 runner's high'라고도 불리는 엔도르핀이라는 기분 좋은 화학 물질이 몸에서 분비되기 때문이다. 좋아하는 운동을 하자. 운동을 해야 한다고 무리하면 스트레스가 더 쌓일 뿐이다. 걷기, 하이킹, 요가, 바레(필라테스와 발레를 접목한 운동), 솔리드 코어(필라테스에서 유래된 고강도 전신 운동), 유산소 댄스 클래스, 수영, 패들 보딩, 근력 운동 등 다양한 운동 중 가장 관심 있는 운동을 시작해 보라.

나는 우선 매일 몸을 움직이는 것을 중요하게 생각한다. 동시에 다양한 운동을 하려고 노력하는데, 고강도 운동과 회복 중심 운동을 모두 하는 것이 중요하기 때문이다. 집에서 운동할 때는 고강도 인터벌 트레이닝HIIT과 웨이트 운동을 번갈아 하고, 헬스장에서 운동할 때는 바벨을 들기도 한다. 이러한 변화로 운동이 지루해지지 않는다.

박스 호흡법을 연습한다

박스 호흡법box breathing은 스트레스를 해소할 수 있는 명상의 한 형태이다. 방법은 이렇다. 넷까지 세면서 숨을 내쉬고 다시 넷까지 세면서 폐를 비운 상태로 유지한다. 같은 속도로 숨을 들이마시고 넷을 세는 동안 폐에 공기를 머금고 있다가 숨을 내쉰다. 그리고 이 패턴을 다시 반복한다.

맨발로 땅을 느껴 본다

마지막으로 모래에 발가락을 파묻거나 맨발로 풀밭을 걸어 본 게 언제였는가? 기억이 나지 않을 정도로 오래 되었다면 신발을 벗고 잔디밭으로 들어가 발가락을 꼼지락거려 보자. 이렇게 하면 지구의 천연 에너지에 몸을 맡기게 되고 몸의 시스템이 즉시 회복되는 것을 느낄 수 있다. 몇 분 동안 피부가 대지에 닿으면 코르티솔 수치가 낮아지고 세로토닌과 도파민 같은 행복 호르몬이 증가한다고 한다. 2020년 저널 〈익스플로어Explore〉에 게재된 검토 문헌에 따르면 현재까지 약 20건의 연구에서 지구의 전하와 신체가 접촉할 때 생리 작용이 근본적으로 안정되고 염증, 통증, 스트레스가 감소하며 혈류, 에너지, 수면이 개선되고 웰빙이 증진된다고 보고했다.

기술과 떨어져 휴식을 취한다

기술은 양날의 검이다. 다양한 방식으로 우리의 삶을 향상시킨다. 휴대전화를 잃어버렸거나 인터넷이 몇 시간 동안 되지 않는 경험을 해 봤다면 공감할 것이다. 하지만 다른 한편으로는 기술 때문에 항상 이메일, 문자, 소셜 미디어 계정을 확인해야 하는 지속적인 주의 산만 상태에 빠질 수 있다. 특히 소셜 미디어는 애초에 중독성을 갖도록 설계되었기에 상당한 피로감을 느끼게 한다. 연구에 따르면 소셜 미디어 사용자가 긍정적인 피드백(좋아요)을 받으면 뇌에서 음식, 약물, 알코올 중독에 관여하는 도파민 수용체가 활성화된다고 한다. 도파민은 우리가 갈망하는 음식을 먹거나 성관계를 가질 때, 또는 소셜 미디어를 확인할 때 분비되는 보상 화학 물질로, 보상 시스템의 일부로서 쾌감과 만족감을 느끼게 하는 역할을 한다. 소셜 미디어를 통해 도파민을 느끼다가 더 이상 도파민이 급증하지 않게 되면 개인적인 스트레스가 가중될 수 있다.

내가 제안하는 것은 일상 루틴에 기술로부터 휴식을 취하는 시간을 포함하는 것이다. 휴대전화도, 스마트 워치도, TV도, 태블릿도 사용하지 않는 시간을 가져 보는 것이다. 그러면 기술에 방해받지 않고 독립적이고 창의적인 생각을 많이 할 수 있다. 해방감을 느끼고 스트레스가 사라지는 것을 느낄 수 있을 것이다.

현재에 집중한다

삶은 현재 이 순간에 펼쳐진다. 하지만 우리는 미래에 일어날 일이나 일어나지 않을 일을 미리 걱정하고 지나간 일들을 후회하면서 현재를 놓치는 경우가 많다. 인생에서 가장 중요한 능력 중 하나는 현재에 집중하는 능력, 즉 현재에 머무르는 능력이다. 마음 챙김mindfulness은 지금, 이 순간, 1분, 한 시간 동안 사물을 있는 그대로 바라보는 것이다. 마음 챙김은 즐기고, 긴장을 풀고, 내 인생의 진실이 어디에 있는지를 아는 법을 배우는 것이다.

하루를 서두르지 말고 꽃이 피는 모습, 새끼와 함께 있는 농장 동물, 공기 중에 흐르는 음악 등 사소한 것들에 주목해 보자. 자기 행동과 공간을 인식하라. 그러면 더 큰 경이로움과 기쁨을 느낄 수 있다. 또 마음 챙김은 스트레스를 줄이고, 면역 기능을 강화하며, 만성 통증을 줄이고, 혈압을 낮추는 등 일반적으로 삶의 어려운 문제를 대처하는 데 도움이 된다.

햇볕을 쬔다

피부가 비타민 D를 제대로 생성할 수 있도록 매일 15분에서 20분 정도(되도록 아침에) 햇볕을 쬐라. 이 짧은 시간 동안에는 자외선 차단제를 바르지 않을 것을 권한다. 자외선 차단제는 비타민 D를 생성하는 피부와 햇빛 사이의 반응을 차단하기 때문이다. 선글라스 없이 외출하는 것도 중요하다. 햇빛은 망막과 체내 시계에 노출되어 건강한 일주기 리듬을 유지하고 우리 몸을 깨우는 신호를 보낸다.

햇빛을 통해 충분한 비타민 D를 섭취하면 세로토닌 생성이 활발해지므로 스트레스 해소에 도움이 된다. 세로토닌은 기분을 좋게 하고 평온함과 집중력을 높이는 데 도움이 된다. 비타민 D는 에스트로겐을 포함한 다른 유형의 호르몬 결핍을 예방하여 신체 균형을 유지한다. 비타민 D는 또한 인슐린 감수성 향상과 면역 체계 강화에도 도움이 된다. 비타민 D가 호르몬 수치를 유지할 수 있도록 바깥에서 활동하는 동안 반려동물과 놀아 주기, 잡초 뽑기, 정원 가꾸기, 산책 등 스트레스 해소에 도움이 되는 다른 활동을 함께 해 볼 것을 추천한다.

거절의 힘을 배운다

해야 할 일이 너무 많거나 약속을 줄이려고 할 때 요청을 거절하면 즉각적인 스트레스 해소 효과를 얻을 수 있다. 스스로 무리한 요구를 하는 것은 큰 스트레스가 된다. "아니요"는 그 자체로 완전한 문장이므로 누구에게도 거절한 이유를 설명할 필요가 없다. "아니요"라고 더 자주 말하면서 자신을 해방하고 스트레스가 개선되는 것을 느껴 보자.

간헐적 단식을 시작할 때 특히 처음 며칠 동안은 신체가 적응하기 어려울 수 있다. 하지만 적절히 준비하고 대비하면 단식을 중단할 가능성이 줄어들고 다양한 긍정적인 효과를 얻을 수 있다. 이 놀라운 라이프 스타일을 위한 지속할 수 있도록 안전하고 견고한 토대를 마련해 보자.

3부

45일간의 변화

Intermittent Fasting Transformation

9장 1단계: 도입(1~7일 차)

도입 단계에 온 것을 환영한다! 이 단계를 제대로 완료하면 IF:45 프로그램이 본격적으로 시작된다. 첫 7일 동안은 우리 몸이 글루코스 대신 지방을 연소하여 에너지를 얻는 케토시스 상태로 전환된다. 간헐적 단식에 익숙해지는 초기에는 체중 감소, 식욕 감소, 정신적 명료성 증가 등의 신체 변화가 일어나는 것을 느끼기 시작할 것이다. 이렇게 초기에 나타나는 긍정적인 변화들은 동기 부여가 되고 전체 계획과 그이후에도 단식을 진행할 수 있는 힘을 준다.

단 처음 7일 동안에도 많은 일이 일어날 수 있다. 캐서린의 사례는 간헐적 단식을 시작한 여성들이 초기에 겪는 변화를 잘 보여 주는 좋은 예이다. "첫 주에 제가 느낀 가장 큰 변화는 에너지 수준이 높아지고 정신이 맑아졌다는 거예요. 놀랄 정도로 배고프지 않았고 예전처럼 단 음식을 먹고 싶은 생각도 들지 않았어요. 심지어 첫 주에 2kg 넘게 살이 빠졌어요! 이런 장점을 경험하고 나니 간헐적 단식을 지속하며 라이프 스타일의 일부로 만들 수 있다는 것을 깨달았죠."

이 단계에서는 당장 성공하는 데 필요한 모든 것을 자세히 설명한다. 간헐적 단식을 라이프 스타일로 만드는 방법에 대한 실용적인 팁과 간헐적 단식을 원활하게 실천할 수 있는 방법에 대한 다양한 조언을 얻을 수 있을 것이다.

IF:45 프로그램은 제한적인 식이 요법이 아니라는 사실을 기억하

자. 하지만 이 단계에서 두 가지 원칙을 잘 지켜야 앞으로 올바른 방향으로 나아가는 데 도움이 된다. 바로 간식 먹지 않기와 탄수화물 섭취 줄이기다. 우선 간식은 간헐적 단식의 목적과 정반대의 결과를 낳으며 건강과 계획 진척에 부정적인 영향을 미친다.

- 간식은 종일 혈당을 급상승시켜 인슐린 수치를 높이고 궁극적으로 지방 저장을 유발한다. 습관적으로 간식을 먹는다면 신진대사 유연성을 얻을 수 없다. 인슐린 저항성이 생길 위험이 있다.
- 간식은 신체가 지방을 연료로 태우는 것을 막는다. 반대로 간헐적 단식을 하면 우리 몸은 탄수화물 대신 지방을 활용하도록 전환된다. 간식 섭취는 이 과정을 방해한다.
- 염증을 유발한다. 음식을 섭취하면 면역 체계가 일시적인 염증 반응을 일으키게 된다. 따라서 24시간 내내 간식을 먹는다면 염증 상태가 지속될 수 밖에 없다. 또한 장내 미생물이 혈류로 누출되게 만들어 면역 체계에 소리 없는 염증이 나타날 수 있다.
- 이동성 위장관 복합 운동MMC 기능을 방해한다. 핵심 소화 시스템 메커니즘인 MMC는 소장의 가정부 역할을 하며 장을 전반적으로 보호하는 효과가 있다.
- 호르몬, 특히 코르티솔과 인슐린을 증가시킨다. 코르티솔과 인슐린 수치가 높으면 달콤한 음식을 먹고 싶다는 강렬한 충동이 생긴다.

간식을 먹고 싶다는 것은 식사의 영양소 구성이 균형을 이루지 않았다는 의미일 수도 있다. 하지만 단백질, 지방, 식이 섬유를 중심으로 식사를 하기 시작하면 포만감과 에너지가 충분해져 간식을 먹을 가능성이 줄어든다. 영양소를 골고루 섭취하면 간식을 먹고 싶다는 욕구도 낮아진다.

간헐적 단식의 핵심 원칙 중 하나는 식사 횟수를 줄이는 것임을 기억하라. 혈당 균형이 잘 유지되면 인슐린이 감소하고 지방을 연소하며 오토파지를 유도하여 다양한 장점을 얻을 수 있다. 따라서 간식을 자주 먹는다면 단식으로 얻을 수 있는 다양한 이점을 얻지 못한다.

도입 단계의 두 번째 핵심 원칙은 저탄수화물 식단으로 간헐적 단식을 하는 것이다. 이 두 가지 방법을 함께 사용하면 신체가 케토시스 상태에 좀 더 빠르게 도달한다. 케토시스는 신체가 주요 에너지원으로 지방을 분해하고 케톤을 에너지로 사용할 때 도달하는 대사 상태를 말한다. 케톤은 신체가 선호하는 연료 공급원이다.

IF:45 프로그램은 단백질과 건강한 지방 함량이 높고 탄수화물 함량이 적어 영양이 풍부한 자연식품 식단을 따르게 된다. 일일 탄수화물 섭취량을 약 50g 이하로 유지한다. 처음에는 이 목표에 도전하는 것이 어려울 수 있다. 특히 매일 200~300g의 탄수화물을 섭취해 온 사람이라면 더욱 그럴 것이다. 탄수화물을 3분의 2 수준으로 줄이는 것이 처음에는 부담스럽게 느껴질지도 모른다. 그래서 나는 약간의 여유를 두고 하루에 50~100g의 탄수화물을 섭취하는 것을 목표로 한다. 탄수화물 섭취량을 줄이는 데 익숙해지면 50g 이하로 낮추는 것은 시간 문제다. 중요한 포인트는 혈당과 배고픔 신호를 관찰하는 것이다. 탄수화물 섭취량은 사람마다 다르기 때문에 일괄적인 권장량을 제시하고 싶지는 않다.

저탄수화물 식사와 간헐적 단식은 케토시스 상태를 시작하는 것 외에도 염증을 줄이고, 여러 건강 지표를 개선하며, 기능 장애로 죽어 가는 세포를 새롭고 건강한 세포로 대체하는 놀라운 과정인 오토파지를 유도한다. 인슐린 수치 감소, 글리코겐 수치 감소, 포만감, 에너지 증가, 지방 감소, 미토콘드리아 건강 증진 등 추가적인 효과도 함께 얻을 수 있다.

탄수화물 섭취를 줄이면 단식 기간을 더 편안하게 보낼 수 있다. 탄수화물을 줄인 대신 건강한 지방과 단백질, 섬유질 위주의 식단을 따르면 공복감을 느끼지 않고 단식하는 것이 더 쉬워진다. 우리 몸은 자체 저장된 지방과 케톤으로 에너지를 공급받는다. 이 모든 것이 포만감을 증가시키는 데 도움이 된다.

〈플로스 원PLOS ONE〉에 실린 연구에 따르면 탄수화물을 적게 섭취해도 배고픔을 덜 느끼는 또 다른 이유는 호르몬 때문이라고 한다. 연구자들은 고탄수화물 식사를 한 사람과 고지방 또는 고단백 식사를 한 사람의 혈액 검사 결과를 비교했다. 그 결과 탄수화물을 섭취한 사람은 지방과 단백질을 섭취한 사람보다 포만 호르몬인 PYY와 GLP-1 수치가 낮다는 사실을 발견했다. 반대로 지방과 단백질 위주로 섭취한 사람들은 식욕을 자극하는 호르몬인 그렐린 수치가 낮았다. 따라서 탄수화물 섭취를 줄이면 공복 호르몬이 활발하게 작용하여 포만감을 더 오래 유지할 수 있다. 또 다른 연구에 따르면 저탄수화물 식단은 인슐린 저항성이나 당뇨병이 있는 경우 체중을 감량하거나 유지하는 데 가장 효과적인 방법이라고 한다.

지방 적응
간헐적 단식과 함께 탄수화물 섭취를 줄이면 신체가 탄수화물이 아닌 지방을 연료로 사용하기 시작하는 지방 적응^{fat adaptation} 단계에 들어가게 된다. 조금 멀리 돌아가서 신진대사의 기본 개념에 대해 잠시 설명하겠다. 신진대사는 모닥불과 같다. 탄수화물은 불쏘시개처럼 뜨겁고 지저분하게 타지만, 지방은 통나무처럼 천천히 지속적으로 연소한다. 탄수화물은 빠른 에너지 공급에는 좋지만, 탄수화물을 주된 에너지원으로 사용하는 것은 추천하지 않는다. 탄수화물 연소 모드에서는 나뭇가지로 계속 불을 지펴야 하는 것처럼 에너지 수준을 유지하기 위해 종일 쉬지 않고 먹는 간식의 노예가 될 수 있다. 이상적으로 우리 모두 신체가 필요할 때 스스로 지방 연소 모드로 전환할 수 있는 것, 즉 지방 적응을 원한다. 그러면 음식을 먹지 않고도 오랜 시간 버틸 수 있다(저장된 에너지, 즉 체지방을 활용할 수 있기 때문이다). 간헐적 단식이 신체를 지방 연소 모드로 전환하는 데 도움이 되는 것처럼, 저탄수화물 식단도 같은 효과를 준다.

이렇게 지방 적응으로 전환되는 과정은 하루에 탄수화물을 50g 이하로 2~4일 정도 섭취하면 시작된다. 그러나 평소 탄수화물 함량이 높은 식단에서 저탄수화물 식단으로 서서히 바꾸는 경우, 특히 탄수화물 연소 모드에 갇혀 있는 경우에는 이 과정이 훨씬 더 오래 걸릴 수 있다. 간에서 사용되는 탄수화물을 모두 '연소'시키는 데는 어느 정도 시간이 필요하다. 마라톤을 위한 훈련이라고 생각하면 된다. 천천히 시작하여 더 많은 양의 지방을 태울 수 있도록 노력해야 한다.

지방 연소에 익숙해지면 곧 놀라운 효과를 경험하게 된다. 바로 신체 사이즈가 줄어드는 것을 보게 된다. 내가 맡은 고객 중 한 명인 앨리슨은 2년 동안 입지 못했던 몸에 꼭 맞는 원피스를 입고 찍은 사진을 우리 멤버들과 공유했다. 앨리슨은 2년 전에도 해당 원피스 지퍼를 올리려면 보정 속옷을 입어야 했다! IF:45 프로그램을 실행한 후 체중이 많이 줄지는 않았지만, 몸매가 날씬해져 원피스 지퍼를 쉽게 올릴 수 있었다고 말했다. 앨리슨이 보여 준 것처럼 숫자로 보이는 체중에는 큰 차이가 없더라도 체지방이 감량되면 몸매가 날씬해질 수 있다. 몸매가 날씬해진다는 것은 신체가 지방을 연소하고 있으며 지방에 더 잘 적응하고 있다는 신호다.

식단의 질

도입 단계를 포함한 IF:45의 식사 계획은 식단의 질에 중점을 둔다. 탄수화물 섭취를 낮추기 위해 정제된 탄수화물을 비전분류 채소, 건강한 지방, 양질의 단백질로 대체하는 방식이다. 2018년 11월 〈사이언스 Science〉지 사설에 따르면 식단의 질에 초점을 맞추면 효과적인 체중 관리를 할 수 있다고 한다.

양질의 식단에서 핵심은 '깨끗한' 식단에 집중하는 것이다. 즉 에너지 대부분을 견과류와 씨앗, 코코넛, 생선 기름과 동물성 지방, 아보카도, 올리브와 올리브 오일 같은 단백질과 건강한 자연식품 지방에서 얻는 것이 좋다. 칼로리 대부분은 지방과 단백질에서 나오지만, 잎채소, 브로콜리, 콜리플라워, 아스파라거스, 호박, 오이 같은 비전분류 채소로 식단 대부분을 채워야 한다. 반대로 가공된 독성 씨앗 기름은 멀리하자. 대신 영양이 풍부한 채소와 양질의 지방과 오일을 섭취하는 데 집중하자. 신체가 탄수화물에 덜 의존하고 지방과 단백질에 더 많이 의존하도록 한다면 단식에 익숙해지는 데 도움이 된다.

도입 기간에 기대할 수 있는 효과

도입 기간에는 단식으로 인해 신진대사가 변화하여 탄수화물 섭취량이 줄어들고 지방 섭취량이 늘어난다. 우리 몸은 더는 탄수화물을 주요 에너지로 사용하지 않고 저장된 지방을 연료로 전환하여 케톤으로 바꾸기 시작한다. 이 과정에서 많은 사람이 체중 감량을 경험하지만, 이는 대부분 간에서 글리코겐 분자에 저장된 수분이 손실되어 일어나는 현상이다. 체내에 글리코겐으로 저장된 탄수화물 1g에는 약 2~3g의 수분이 저장되는데, 저탄수화물 식단을 처음 시작할 때 저장된 글리코겐이 수분과 함께 배출되어 눈에 띄는 감량을 경험할 수 있다. 도입 단계에서 기대할 수 있는 다른 효과도 있다.

- 해당 주에 약 0.5~1kg 이상 체중 감소
- 주말까지 식욕이 감소함
- 복부 팽만감 감소와 규칙적인 배변 활동으로 소화 기능 개선
- 에너지 증가
- 브레인 포그 현상 감소

1일 차: 피딩/패스팅 윈도우를 정하고 간식 끊기

간헐적 단식을 시작하려면 식사/단식 일정과 그에 따른 아침 루틴을 지키는 것이 좋다. 대부분 사람에게는 16:8이 가장 효과적이며, 12시간 단식으로 시작하여 나중에 16시간으로 늘리는 것도 가능하다.

일정은 최대한 단순하게 구성하는 것이 좋다. 이렇게 생각해 보자. 하루는 패스팅 윈도우와 피딩 윈도우로 나뉜다. 오늘 몇 시에 식사를 끝낼지 정하는 것이다. 그런 다음 잠자리에 들고 일어나서 단식을 시

작한 지 12~16시간 후에 첫 식사를 한다. IF:45 프로그램이 매력적인 이유 중 하나는 일정 구성이 매우 간단하고 자신의 라이프 스타일에 맞게 조정할 수 있다는 것이다.

아침 루틴을 정하자. 여기에는 커피나 차 한 잔과 무향 전해질을 희석한 물 한 잔을 마시는 것 등이 포함될 수 있다. 나는 아침에 옷을 입은 후 주방으로 가서 남편과 함께 마실 녹차 한 잔을 끓인다. 그리고 그날 섭취할 보충제를 준비한다. 그런 다음 전해질과 함께 물 한 잔을 마신다(나는 온종일 물을 즐겨 마신다).

1일 차에는 간식도 모두 끊는다. 간식을 먹지 않으면 배가 고프지 않을까? 이는 우리 각각의 생물학적 특성에 따라 다르다. 사람에 따라 초기에 다른 사람보다 더 많은 허기를 느낄 수 있다. 배고픔은 심리적 습관과 같다. 특정 시간에 간식을 먹는 데 익숙해졌다면 그때가 바로 우리 몸이 배고픔 신호를 보내는 시기이기 때문이다. 우리 몸은 일상적인 생활 리듬을 유지하려고 노력한다. 식사 사이에도 허기를 느끼지 못하는 수준에 도달하려면 단백질 또는 지방, 또는 단백질과 지방을 중심으로 다량영양소 구성을 조정해야 한다는 신호일 수도 있다.

하지만 좋은 소식은 간식을 끊고 식사 리듬을 바꾸면 신체가 새로운 일일 주기에 빠르게 적응할 수 있다는 것이다. 대부분 여성의 신체는 새로운 일상에 적응하는 데 2~3일 정도밖에 걸리지 않는다. 적응을 마치고 나면 우리 몸은 간식 신호를 끄기 시작할 것이다. 그렇다면 그 사이에 무엇을 할 수 있을까? 몇 가지 제안을 해 보겠다.

수분 섭취하기. 새로운 일상에 적응하는 동안 패스팅 윈도우 중에 전해질이 함유된 물을 마셔 보자. 이렇게 하면 포만감을 유지하는 데 도움이 된다. 꼭 그게 아니더라도 우리 대부분은 평소에도 물을 충분히 마시지 않는다. 배고픔 신호는 사실 목이 마르다는 신호일 수도 있다. 매일 전해질을 탄 물을 체중의 약 30배만큼 ml 단위로 마셔라.

다른 음료로도 수분을 섭취하라. 감미료, 우유, 크림, 크리머가 첨가되지 않은 커피와 허브차를 마신다. 음료에 맛이 첨가되면 신체는 음식이 들어오고 있다는 신호로 인식해 호르몬을 소화 과정에 대비시킨다. 이렇게 되면 단식이 더 어려워질 수 있다.

식단에서 건강한 지방의 양을 늘려라. 건강한 지방은 다음 식사 때까지 포만감을 지속시키는 데 큰 역할을 한다.

음식에 소금을 넣어 먹어라. 내가 개인적으로 좋아하는 소금은 레드먼드 소금(미네랄 이외의 어떤 첨가물도 들어가지 않는 비정제 소금)이다. 또다른 좋은 소금은 레드솔트다. 레드솔트는 일반적인 소금보다 덜 가공된 소금으로, 순수한 미량 미네랄을 함유하고 있는 천연 소금이다. 이외에도 미네랄과 미량 미네랄을 제공하는 셀틱 바다 소금과 히말라야 핑크 소금도 있다. 적당량의 소금을 음식에 넣으면 포만감을 느낄 수 있고 전해질에도 도움이 된다. 반면 정제된 소금에는 합성 요오드, 고결 방지제, 표백제, 잔류물 및 기타 인공 첨가물이 포함되어 있다. 정제 밀가루나 정제 설탕과 마찬가지로 정제 소금은 멀리하는 것이 좋다.

2일 차: 주방 대청소하기

오늘의 실천 항목은 주방 대청소이다. 단식 성공은 좋은 영양 섭취와 밀접한 관련이 있으므로 팬트리, 냉장고, 냉동고를 살펴보고 순간적으로 유혹에 빠져 먹어 버릴 수 있는 고탄수화물, 당분 제품을 모두 치우자. 유혹을 제거하라. 이러한 식품은 버리거나 기부하길 권한다. 다음은 제거해야 할 품목의 샘플 목록이다.

팬트리

사탕

팬케이크 믹스를 포함한 케이크 믹스

쿠키

크래커

빵

베이글

시럽과 꿀을 포함한 모든 형태의 설탕

흰 밀가루 및 통밀가루

곡물을 포함한 글루텐 함유 탄수화물

머핀

아침용 시리얼

파스타

쌀

감자칩 및 기타 가공 간식

팝콘

말린 과일

통조림 수프

과일 통조림

씨앗 기름

냉장고

청량음료 및 과일 주스

사과 소스

베리류를 제외한 과일

잼

마가린

'저지방' 또는 '무지방'이라고 표시된 모든 식품

상위 4개 성분에 '설탕'이 포함된 소스

유제품(치즈, 우유 등)

감자 및 기타 전분질 채소

냉동고

아이스크림

냉동 디저트

냉동 빵 제품

케이크

만들어져 나오는 토스터용 와플/팬케이크

냉동 과일(무가당 베리류 제외)

피자

주방 정리가 끝났다면 IF:45 프로그램에 맞게 주방을 다시 채우는 방법을 살펴보자. 다음에 나오는 식품은 글루코스와 인슐린을 안정적으로 유지하고 케토시스를 유발하여 최적의 효과를 내는 품목들이다. 목록에 있는 음식에 익숙해져서 이것이 일상이 되도록 노력해 보자.

달걀- 유기농, 방목 또는 목초 사육한 달걀을 선택한다.

육류 및 가금류-유기농 목초 사육 육류를 선택하고 베이컨이나 살라미 같은 가공육은 과도하게 섭취하지 않는다.

생선 및 해산물- 연어, 참치, 정어리, 새우, 가리비, 만새기, 대구 등 자연에서 잡은 생선을 구입한다(상어, 황새치, 고등어, 옥돔과 같은 포식성 생선은 수은 함량이 높으므로 섭취를 지양한다).

저탄수화물 채소- 아스파라거스, 아티초크, 잎채소, 주키니 호박, 풋콩, 고추, 양파, 마늘, 버섯, 여름 호박과 특히 브로콜리, 콜리플라워, 방울양배추, 청경채와 같은 해독 효과가 있는 십자화과 채소를 많이 먹는다. 또한 색소가 풍부한 채소를 많이 섭취한다.

생 허브- 파슬리, 고수, 로즈메리, 타임, 딜, 부추, 파를 섭취한다.

저당분 과일- 딸기, 블루베리, 라즈베리, 오디, 블랙베리, 크랜베리 등 베리류, 레몬과 라임, 살구, 체리, 천도복숭아, 복숭아, 자두, 시큼한 사과를 소량씩 산다.

소스- 코코넛 아미노(콩을 사용하지 않은 간장 대체품), 피시 소스, 촐룰라 핫소스, 유기농 타히니, 상위 4가지 성분에 설탕이 포함되지 않은 소스를 섭취한다.

건강한 지방- 엑스트라 버진 올리브 오일, 올리브, 코코넛 오일, 코코넛 크림, C8 MCT 오일, 아보카도 오일, 아보카도, 견과류, 씨앗류, 목초 사육 버터, 기 버터, 라드유, 오리 지방, 탤로 등이 있다. 말크^Malk와 같은 브랜드에서 나오는 첨가물이 없는 견과류 밀크를 찾아보라. 견과류와 씨앗류는 열량이 높고 과잉 섭취하기 쉬우므로 적정량을 섭취할 수 있게 주의를 기울인다.

기타 품목 - 아몬드 가루, 코코넛 밀크 캔, 사골 국물, 커피, 차(유기농 제품 선택).

보충제 - 7장에 나와 있는 정보를 바탕으로 어떤 보충제를 먹을지 결정한다.

오토파지를 유발하는 음식, 허브, 향신료

단식을 하면 오토파지가 자극된다. 이미 케토시스 상태에 있는 경우 더 빠르게 활성화되며, 특히 고지방 저탄수화물 식단과 간헐적 단식을 병행하는 경우 12시간 이내에 작동하기 시작하는 경우도 있다. 오토파지를 돕는 식품은 다음과 같다.

- 카카오
- 시나몬
- 커피
- 커큐민(향신료 강황에 함유된 성분)
- 생강
- 녹차
- 주로 C8 지방산으로 제조된 MCT 오일
- 버섯
- 유기농 올리브 오일
- 레스베라트롤 - 레드 와인, 포도, 베리류, 땅콩에 함유된 강력한 식물 화합물

3일 차: 식사 준비 습관 기르기

식사 준비는 IF:45 프로그램에 참여하면서 기를 수 있는 훌륭한 습관 중 하나다. 미리 준비해 두면 시간을 절약할 수 있다. 실제로 미국 예방의학 저널에 발표된 한 연구에 따르면 집에서 식사를 준비하고 요리하는 데 시간을 할애하는 것은 좋은 식습관과 관련이 있다고 한다. 나는 간단한 식사를 만들어야 할 때를 대비해 항상 냉장고에 간 소

고기, 잘게 찢은 닭고기, 삶은 달걀을 준비해 둔다. 또 채소를 미리 썰어서 구워 놓기도 한다. 나는 매주 일요일과 수요일에 식사 준비를 해 두는데, 그때 가족과 함께 일주일 내내 바로 따뜻하게 데워 먹을 수 있는 여러 가지 메뉴를 함께 만들어 둔다. 10대 남자아이들이 있는 우리 집은 음식을 많이 먹기 때문에 한 번에 많은 양의 음식을 준비한다. 나만의 식사 준비를 하는 방법은 여러 가지가 있지만, 여기 몇 가지 아이디어를 소개한다.

일주일에 하루나 이틀 시간을 정하여 모든 식사 준비 작업을 몰아서 하기. 무슨 요일에 식사 준비를 할지 정하라. 이렇게 하면 일주일 식사 준비를 하루 만에 끝낼 수 있다!

두 배로 만들기. 좋아하는 음식을 만들 땐 두 배로 준비하라. 남은 음식은 나중에 먹을 수 있도록 냉동 보관하자.

냉장고에 삶은 달걀 보관하기. 달걀은 단백질, 비타민 A와 B, 건강한 지방이 풍부하여 저탄수화물 식단에 안성맞춤인 훌륭한 메뉴다.

생채소를 미리 잘게 썰거나 회오리 모양으로 잘라두기. 그런 다음 봉지나 용기에 담아 냉장고에 보관하라. 채소를 대량으로 잘라 두면 많은 시간을 절약할 수 있다. 같은 조리 시간으로 다양한 채소를 구워보라. 나는 구운 채소를 좋아하는데, 채소를 구울 때 본연의 단맛이 살아나기 때문이다. 하지만 저녁 식사 시간에는 채소가 익을 때까지 기다리는 시간이 오래 걸린다고 느껴질 수 있다. 많은 양의 채소를 준비하려면 각각의 채소가 익는 시간에 맞춰 한꺼번에 굽는 것을 추천한다. 아스파라거스, 버섯, 방울토마토와 같이 빨리 익는 채소를 한 팬에 굽고 당근, 콜리플라워, 양파처럼 천천히 익는 채소는 다른 팬에 함께 굽는다.

스무디 재료 준비하기. 스무디를 좋아한다면 재료를 미리 손질해 냉동해 둔다. 이렇게 하면 시간 절약에 도움이 된다. 베리류 과일과 채소를 계량한 다음 봉투에 담아 냉동실에 넣어 두자.

점심때 먹을 병 샐러드 만들어 두기. 메이슨 병(입구가 넓은 유리병으로 다양한 식품을 저장하는 데 쓰인다) 바닥에 드레싱을 깔고 그 위에 오이, 고추와 같은 단단한 채소를 층층이 쌓은 다음 잎채소를 깔아 준다. 그 위에 키친타월을 깔고(잎채소를 신선하고 싱싱하게 유지해 준다) 뚜껑을 닫는다. 이렇게 하면 더는 점심에 눅눅한 샐러드를 먹지 않아도 된다.

단백질류 미리 조리하기. 가금류, 생선, 육류 등 거의 모든 단백질을 미리 조리해 두었다가 먹을 준비가 되었을 때 데워 먹는다.

4일 차: 매일 신체 활동하기

아직 운동을 하고 있지 않다면 매일의 운동 계획을 세우자. 단식 중에도 할 수 있는 운동이 많고, 운동은 신체 변화를 가속하는 데 도움이 된다. 나를 포함해 단식하는 사람들은 주로 아침 시간에 운동한다. 16:8 모델을 따르는 경우 패스팅 윈도우 중에 운동을 하면 매우 효과적이다. 패스팅 윈도우 중에 운동하면 저장된 지방을 더 많은 에너지로 사용할 수 있다. 또 운동을 통해 근육이 준비되어 첫 식사를 했을 때 단백질과 영양분을 더욱 잘 흡수할 수 있다.

다른 이점도 있다. 모든 종류의 운동은 인슐린 감수성을 개선하는 것으로 알려져 있다. 이는 신체가 인슐린을 더 효율적으로 사용한다는 것을 의미한다. 단식 중에 운동을 하면 근육을 유지하고 형성하는 데 매우 중요한 노화 방지 화학 물질인 성장 호르몬이 증가한다는 연구 결과도 있다. 운동하는 동안 성공적인 단식을 유지하기 위해 고려해야 할 몇 가지 중요한 전략은 다음과 같다.

충분한 수분 섭취를 한다. 하루종일 또는 이른 아침에 정제수와 허브차를 마시는 것은 성공적인 단식과 생산적인 운동을 위해 중요한 습관이다. 근육을 제대로 준비시키려면 운동하기 45~60분 전에 물을 마시는 것도 좋다. 전해질을 타서 마시는 것도 잊지 말자.

저녁을 거르지 말자. 아침 운동을 하려고 한다면 전날 저녁을 먹는 것이 좋다. 저녁을 자주 거르면 필요한 연료나 에너지가 충분하지 않을 수 있다. 식사할 때는 단백질, 건강한 지방, 채소를 균형 있게 섭취하자.

몸의 신호에 주의를 기울인다. 간헐적 단식과 운동을 병행하는 데 적응한 다음에도 몸이 어떻게 반응하는지 매일 주의 깊게 살펴보자. 운동량이 너무 많다고 느껴지거나 체력이 부족하다고 느껴진다면 운동 강도를 낮추는 것이 좋다. 이때는 요가나 걷기 같은 좀 더 부드러운 운동을 권한다.

식사와 운동 시간을 정하라. 지방 적응 과정을 지나면 더 이상 운동 전에 밥을 먹지 않아도 괜찮은지 걱정할 필요가 없어진다. 평소 운동하는 시간에 맞춰 헬스장에 가서 웨이트 운동을 한 다음 단식을 중단하고 식사를 시작하면 된다. 실제로 대부분 여성은 소화관에 음식물이 있을 때보다 단식 상태에서 운동하는 것이 더 편하다고 말한다.

운동 후 보충제나 식사는 필요 없다. 이 문제에 대해서는 잘못된 정보가 많이 유포되어 있다. 대회를 준비하고 있는 전문 보디빌더가 아니라면 운동 후 보충제, 특히 BCAA나 단백질 셰이크를 마실 필요는 없다. 오전 6시에 운동을 한다면 단식을 중단하고 식사할 준비가 된 오전 10시까지 혈당과 근육 조직이 완벽하게 회복될 것이다. 근육을 발달시키고, 체지방을 줄이고, 균형 잡힌 혈당을 유지하려면 정해진 시간에 따라 일관성 있게 양질의 다량영양소를 섭취해야 한다. 간헐적 단식에 대한 조언을 따르고 있고 이미 양질의 자연식품을 섭취하고 있다면, 땀을 흘리는 운동의 이점을 누릴 수 있을 것이다. 운동 전 마시기 가장 좋은 음료는 아무것도 넣지 않은 커피나 허브차이다.

음식을 꼭꼭 씹어 먹는다. 음식을 꼭꼭 씹어 먹으면 신체가 가장 많은 영양소를 흡수할 수 있다. 단백질 셰이크를 마시는 것보다 통째로 음식을 씹어 먹는 것이 더 효과적이다. 아무리 좋은 단백질 파우더라도 가공된 제품일 수 있기 때문이다. 또 많이 씹을수록 뇌는 포만감을 인식한다. 소화 과정은 뇌에서 시작된다는 점을 명심하라. 스트레스를 받으면 동시에 음식을 제대로 소화하기 힘들어진다. 편안한 마음 상태를 유지하면 소화에 도움이 될 것이다.

자신의 월경 주기를 확인하라. 아직 월경 주기에 접어들지 않았다면 월경 5~7일 전에는 격렬한 운동과 단식을 피하는 것이 좋다.

이러한 전략들을 염두에 두어야 하지만 단식 상태에서 운동하면 안 되는 몇 가지 경우가 있다. 당 연소자sugar burner(주로 탄수화물인 당분을 연소하여 에너지를 얻는 사람)이면서 저혈당증이 있는 경우에는 공복 운동은 피하는 것이 좋다. 당 연소자는 24시간 내내 간식을 달고 살아야 하고, 식사 후 포만감을 느끼기 힘들며, 단 음식과 탄수화물이 풍부한 음식이 당긴다.

그렇지 않은 경우, 대부분은 지방 적응 과정을 거쳐 신체가 당을 태우지 않고 지방을 태우기 때문에 단식 중에도 충분히 운동을 즐길 수 있다. 단식 상태에서 운동하면 다음과 같은 기분이 든다. 에너지 수준이 안정되고, 정신이 맑아지며 기분이 좋다. 속이 편안하고 배가 고프거나 메스껍거나 흔들리지 않는다.

5일 차: 지방 적응 과정 앞당기기

과거에 습관적으로 가공 탄수화물을 많이 섭취하고 있었다면 아마도 당 연소자일 가능성이 크다. 이런 사람은 대사적으로 포도당과 인슐린 수치가 조절되지 않는다. 이전까지 글루코스를 이용해 빠르게 에너지를 만들어 내던 신체가 간헐적 단식을 시작하면 저장된 지방을 에너지원으로 쓰도록 마지못해 시스템을 전환해야 하기 때문에 상당한 시간이 필요하다. 따라서 신체가 자연스럽게 지방 적응 과정을 지날 수 있도록 하는 것이 좋다. 이렇게 하면 저장된 체지방을 더욱 잘 연소해 에너지로 사용할 수 있다. 또 탄수화물에 대한 욕구도 확실하게 줄어든다. 거기다 식사 후 포만감을 많이 느끼게 되어 하루 동안 섭취하는 칼로리가 줄어들고 체중 감소로 이어질 수 있다. 단식 및 일일 탄수화물 섭취량 줄이기 외에도 지방 적응 과정을 돕는 몇 가지 방법을 소개한다.

지방을 더 많이 섭취하기. 탄수화물 섭취를 줄이고 식이 지방 섭취를 늘리는 것이 좋다. 지방을 많이 섭취하면 세포가 지방을 에너지원으로 사용하는 데 도움이 될 수 있다. 하지만 지방(그램당 9칼로리)은 단백질이나 탄수화물(모두 그램당 4칼로리)보다 열량 밀도가 높기 때문에 고지방 식단을 할 경우 식사량을 줄여야 할 수도 있다. 예를 들어 아보카도 1/4개, 견과류 1/4컵 또는 올리브 오일, 코코넛 오일, 버터 또는 기버터 각 1큰술 등만 먹는 것이 좋다.

그렇다면 하루에 얼마나 많은 지방을 섭취해야 할까? 이는 감량하고자 하는 목표 체중이나 신진대사 유연성에 따라 달라진다. 체중 감량이 목표라면 지방 섭취량을 한 끼에 1~2인분으로 제한하는 것이 좋다. 신진대사가 유연하고 지방을 효율적으로 연소하는 편이라면 더 많은 지방을 먹어도 된다. 대신 언제나 양질의 지방을 먹어야 한다는 것을 잊지 말자.

또 식이 지방은 탄수화물보다 인슐린 수치에 영향을 적게 미친다. 이렇게 인슐린이 낮게 유지되면 지방 저장 모드가 아니라 지방 연소 모드를 유지하는 데 도움이 된다. 지방 적응을 위해서는 위에 나열된 것과 같은 건강한 지방을 많이 섭취해야 한다.

C8 MCT 오일 섭취하기. 중쇄 중성 지방^{MCT}은 탄소 원자 사슬 길이가 6~12개인 지방산을 함유하고 있다. 중쇄 중성 지방은 일반적인 지방 소화 과정을 건너뛰기 때문에 중요한 지방 연소제이다. 이들은 곧바로 간으로 이동하여 케톤 생성을 돕는다. 이때 신체는 케톤을 에너지로 사용하기 시작한다. 그러면 세포는 케톤을 연료로 사용하는 데 익숙해지고, 적응을 통해 더 효율적으로 케톤을 사용할 수 있게 된다.

MCT에는 카프로산(C6), 카프릴산(C8), 카프르산(C10), 라우르산(C12)의 네 가지 주요 지방산이 있다. 약간의 추가 비용을 내도 괜찮다면 C8 MCT 오일을 구입하길 권한다. C8 MCT 오일은 다른 오일에 비해 다음과 같은 장점을 가지고 있다.

- 신진대사 촉진
- 지방 적응력 향상
- 렙틴과 PPY 호르몬을 증가시켜 배고픔을 감소시킴
- 배고픔 호르몬 그렐린을 감소시킴
- 인슐린 감수성 개선
- 뇌에 연료 공급
- 즉각적인 에너지 공급

MCT 오일이 처음에는 소화 기관에 약간의 자극을 주기 때문에 어떤 사람에게는 묽은 변과 설사를 유발하기도 한다. 따라서 한 번에 1티스푼씩 소량으로 먹는 것을 시작해 점차 복용량을 늘리는 것이 좋다. 오일을 커피에 넣어 먹어도 좋고, 샐러드드레싱에 사용하거나 채소 위에 뿌려 먹어도 좋다.

혈당 안정성 모니터링하기. 연속 혈당 측정기나 일반 혈당 측정기를 사용하여 혈당, 탄수화물 섭취 후 반응, 배고픔 신호를 확인한다.

혈당이 안정된 상태에서 운동하기. 이렇게 하면 지방을 더욱 잘 활용할 수 있게 되고 탄수화물과 같은 외부 연료 공급원에 대한 에너지 의존도가 낮아진다. 지방 적응이 진행되고 안정화된다. 단식과 운동은 지방 적응을 위한 훌륭한 조합이다.

6일 차: 그레인 프리 식단 시도하기

글루텐 프리 및 그레인 프리(곡물이 들어가지 않은) 식품을 섭취하려면 글루텐이 함유된 밀 제품뿐만 아니라 쌀, 옥수수, 귀리, 기장, 아마란스 등 글루텐이 함유되지 않은 모든 곡물을 피해야 한다. 그레인 프리 식단의 장점은 여러 가지가 있다. 우선, 탄수화물 중독을 억제하는 데 도움이 된다. 대부분 곡물은 글루코스를 증가시켜 더 많은 곡물류를 먹고 싶게 만든다. 곡물을 끊으면 이러한 중독성 반응을 피할 수 있다. 또 여러 곡물에는 위험한 살충제와 화학 물질이 녹아 있을 가능성도 크다.

어느 논문에 따르면 몬산토사가 개발한 제초제 '라운드업'에 함유된 글리포세이트는 셀리악병(글루텐을 먹을 수 없는 자가면역 질환)을 직접적으로 유발할 수 있다고 한다. 마찬가지로 심각한 문제는 오늘날 글루텐의 독성을 유발하는 주요 원인 중 하나가 글리포세이트 사용이라는 점이다. 미국에서는 밀을 재배할 때 수확량을 늘리기 위해 수확 며칠 전에 밀밭에 라운드업을 뿌리는 것이 일반적인 관행으로 이루어지고 있다. 라운드업의 글리포세이트는 장내 미생물 군집의 기능을 크게 방해하고 장 내벽의 과투과성을 증가시켜(장 누수 증후군) 잠재적인 자가면역 질환 증상을 유발할 수 있다.

따라서 오염된 곡물을 섭취하면 셀리악병과 같은 자가면역 질환에 노출되기 쉽다. 곡물을 먹지 않으면 콜레스테롤과 저밀도 지방 단백질 LDL(좋지 않은 콜레스테롤)을 낮추고 중성 지방 수치를 낮추는 데 효과가 있다는 연구 결과도 있었다. 글루텐과 곡물이 없는 식단은 폐경주변기 및 폐경기 여성에게 흔히 나타나는 불안과 우울증을 개선하는 데 도움이 되는 것으로 나타났다.

나는 많은 환자와 고객에게 6주 동안 글루텐과 곡물을 끊어 볼 것을 권하고 있다. 이를 통해 자가면역 질환을 예방하는 것 외에 다른 이점도 있다. 그레인 프리 식단은 잠재적으로 식품 민감성, 갑상샘 문제, 피로, 두통, 피부 문제, 체중 증가를 개선하는 데 도움이 될 수 있다. 한번 믿어 보라. 그레인 프리 식단을 하고 다음과 같은 맛있는 곡물 대용식을 먹으면 더는 곡물이 그리워지지 않을 것이다.

- 콜리플라워 라이스
- 시라타키 국수(두부와 비슷하게 같이 요리하는 재료의 맛을 흡수함)
- 양배추 라이스(양배추를 잘게 다져 밥 대용으로 먹는 것)
- 주키니 국수(애호박 등을 회오리 모양으로 자른 것)
- 국수호박
- 포토벨로 버섯(햄버거 번을 대체할 수 있는 훌륭한 재료)

- 양상추 랩
- 콜리플라워 피자 크러스트
- 주키니 라자냐(세로로 얇게 썰어 라자냐면 대신 사용할 수 있는 주키니)

7일 차: 영감 얻기

올바른 마음가짐을 유지하라. 목표를 다시 한번 점검하고 여기까지 진전을 이룬 자신을 축하하라. 스스로 제한을 두는 생각이 다시 스며들지 않도록 주의하는 것도 잊지 말자. 대신 힘이 되는 생각을 하고 마음을 다잡자.

IF:45 프로그램 동안 집중력을 유지할 수 있도록 자기 생각과 목표를 적어 눈에 잘 띄는 곳에 붙여 두는 것도 좋다. 연구에 따르면 어떤 행동을 시작하게 하는 것은 동기 부여지만, 목표에 더 가까이 다가갈 수 있도록 도와주는 것은 매일매일의 습관이다. 단식 경험을 일기로 작성하는 것도 좋은 방법이다. 일기를 쓰면 요인을 파악하고, 진행 상황을 기록하며, 성공을 축하하는 데 도움이 된다. 좋아하는 식사, 레시피, 운동 계획을 기록할 수도 있다. 다음은 자기 경험을 되돌아본 IF:45 단식 프로그램 참가자 중 한 명이 작성한 일기 예시이다.

"간헐적 단식은 무엇을 먹을지 결정하는 과정을 단순화하는 데 도움이 되었다. 16시간 단식 후에는 단식을 중단시키는 음식을 어떤 것으로 먹을지 의식하게 된다. 단식 과정의 절제력 또한 다이어트에 수없이 실패한 나에게 꼭 필요했던 것이었다. 내 삶이 바뀌고 있다. 정신이 더 또렷해졌다. 내 몸과 마음은 평화로워졌으며 허리둘레가 줄어들었다. 간헐적 단식은 이제 나의 새로운 일상이 되었다."

10장 2단계: 최적화(8~37일 차)

우리는 앞서 일주일 동안 식단을 정비하고 주방을 정리했다. 간식을 끊고 탄수화물을 줄였으며 지방 적응 단계를 준비하고 지나왔다. 이제 본격적인 간헐적 단식을 통해 30일 동안 건강하고 웰빙에 가까운 라이프 스타일을 실천할 준비가 됐을 것이다. 이 단계에서는 약간의 변화를 줄 예정이다. 탄수화물 섭취량을 좀 더 적당한 수준으로 늘리고, 탄수화물 사이클링에 집중하며, 단식 및 식사 시간을 각자의 건강 상태에 맞게 맞출 것이다. 지난주와 마찬가지로, IF:45 프로그램을 계속 성공적으로 진행할 수 있도록 추가 지침과 전략을 계속 안내하도록 하겠다.

최적화 단계에서 기대할 수 있는 효과

최적화 단계를 진행하면 간헐적 단식과 저탄수화물 식사의 긍정적인 효과(예: 정신적 명료성 향상, 에너지 증가 등)를 더욱 많이 느낄 수 있을 것이다. 사람마다 차이가 있지만, 이 단계 중반에 이르면 신체가 지방을 에너지로 사용하는 데 적응하는 작업 대부분을 완료한 것이나 다름없다. 또 배고픔과 식욕도 줄어들어 체력과 활력이 높아진 것이 느껴진다. 최근 진행한 마스터 클래스에 참여한 앤은 이 모든 효과를 직접 경험했다. 최적화가 끝날 무렵 앤은 다음과 같은 후기를 남겼다.

"몸 상태가 훨씬 좋아져서 신나요. 이전과는 비교가 안 될 정도로 활력이 넘치고 정신이 맑아졌어요. 더는 정크 푸드가 먹고 싶지 않아요. 간식을 먹고 싶은 욕구도 사라졌고요. 일주일에 6일씩 운동할 때도 빠지지 않던 살이 벌써 3kg 이상 감량됐어요. 열감 현상도 덜 나타나고요. 앞으로 계속 간헐적 단식을 할 수 있어 정말 기뻐요."

앤처럼 이 단계에서는 몇 가지 만족스러운 효과를 기대할 수 있다. 예를 들면 다음과 같은 것들이다.

- 정신이 맑아짐
- 오토파지 증가
- 인슐린 수치 감소
- 체중 감량
- 소화기 건강 및 휴식 개선
- 수면의 질 개선

처음 7일 동안과 마찬가지로, 성공에 도움이 되는 일별 전략을 통해 최적화 단계를 시작해 보자.

8일 차: 전해질로 물 섭취량 늘리기

물은 간헐적 단식을 성공적으로 이끌어 가기 위해 매우 중요한 역할을 하고 있다. 이제부터 의식적으로 물 섭취량을 늘리자. 매일 물을 체중의 약 30배만큼 ml 단위로 마시자. 물은 소화를 돕고 수분을 유지하는 데 도움이 된다. 정수된 물이 가장 좋으며 전해질을 타서 마시는 것을 잊지 말자. 때로는 물을 마시도록 독려하고 상기시켜 주는 시각적 보조 도구가 도움이 될 수 있다. 나는 스테인리스 스틸 물병이나 유리 물병을 근처에 두고 물을 얼마나 마셔야 하는지 체크하곤 한다.

9일 차: 매일 패스팅 윈도우가 끝난 후 무엇을 먹어야 하는지 이해하기

단식 후 첫 식사를 할 땐 단백질, 건강한 지방, 비전분 채소 등 적절한 음식으로 에너지를 보충하자. 이러한 음식들은 포만감을 주고 다음 식사까지 버틸 수 있게 도와준다. 하지만 정제 탄수화물과 설탕이 많은 음식은 포도당과 인슐린을 급격하게 증가시켜 금방 허기를 느끼게 하니 단식 후 첫 식사로는 적합하지 않다. 샐러드, 마카다미아너트와 베리류를 곁들인 비유제품 요거트, 사골 국물과 같은 가벼운 식사를 선호하는 사람도 있다. 자신에게 가장 잘 맞는 것을 찾기 위해 이것저것 시도해 보는 것도 좋다. 나는 최근 목초 먹인 소고기 패티에 케일과 캐슈너트 페스토를 곁들여 먹고 있다. 하지만 사골 국물, 히카마(멕시코 감자라고도 불리는 뿌리채소), 생채소와 깨끗한 후무스, 견과류 버터, 단백질과 건강한 지방이 함유된 샐러드 등 선택할 수 있는 음식의 폭은 무궁무진하다. 가능한 한 가공되지 않은 식품이 많이 포함된 자연식품 식단을 먹는 것이 좋다. 아래 최적화를 위한 식사 계획이 식단 계획을 짜는 데 도움이 될 것이다.

10일 차: 배설 문제 해결

많은 사람이 적절한 소화와 배설에 어려움을 겪고 있다. 음식이 지나치게 가공되었거나 천연 섬유질이 부족해 좋은 박테리아에 덜 노출되기 때문에 변비가 생기는 것이다. 다른 원인으로는 신체 활동 부족, 스트레스, 휴식 부족과 같은 생활 습관 문제와 연결된다. 갑상샘 기능 저하, 근본적인 음식 과민증, 탈수증, 장내 세균 불균형이나 항우울제, 혈압약, 위산 역류 치료제와 같은 특정 약물의 영향으로 증상이 악화될 수도 있다. 이러한 문제가 발생하면 다음과 같이 추천한다.

- 수분 섭취량을 늘리고 전해질을 보충한다.
- 섬유질이 풍부한 음식, 특히 사과, 무화과, 자두, 십자화과 채소 (브로콜리, 방울양배추, 콜리플라워 등)를 더 많이 섭취한다.
- 매일 몸을 움직인다.
- 스트레스를 해소한다. 배설을 잘하려면 편안해야 하며 정신이 안정적이어야 한다. 소화 문제는 휴식과 이완을 관장하는 부교감 신경계의 지배를 받기 때문이다.
- 비트, 아티초크 하트, 사우어크라우트(독일식 양배추 발효식품) 등 담즙에 도움이 되는 식품을 섭취한다.
- 피딩 윈도우에 신선한 치아시드와 아마씨 파우더를 매일 1큰술씩 섭취한다. 샐러드에 뿌려 먹거나 스무디에 섞어 먹으면 좋다.
- 매일 그린 샐러드를 두 번씩 섭취한다.
- 염산HCl과 소화 효소 보충제를 먹는다. 권장 제품은 추천 제품 부분을 참조하라.
- 식품 민감도 테스트를 통해 변비를 유발할 수 있는 식품은 어떤 것이 있는지 알아본다.
- 혈액 검사를 통해 갑상샘 건강을 점검한다.
- 때에 따라 마그네슘 보충제를 섭취한다. 특히 마그네슘 글리시네이트는 장운동을 부드럽게 하는 데 도움이 될 수 있다.

- 가끔 스무스 무브 티$^{Smooth Move Tea}$를 마시되, 매일 마시지는 않는다. 과도한 양을 섭취하면 장에 자극을 줄 수 있는 허브인 센나가 함유되어 있기 때문이다.
- 프로바이오틱스가 풍부한 식품(케피어, 콤부차, 발효 채소)을 포함한 프로바이오틱스를 매일 식단에 포함해 섭취한다.

11일 차: 채소 주스 단식하기

먹는 음식에 변화를 주어 신체를 놀라게 하면 단식을 지속하는 데 효과가 있다. 따라서 한 달에 한 번 채소 주스를 마시며 단식할 것을 제안한다. 내가 채소 주스 단식을 한 지도 벌써 2년이 지났다. 처음에는 나 역시 매우 회의적이었다. 하지만 몇 번 해 보니 이제는 매달 채소 주스로 단식하는 날이 기다려질 정도다.

매번 할 때마다 느끼지만 채소 주스 단식으로 24시간 이상 패스팅 윈도우를 유지하는 것이 점점 쉬워진다. 주스 단식을 하는 동안에는 주로 식물성 주스(약 240mL 기준 3~6회 제공량)를 섭취하는데, 피딩 윈도우 내에 주스를 섭취해 단식 일정을 지키도록 하자.

주스에는 식이 섬유가 없다. 일시적으로 섬유질을 섭취하지 않으면 소화 기관이 휴식을 취할 수 있다. 이때 우리 몸은 평소 식단으로 완전히 채울 수 없었던 주요 비타민과 미네랄을 쉽게 흡수할 수 있게 된다. 주스 단식의 이점에 대한 연구는 계속 진행 중이다.

주스 단식이 장내 마이크로바이옴과 전반적인 건강에 긍정적인 영향을 미친다는 데이터가 있다. 2017년에 발표된 연구에 따르면 채소 주스는 건강한 장내 세균의 먹이가 되는 식품 성분인 '프리바이오틱스'와 소화 기능 및 뇌 건강을 증진하고 심장병, 제2형 당뇨병, 심지어 특정 암을 예방하는 것으로 알려진 유익한 식물성 화합물인 폴리페놀의 훌륭한 공급원이라고 한다. 연구진은 주스 단식의 이점을 분석하기 위해 건강한 성인 20명을 대상으로 3일 동안 채소/과일 주스만 섭취하도록 하는 실험을 진행했다. 그 결과, 주스 위주의 식단은 체중 감소와 관련된 장내 세균을 변화시켰고, 산화질소(혈관을 확장하는 데 도움이 되는 물질) 수치를 높이고 활성 산소 활동을 감소시키는 것으로 나타났다.

채소 주스 단식이 주는 건강상 이점

체지방 감소

마이크로바이옴 건강 개선

암 발생률 감소

면역 기능 개선

뼈 손실 둔화

당뇨병 및 심혈관 질환 위험 감소

노화 방지

주스 단식을 시작하기 전에 모든 주스가 똑같이 만들어지는 것은 아니라는 점에 유의하자. 다음과 같은 기준으로 고품질의 주스를 선택해야 좋은 효과를 얻을 수 있다.

- 채소의 고유한 성질을 파괴하는 저온 살균이나 고압 가공HPP 방식으로 처리하지 않은 생과일주스
- 냉압착(효소가 산화되지 않도록 보호) 주스

- 채소가 대부분이며 과일은 소량만 들어간 주스
- 유기농 농산물로 만든 주스

위에서 언급한 요건을 충족하는 주스를 만드는 업체를 찾거나 직접 착즙기로 주스를 만들어 마셔도 좋다. 주스는 반드시 공복에 마셔야 한다. 이는 소화 기관의 휴식 기간을 연장하여 장에 매우 유익하게 작용하기 때문이다.

12일 차: 탄수화물 그램 수 줄이기

이 부분은 더는 월경을 하지 않는 여성에게만 해당한다. 지금까지는 매일 50~100g의 탄수화물 섭취량을 고수해 왔을 것이다. 그렇다면 하루 탄수화물 섭취량을 50g으로 줄이거나 그보다 약간 낮춰 보자. 이 방법을 시도해 보고 어떤 변화가 일어나는지 살펴보자. 사람마다 체질이 달라서 탄수화물의 양을 더 줄이거나 늘려야 할 수도 있다. 포만감이 느껴지고 하루 종일 정신적, 육체적 에너지가 늘어난 느낌을 받는다면 적정량을 섭취한 것이다.

13일 차: 탄수화물 사이클링을 시작하고 주기에 맞게 간헐적 단식 일정 조정하기

월경을 아직 하고 있다면 주기 5~7일 전까지는 규칙적인 단식과 저탄수화물 생활 방식을 따르는 것이 좋다. 이 기간에는 단식 시간을 12~13시간으로 단축하고 건강에 좋은 양질의 탄수화물을 더 많이 섭취할 수 있게 신경 쓴다. 양질의 탄수화물로는 비트, 당근, 파스닙(당근

과 흡사한 뿌리채소), 루타바가(스웨덴 순무라고도 알려졌으며 순무와 비슷하게 생겼다), 고구마, 순무, 마 같은 뿌리채소를 예로 들 수 있다. 겨울 호박이나 베리류와 같은 저당도 과일도 좋은 선택이다.

이 시기에는 인슐린 민감도가 증가한다. 이러한 식품들은 높아진 식욕을 줄이고 호르몬을 최적으로 지원하는 데 도움이 된다. 탄수화물 사이클링 방법에 대한 정확한 권장 사항은 아래 차트를 참조하길 바란다. 월경 주기에 변화가 있다면 다음 사항을 참고하자.

- 월경 주기 한두 번 정도는 영향을 받을 수 있다(월경 기간이 길어지거나, 짧아지거나, 가벼워지거나, 무거워지는 등). 하지만 월경을 아예 하지 않는다면 이는 다른 문제이다. 월경 주기는 중요한 생체 신호이므로 진지하게 받아들여야 한다. 따라서 월경 주기가 일정하지 않거나 아예 월경을 하지 않게 되었다면 단식을 중단하거나 전문가와 상담이 필요하다는 신호이다.
- 수분 섭취량을 늘리고 전해질 보충하기
- 다량영양소 섭취 조정하기
- 수면의 질과 스트레스 관리를 위해 노력하기
- 운동 강도 낮추기
- 주기가 정상화될 때까지 잠시 단식을 중단하기
- 병원 검진을 통해 검사받기

월경이 아예 멈춘 경우라면 계속 16:8 모델을 따라도 된다. 이 단계의 후반부에서 단식을 연장하는 방법을 소개하겠다.

14일 차: 주말 준비

주말이 되면 평일에 잘 유지했던 식사와 단식 일정이 흐트러지는 경우가 많다. 하지만 IF:45 프로그램은 매우 유연하게 적용할 수 있으므로 부담을 가질 필요는 없다. 예를 들어, 가족과 함께 일요일 브런치를 먹는 것이 중요하다면 피딩 윈도우를 변경해도 좋다. 주말 밤에 중요한 저녁 약속이 있다면 그에 맞춰 피딩 윈도우를 조정하는 것이다. IF:45 프로그램은 특별한 행사나 가족과의 저녁 식사가 있을 때 거기에 맞춰 패스팅 윈도우를 변경할 수 있어서 약속이나 일상을 충분히 즐기면서도 가장 쉽게 지킬 수 있는 식이 요법 중 하나다. 점심 데이트나 저녁 식사 등 외출하고 싶은 날에 맞춰 단식 시간을 정하기만 하면 된다. 주말을 충분히 즐겁게 지내면서 장기적인 건강에 영향을 미치는 라이프 스타일을 실천할 수 있다는 믿음을 가지길 바란다.

15일 차: 배고픔 신호를 다시 생각해 보기

우리가 느끼는 배고픔은 진짜 생리적(신체적) 배고픔이 아니라 심리적(정서적) 배고픔일 때가 많다. 이 사실을 깨닫고 나면 몸이 IF:45 프로그램에 적응하는 동안만 참으면 된다. 바로 실천할 수 있는 배고픔 관리와 지침 몇 가지를 소개한다.

단백질과 지방을 많이 섭취하라. 단백질은 몸과 뇌에 이만하면 충분히 먹었다고 알려 주는 호르몬을 자극한다. 지방은 포만감과 만족감을 주어 식사 시 칼로리 및 음식 섭취량을 줄여 주는 것으로 나타났다.

수분 부족을 배고픔으로 착각하지 마라. 배가 고프지도 않은데 배가 고프다고 느낄 때가 자주 있다면 대부분은 수분이 부족한 경우다.

녹차나 허브차 또는 커피를 마신다. 식욕을 억제하고 배고픔을 줄이는 데 도움이 된다.

바쁘게 지내기. 주의 분산은 큰 도움이 된다! 따라서 가능한 한 패스팅 윈도우는 여러 가지 활동을 하는 시간으로 구성하라.

마음 챙김을 연습하라. 이는 지루함, 외로움, 우울함, 불안감으로 무언가 먹고 싶어질 때 충동적으로 식사하지 않도록 하는 훌륭한 방법이다. '배고프다'라는 느낌이 들 때마다 그 대신 지루함, 스트레스, 불안, 슬픔, 피곤함을 느끼고 있는지 자신에게 물어보는 연습을 해 보자. 그런 다음 내 몸에서 일어나는 긍정적인 변화나 목표, 그리고 목표를 달성한 후 어떤 느낌이 드는지 스스로 곱씹어 보자.

16일 차: 해독 부작용 완화하기

신체가 정제 탄수화물과 독소를 해독하는 과정에서 두통, 현기증, 메스꺼움(앞서 언급한 전형적인 '케토 독감' 증상)과 같은 부작용이 발생할 수 있다. 처음에는 이러한 부작용을 겪으며 놀랄 수도 있지만 걱정할 필요는 없다. 이렇게 나타나는 부작용은 몸이 건강한 상태로 돌아오고 있다는 긍정적인 신호이기 때문이다. 그러나 종종 이러한 부작용은 수분 부족 및 전해질 부족이 원인일 수 있으니 주의가 필요하다.

저혈당, 저나트륨, 운동 부족인 경우에도 비슷한 부작용을 유발할 수 있다. 일부는 하루에 조금씩 여러 번 식사하고 간식도 섭취하던 식습관에서 하루 두 끼만 먹는 식습관으로 너무 빨리 전환하여 부작용을 겪기도 한다. 또 우리 몸은 독소가 전신에 손상을 입히는 것을 막기 위해 지방 조직에 독소를 저장한다. 따라서 체중을 감량할 때 지방 조직 내 저장되어 있던 독소 중 일부가 혈류로 방출되기도 한다. 이때 대변, 소변, 호흡, 발한 등 해독 경로가 적절하게 열리지 않으면 해독 과정이 느려질 수 있으며, 이에 따라 부작용이 함께 발생할 수 있다. 몸이 적응하는 동안 겪게 되는 이러한 부작용을 최소화하는 것이 좋다. 방법은 다음과 같다.

- 전해질로 충분한 수분 섭취하기
- 간식은 먹지 않고 단백질과 건강한 지방을 풍부하게 섭취하기
- 매일 몸을 움직이고 충분한 휴식 취하기
- 해독을 촉진하기 위해 적외선 사우나 해 보기
- 바인더 G.I. 디톡스를 섭취해 노폐물 제거와 해독을 돕기, 다른 보충제나 약물은 복용 최소 1시간 전이나 2시간 후에 복용하기

17일 차: 주말 이후 케토시스 상태로 돌아가기

주말 동안 과식을 했거나 단식/식사 일정을 온전히 지키지 못했을 수도 있다. 우선 절제하지 못한 자신을 용서하자. 이때 죄책감을 느끼는 것은 비생산적인 일이다. '지방 단식'이라는 간단한 방법으로 케토시스 상태를 빠르게 회복할 수 있는데, 이는 피딩 윈도우 동안 사용할 수 있는 방법이다. 이를 사용하면 허기나 식탐을 줄이는 동시에 빠르게 정상으로 돌아갈 수 있다. 지방 단식은 IF:45 프로그램에서 하루 동안 진행하는 고지방, 저칼로리 식단이다. 이 기간에는 섭취하는 음식의 80~90%를 지방으로 섭취할 것을 권장한다. 이는 엄밀히 말하면 단식은 아니지만, 이 방법을 이용하면 몸을 케토시스 상태로 만들어 음식을 절제할 때의 생물학적 효과를 모방하는 것과 같은 효과를 낼 수 있다. 섭취할 수 있는 음식은 다음과 같다.

- 고지방 육류 및 생선: 베이컨, 정어리, 연어
- 달걀: 전란과 달걀노른자
- 오일: 코코넛 오일, MCT 오일, 올리브 오일, 아보카도 오일
- 고지방 과일: 아보카도, 올리브
- 케일, 시금치, 주키니와 같은 녹말이 없는 채소를 지방으로 조리한 것
- 견과류 및 견과류 버터
- 고지방, 비 유제품: 전지방 코코넛 밀크와 코코넛 크림
- 음료: 물, 차, 커피

피딩 윈도우 동안 이러한 식품이 포함된 식단을 진행해 보자. 이런 지방 '단식'은 하루 이상은 하지 않도록 한다.

18일 차: 양념 더하기

피딩 윈도우 동안 특정 향신료로 음식에 풍미를 더하면 IF:45 프로그램에 도움이 될 수 있다. 예를 들어 계피는 배고픔을 억제하여 혈당 수치를 낮추는 것으로 나타났다. 차나 커피에 시나몬을 조금 첨가해 보자. 생강은 차와 커피에 첨가할 수 있는 또 다른 향신료이다. 계피와 마찬가지로 혈당 조절 효과가 있다. 넛맥(육두구라고도 알려진 향신료로 매콤하면서도 달콤한 특유의 향내가 있음)은 스무디나 차에 넣어 먹을 수 있는 향신료이다. 잠자리에 들기 전에 넛맥 차를 마시면 마음을 진정시켜 깊은 잠을 자는 데 도움이 된다. 향신료 강황에 들어 있는 커큐민은 오토파지를 촉진하는 데 도움이 되는 것으로 알려져 있다. 또 인슐린을 감소시켜 체중 감량에도 효과적이다. 수프, 스튜, 채소에 강황을 넣어

먹어 보자. 단식 중에 어지럽거나 두통이 생겼다면 염분 섭취가 부족하다는 뜻일 수 있으므로 음식에 소금을 뿌려서 먹을 것을 권한다. 매일 먹는 음식에는 소금을 약간씩 넣는 것이 좋다.

19일 차: (아직 시작하지 않았다면) 유제품 프리 식단 시작하기

유제품은 소화 장애부터 체중 증가에 이르기까지 다양한 문제를 유발할 수 있는 식품이다. 유제품이 문제가 되는 이유는 무엇일까? 몇 가지 이유가 있다. 유제품은 다음과 같은 영향을 준다.

- 인슐린을 증가시킬 수 있다.
- 염증을 유발할 수 있다(복부 팽만감과 같은 증상을 유발할 수 있음).
- 소에게 투여하는 합성 재조합 소 성장 호르몬rBGH과 항생제에 노출될 수 있다.
- 정상적인 양을 섭취할 땐 노화 방지 효과가 있지만 많은 양을 섭취할 경우 일부 유형의 암 발병 위험이 증가할 수 있는 성장 인자 IGF-1을 증가시키며 수명 단축에도 영향을 준다.

유제품은 모르핀과 유사한 화합물을 함유하고 있다. 우유를 소화시킬 때 카제인이라는 우유 단백질이 카소모르핀(모르핀 유사 단백질)으로 분해되어 혈액-뇌 장벽을 통과하고 도파민 분비를 촉진한다. 도파민은 우리 몸에서 식욕을 촉진하는 보상/쾌락을 느끼게 하는 화학 물질이다. 유제품을 '유제품 크랙(담배 형태의 코카인 변형 마약으로 값이 저렴한 것이 특징이다)'이라고 부르는 이유도 바로 이 때문이다.

수년 동안 나는 생 유제품이나 가끔 아이스크림을 먹는 것을 제외하고는 유제품을 거의 섭취하지 않고 있다. 유제품을 모두 끊고 난 후에 몇 년 동안 감량하고 싶었던 폐경주변기에 찐 살 2kg 이상을 감량할 수 있었다. 처음 몇 주 동안은 힘들었지만, 유제품을 먹지 않으니 생활이 훨씬 편해졌다고 확실히 말할 수 있다. 가끔 고품질 목초 사육 버터와 기 버터를 사용하긴 하지만, 3년 동안 유제품을 먹지 않다 보니 이제는 유제품이 전혀 당기지 않게 되었다.

견과류 밀크는 일반 우유보다 맛있고 훨씬 더 건강한 대체 식품이다. 유제품 외에도 글루텐, 가공 설탕, 곡물, 알코올 등을 함유한 식품은 대표적인 염증 유발 식품이다. 이러한 식품은 발진, 피부 변화, 관절통, 두통, 피로, 수면 장애, 복부 팽만감, 호흡 변화, 소화 장애를 유발할 수 있다. 먹은 뒤 불편함을 느낀 음식이 있었다면 해당 음식을 끊어 보고 어떤 일이 일어나는지 살펴보는 것도 좋은 방법이다. 자신에게 맞는 방법을 찾아보자.

20일 차: 숙면 취하기

수면 시간이 길어질수록 단식 기간은 점점 짧아진다. 충분한 수면을 취하면 식욕과 배고픔 호르몬을 억제하는 데도 도움이 된다. 하지만 수면 부족으로 어려움을 겪고 있다면 지금 당장 실천할 수 있는 몇 가지 방법을 소개하겠다.

- 중추 신경계에서 주요 억제 신경 전달 물질로 작용하는 뇌의 아미노산인 생체 동일 가바GABA(감마 아미노부티르산) 보충제를 먹어 보자. 이는 신체에 중요한 진정 작용을 하며 스트레스와 불안을

해소하는 데도 도움이 된다. 피딩 윈도우가 끝나기 직전 저녁에 가바 200㎎을 섭취해 보자.

- CBD 오일. 뇌와 신체를 자연적으로 진정시키는 효과가 있으므로 좋은 수면 촉진제 역할을 한다. 뇌가 제대로 셧다운 되지 않는다면 시도해 볼 만한 방법이다. 또 염증도 감소시킨다. 다른 천연 수면 보충제로는 다음이 있다.
- L-테아닌 또는 홍경천 같은 자양 강장 허브
- 저녁 식사에 건강한 전분 탄수화물 한 끼 제공량 추가
- MCT 오일 1티스푼을 섭취하고 수면에 도움이 되는지 확인하기 (내 고객들은 이 방법을 사용한 뒤 수면의 질이 향상되었다고 말한다)

잠을 잘 자게 될 때까지 단식을 중단하거나 단식 기간을 줄여 보자. 사이클링을 할 때 적절한 단식 권장 사항을 따르고 있는지 확인하라.

CBD 오일 선택 방법

시중에 나와 있는 제품은 선택의 폭이 너무 넓어 CBD 오일을 고르기가 쉽지 않다. 다음의 설명을 참고하면 도움이 될 것이다. CBD 오일은 CBD 분리 오일, 전체 스펙트럼 CBD 오일, 광역 스펙트럼 CBD 오일로 나뉜다.

CBD 분리 오일은 삼(대마 식물)의 다른 화합물로부터 분리된 가장 순수한 형태의 CBD이다. CBD 분리 오일에는 오일이 추출되는 삼의 활성 성분 중 하나인 THC가 들어 있지 않아야 한다.

전체 스펙트럼 CBD에는 THC를 포함하여 삼에서 자연적으로 이용

할 수 있는 모든 화합물이 포함되어 있다. 삼에서 추출한 전체 스펙트럼 제품에서 THC 함량은 건조 중량의 0.3%를 넘지 않는다. 꽃을 오일로 추출하면 THC 수치가 상승한다. 광역 스펙트럼 CBD에는 모든 자연 발생 화합물이 포함되어 있지만 THC가 들어 있지 않거나 아주 소량의 THC만 들어 있다.

광역 스펙트럼 CBD 오일은 일반적으로 고품질이다. 그렇다면 어떤 것을 선택해야 할까? 칸나비노이드 및 기타 화합물과 시너지 효과를 발휘하는 대마초 식물의 모든 효능을 누리고 싶다면 전체 스펙트럼 CBD 오일을 선택하면 된다. 플라보노이드와 기타 유익한 식물 화합물의 효능은 누리고 싶지만 THC는 들어 있지 않은 오일을 원한다면 광역 스펙트럼 오일을 선택한다. 맛과 냄새가 없고 다른 화합물이 들어 있지 않은 오일을 원한다면 CBD 분리 오일이 좋다. 각각의 제품을 다양하게 시도해 보고 그중 어떤 것이 가장 마음에 드는지 알아보는 것도 방법이다. 일부 제품은 특히 수면과 불면증에 도움이 되도록 만들어졌다.

21일 차: 초콜릿 먹기

카카오 함량이 70% 이상인 다크 초콜릿은 IF:45 프로그램에서 먹을 수 있는 간식 중 가장 건강에 좋은 간식이다. 다크 초콜릿은 다음과 같은 효능이 있다.

- 철분, 마그네슘, 망간, 포타슘, 아연을 포함하여 풍부한 미네랄을 함유하고 있다.
- 건강한 지방산이 풍부하다.
- 〈케미스트리 센트럴 저널Chemistry Central Journal〉의 한 연구에서는

카카오를 '슈퍼 과일'이라고 소개할 정도로 항산화 물질이 가득하다.

· 카카오에 들어 있는 페놀 화합물은 간세포와 심장의 오토파지 작용을 자극한다.

다크 초콜릿의 섭취를 늘리고 식단에 카카오를 추가해 보자.

22일 차: 정체기 타파하기

때로는 최선을 다해 노력해도 더 이상 체중이 줄지 않는 정체기에 부딪힐 수 있다. 지금 정체기를 겪고 있다면 이를 극복할 수 있는 6가지 방법을 소개하겠다.

과도한 운동을 중단하라. 일주일에 며칠씩 격렬한 유산소 운동을 하고 있거나, 잠도 충분히 자지 못해 스트레스가 많은 상황이라면 우리 몸은 지방 저장 모드로 전환될 가능성이 크다! 이는 우리가 원하는 것과 정반대의 결과를 가져온다. 과도한 운동은 호르몬에 지나친 부담을 주어 인슐린과 혈당 조절에 영향을 미치는 코르티솔을 과하게 생성하여 체중 증가와 같은 원치 않는 결과를 초래할 수 있다. 우리 몸을 친절하게 다루면 몸도 그에 따라 반응할 것이다.

매일 의도적으로 활동량을 늘리되, 운동 강도는 줄여 보자. 전날 몸에 충분한 영양분을 공급하고 충분한 수면을 취한 후에는 고강도 운동을 재개할 수 있다. 매일 강도 높은 유산소 운동을 하기보다는 걷기, 요가, 필라테스, 근력 운동에 집중하자. 이렇게 하면 스트레스 반응 역시 낮아질 것이다.

충분한 칼로리를 섭취하라. 칼로리 제한이 체중 감량에 도움이 되는 것 같지만, 너무 지나치면 오히려 독이 될 수 있다. 실제로 여성들과 이야기를 나눠 보면 체중 감량을 위해 지나치게 칼로리를 제한한다는 것을 알 수 있다. 많은 이들이 날씬해지기 위해 하루에 800~1,000칼로리 정도로 섭취량을 줄인다고 한다. 하지만 이렇게 극단적인 칼로리 제한은 우리 몸이 굶고 있다고 생각해 이에 저항하기 위해 지방을 저장하려는 상태로 바뀐다. 매일 충분한 양의 다량영양소를 섭취하는 것은 매우 중요한 일이다. 끼니마다 단백질과 건강한 지방을 섭취하되 탄수화물은 주의해서 섭취하자. 이것이 체지방을 줄이고 건강한 체중을 유지하며 수명을 늘리는 비결이다.

수면에 신경 써라. 매일 7~9시간씩 푹 자는 것이 중요하다. 성장 호르몬은 밤에 가장 많이 분비된다. 이 호르몬은 몸을 치유하고 근육을 발달시키는 데 도움이 된다. 충분한 수면을 취하지 못하면 성장 호르몬이 분비되지 않는다. 새벽 2시에서 4시 사이 자다가 깨는 상황이 빈번하다면 체중 감량에 중요한 수면이 부족한 것이라 할 수 있다. 이렇게 자다가 깨는 것은 혈당 조절이 잘 안 되고 호르몬 조절 장애, 갈망 craving, 식욕 문제가 있다는 뜻이다.

스트레스를 관리하라. 코르티솔이 과다하면 몸이 지방 조직을 유지하는 상태가 될 수 있다. 스트레스에 대응하기 위한 행동 계획의 우선순위를 정해야 한다. 마음 챙김, 명상, 일기 쓰기, 치료 등 어떤 것이든 일상에서 실천하며 스트레스를 제대로 관리해야 한다.

피딩 윈도우를 단축하라. 모든 사람의 신진대사는 생물학적 개인

차가 있으며, 사람마다 목표에 도달하는 데 걸리는 시간이 다를 수 있다. 식사 시간을 17:7 또는 18:6으로 변경해 보자. 이렇게 하면 체중 감량을 자극하는 데 도움이 된다.

기다려라. 때로는 아무런 이유도 없이 지방이 빠지지 않을 때가 있다. 몇 주 동안 체중이 정체되었다가도 뚜렷한 원인 없이 다시 감소할 수 있다. 인내심을 가지고 자신에게 여유를 주면서 계속 단식을 진행하자. 중간에 포기하지 말자.

23일 차: 단백질 단식에 도전하기

단식에 변화를 주는 것도 중요한 일이다. 다양성이 핵심이다. 일상에서 간헐적 단식을 하는 것만으로도 이미 우리 몸은 독소와 과도한 호르몬을 스스로 제거할 수 있게 된다. 이제 '단백질 단식'을 통해 이를 조금 더 강화해 보자. 단백질 단식은 단백질 섭취량을 약간 줄여서 신체가 다른 방법으로 에너지를 사용하고 최고의 운동 능력을 발휘할 수 있도록 하는 방법이다. 단백질 단식은 오토파지 작용을 돕고 체지방 감소에 도움을 준다. 오늘은 단백질 단식을 시도해 보자. 하루에 15~25g 이하로만 단백질을 섭취하자(채소를 포함한 모든 단백질 공급원을 포함). 단백질 단식을 하는 날은 지방이 많이 포함된 음식을 먹고, 탄수화물도 평소보다 많이 섭취하도록 한다.

24일 차: 피로 해소하기

간헐적 단식을 하게 되면 일반적으로는 피로감을 거의 느끼지 않게 된다. 하지만 사람마다 체질이 다르기 때문에 어떤 날은 피곤함을 느낄 수도 있다. 이는 흔한 증상이므로 이것 때문에 간헐적 단식을 그만둬야 할지 고민하지 않아도 된다. 피로감을 극복하기 위한 몇 가지 팁을 소개한다.

- 충분한 수분을 섭취하고 전해질은 빼먹지 않는다.
- 지방을 조금 더 먹는 방식으로 다량영양소 구성을 조정한다.
- 매일 밤 7~9시간의 잠을 잔다.
- 단식을 잠시 멈춰 몸 상태가 어떻게 변하는지 확인한다.
- 계속해서 피로가 해결되지 않는다면 의료진과 상담한다.

단식 중에는 항상 월경 주기를 고려해야 한다. 월경 5~7일 전에는 단식하지 않는다.

25일 차: 마음 챙김 활동에 참여하기

오늘은 시간을 내서 요가, 자연 산책, 필라테스, 수영, 스트레칭, 야외 놀이와 같은 '마음 챙김 운동'을 해 보자. 몸을 움직이면서 어떤 느낌이 드는지에만 주의를 집중한다. 이렇게 하면 걱정과 스트레스를 떨쳐 버릴 수 있고, 특히 모든 것이 통제 불능인 것처럼 느껴질 때 평화를 찾을 수 있다. 운동하는 동안 움직이고, 숨 쉬고, 느끼는 방식 등 자신이 통제할 수 있는 부분을 찾아보라. 매번 고강도 운동을 할 필요는 없다. 또 단식 중에 평소에 하던 운동을 하기 어려웠다면 운동 강도를 낮추는 것도 좋은 방법일 수 있다.

26일 차: 피딩 윈도우 동안 자양강장제 먹기

자양강장제는 신체가 스트레스에 자연적으로 대처할 수 있도록 도와주는 허브이다. 스트레스는 다양한 형태로 나타나는데 이때 호르몬이 최적의 기능을 발휘할 수 있도록 돕는 것이 가장 좋다. 이러한 자양강장 허브는 신체가 필요로 하는 것을 지원한다. 나는 개인적으로 홍경천과 아슈와간다 외에도 마카, 오미자, 영지버섯을 좋아한다. 특히 마카는 피딩 윈도우 동안 섭취하면 매우 효과적이다.

마카는 내가 가장 좋아하는 자양 강장 허브 중 하나다. 순무와 비슷한 덩이줄기(영양소 저장을 목적으로 식물의 줄기 부피가 커진 형태)의 일종으로 방울양배추, 콜리플라워, 브로콜리와 같은 브라시카과 채소다. 페루가 원산지이며 페루 인삼으로 불리기도 한다. 마카에는 놀라운 효능이 있어 진정한 슈퍼 푸드로 알려져 있다.

마카는 여성 호르몬 균형에 효과적이며 이에 따라 IF:45 프로그램에도 효과적이다. 갑상샘, 난소, 부신 간의 소통을 조율하는 데 관여하는 시상 하부-뇌하수체-부신 축[HPA] 기능을 돕는다. 이러한 기관은 폐경과 폐경 전후를 겪고 있는 여성들에겐 특별한 주의가 필요하다. 마카는 강장 허브일 뿐만 아니라 혈당 조절에도 도움이 될 수 있다. 또 에너지와 성욕 수준을 개선시키기도 한다.

마카에는 마그네슘, 아연, 칼륨, 철분과 같은 비타민과 미네랄이 풍부하고 식물성 스테롤과 지방산이 풍부하다. 이 모든 성분은 에너지 조절, 포만감, 숙면에 좋다. 마카를 보충하거나 많은 양의 보충제를 먹기 전에 특수 건조 소변 및 타액 검사인 DUTCH 검사를 받는 것도 좋다. 이 검사는 어느 정도 나이대가 있는 사람에게 추천한다. 이 검사를 받으면 성호르몬, 코르티솔, DHEA, 멜라토닌 등의 대사를 직접 눈으로 확인할 수 있다. 이에 따라 건강 상태에 대한 전체적인 그림을 그려

볼 수 있고 개인의 라이프 스타일, 영양 문제, 단식과 관련된 최선의 접근 방법을 결정하는 데 도움이 될 수 있다.

27일 차: 남는 시간 잘 활용하기

생각해 보지 않았겠지만, 그동안은 하루의 많은 부분이 식사, 특히 매일 먹는 세끼 식사와 간식을 먹는 데 집중되어 있었을 것이다. 많은 사람이 식사 시간을 중심으로 하루를 계획하고 움직여 왔다. 간헐적 단식을 하면 일과 시간 대부분을 먹지 않기 때문에 식사 시간에 맞춰 일정을 짤 필요가 없다. 처음에는 시간이 많이 남아서 어떻게 그 시간을 채워야 할지 몰라 어색하게 느껴질 수도 있다. 하지만 다르게 생각하면 이제 여유 시간이 더 많아진 것이다! 다양한 신체 활동, 명상, 자기 관리 활동(마사지, 피부 관리 등), 친구나 가족과 함께 보내는 좋은 시간, 미뤄 두었던 프로젝트 등 이전에는 시간이 부족해 할 수 없었던 식사 이외의 활동으로 시간을 채울 수 있으니 충분히 활용해 보자.

28일 차: 사골 국물 준비

사골 국물(또는 채소 국물)은 소화기 및 면역 건강에 필수적인 마이크로바이옴에 강력한 영향을 미치기 때문에 IF:45 프로그램에서 중요한 역할을 담당한다. 사골 국물은 미네랄과 콜라겐이 풍부하고 허기를 조절하는 데 도움이 된다. 오래 끓일수록(12~24시간) 더 많은 콜라겐을 얻을 수 있다. 오늘 사골 국물을 만들어서 냉장고에 보관해 보자. 오랜 기간 먹을 수 있도록 냉동 보관해도 좋다. 시간이 촉박하다면 미리 만들어진 사골 육수를 구매해도 된다. 유기농 및 유전자 변형 성분이 없는지 확인하는 것을 잊지 말자.

29일 차: 24시간 단식하기

24시간 동안 음식을 먹지 않는 단식이다. 나는 한 달에 한 번씩 이 방법을 실행하고 있다. 이 방법에 성공하려면 전날 단백질, 건강한 지방, 탄수화물로 적절한 칼로리를 섭취해 두어야 한다. 수분을 충분히 섭취하는 것도 중요하다. 나는 특히 휴가나 파티를 다녀온 후 몸에 '리셋'이 필요하다고 느낄 때 항상 이 방법을 사용한다. 개인적으로는 저녁부터 다음 날 저녁까지 단식하는 것이 가장 쉽지만, 언제부터 언제까지 단식할지는 전적으로 자신의 상황에 맞게 결정하는 것이 좋다. 그러나 다시 한번 강조하지만, 단식할 준비가 되지 않았다면 너무 오랜 시간 단식하는 것은 권하지 않는다.

30일 차: 식사에 천연 당분 추가하기

지금쯤이면 여러분 모두 정제 설탕을 끊었기를 바란다. 설탕은 가공식품에 많이 함유되어 있으며 중독성이 강하고 염증을 일으킬 수 있는 물질이다. 또 간과 같은 주요 해독 기관에 해를 끼쳐 신체가 스스로 해독하는 능력을 방해한다. 인슐린 저항성, 제2형 당뇨병, 비만, 심장병, 염증성 질환인 알츠하이머병의 원인이 되기도 한다. 그것도 모자라 설탕은 당화 반응이라는 과정을 증가시켜 노화를 가속하는데, 이는 당 분자가 단백질 분자와 결합하여 주름을 유발하고 피부의 콜라겐과 엘라스틴을 분해하는 것을 말한다.

좋은 소식은 과일에 함유된 천연 당분만 섭취해도 충분한 당분을 섭취할 수 있다는 것이다. 다음은 설탕 함량이 낮은 과일이다. 섭취량에 주의하고 약간의 단백질이나 건강한 지방과 균형을 맞춰 먹어 보자. 하지만 인슐린 저항성이 있고 신체가 탄수화물을 제대로 연소하지 못할 때(대사 유연성이 떨어지는 경우)는 설탕을 피하거나 섭취량을 아주 적게 유지하는 것이 좋다.

- 핵과류(크고 단단한 씨가 중심에 들어 있는 과일로 복숭아, 자두, 살구, 체리 등을 말함)
- 베리류
- 사과류
- 감귤류

31일 차: '잘한 날, 더 잘한 날, 최고의 날' 사고방식

나는 꾸준한 발전이 중요하다고 생각하는 사람이다. 이것이 바로 '잘한 날, 더 잘한 날, 최고의 날'의 사고방식이 필요한 이유다. 이상적으로는 매일 운동을 하고, 가족을 위해 건강한 식사를 준비하고, 완벽한 단식과 식사 시간을 구축하며, 하루의 모든 업무를 완수하는 것이 좋다. 하지만 인터넷이 다운되거나, 갑자기 모임이 생겼거나, 아이에게 문제가 발생했거나, 식사를 준비할 시간이 없는 등 다양한 문제들이 발생하기 마련이다. 나는 이럴 때마다 '좋은, 더 나은, 최고'의 사고방식을 갖는 것이 좋다는 사실을 배웠고, 이를 통해 목표를 고수하면서 계획을 완수할 수 있었다. 자세한 방법은 다음과 같다.

최고의 날은 완벽하게 모든 것을 지킨 날이다. 단식, 운동, 건강한 식사 준비 및 섭취, 직장과 가족과의 약속 지키기, 제시간에 잠자리에 드는 것까지 모든 일정을 완벽하게 소화한 날을 말한다. 심지어 휴식을 취할 시간도 있다.

더 잘한 날은 모든 것을 완벽하게 지키지는 못한 날을 말한다. 운동을 건너뛰거나, 건강한 포장 음식을 주문하거나, 약속을 다른 날로 미루기도 한다. '최고의' 날은 아니지만 최선을 다했고 여전히 정상 궤도에 올라와 있다.

잘한 날은 아무것도 제대로 지키지 못한 날을 말한다. 다른 것은 다 못 지키고 식단만 건강하게 먹었거나, 한 시간이 아니라 15분만 운동을 했을 수도 있고, 아예 운동을 하지 못한 날일 수도 있다. 자신을 토닥여 주자. 그래도 무언가 성취했으니 괜찮다. 실패했다고 생각하지 말자! 여러분에게는 여전히 앞으로 나아갈 추진력이 있다.

어떤 이유로든 그동안 지켜 왔던 건강한 습관을 아주 포기하거나 아무것도 지키지 못한 날이 있을 수 있다. 그렇다 하더라도 앞으로 나아가는 것을 완전히 멈춘 것은 아니다. 항상 새로운 날이 기다리고 있다.

이러한 마음가짐은 내 고객과 마스터 클래스 참가자에게도 효과가 있었다. "저는 1년 동안 간헐적 단식을 해 왔지만, 잘한 날, 더 잘한 날, 최고의 날 방법을 이용하고 나서야 꾸준히 할 수 있었어요. 그 결과 장기적으로는 뇌가 더욱 건강해졌죠. 제가 원하던 결과예요. 정신이 더 맑아지고 삶에 대한 기분과 태도가 그 어느 때보다 긍정적으로 바뀌었어요."

이러한 사고방식이 주는 가장 큰 장점은 자신을 마비시킬 수 있는 완벽주의 모드에서 벗어날 수 있다는 것이다. 또한 '전부 아니면 전무'라는 사고방식에서 벗어날 수 있다. 많은 사람이 항상 100%를 다하지 못하면 실패한 것으로 생각하며 좌절하기도 하고 모든 계획을 아예 포기해 버리기도 한다. 하지만 IF:45에는 엄격한 규칙이 없으며, 매일을 잘한 날, 더 잘한 날, 최고의 날로 평가할 뿐이다. 물론 '최고의 날'이 가장 이상적이지만, '더 잘한 날'도 여전히 예전보다 나은 날이고, '잘한 날' 역시 여전히 발전하고 있다는 뜻이다. 우리가 받아들일 수 없는 선택지는 포기뿐이다.

32일 차: 피부 보호 및 디톡스하기

IF:45 프로그램으로 몸을 가꾸면서 피부 관리 루틴에도 변화를 주어 환경 독소와 제노에스트로겐으로부터 피부를 보호하는 방법에 대해 이야기해 보자. 피부는 엄밀히 말하면 우리 몸에서 가장 큰 장기 중 하나다. 피부는 다공성이기 때문에 크림, 로션, 향수, 데오도란트, 샴푸, 컨디셔너, 매니큐어 등 우리가 바르는 모든 제품과 이러한 제품에 포함된 모든 화학 물질과 독소를 흡수한다. 많은 제품에는 체내 에스트로겐과 유사하게 작용하거나 영향을 미치는 제노에스트로겐이 포함되어 있어 호르몬의 불균형이 일어날 수 있다. 이러한 화학 물질은 수천 가지가 있으며 그 수는 놀라울 정도로 많다. 따라서 건강한 식단을 위해 음식을 고를 때와 마찬가지로 피부 관리 제품을 고를 때도 독한 화학 물질이나 인공적인 성분이 없는 천연 성분을 찾아야 한다. 오늘부터 독소와 호르몬 교란 물질로부터 몸을 보호하기 위해 스킨케어 루틴을 바꾸어 보자. 몇 가지 방법을 소개한다.

- 독소와 싸우기 위해 항염증 식단(글루텐, 곡물, 유제품, '가공 당류 제한)을 고수하라.

- 양질의 수면을 우선으로 하고 부드러운 베갯잇과 편한 잠옷, 안대를 사용한다.
- 코코넛 오일 기반 제품을 사용해 클렌징, 보습, 메이크업 지우기 등 피부 관리와 머릿결 관리를 한다.
- 애플 사이다 비니거를 사용해 유해 박테리아가 있는 피부를 정화한다.
- 천일염으로 홈메이드 페이셜 스크럽을 만들어 각질을 제거한다.
- 아침 저녁으로 일관된 피부 관리 방법을 실천한다. 피부는 규칙적인 루틴을 좋아한다! 나는 세안제, 아이 크림, 로션, 비타민 세럼을 사용하고 격주로 각질 제거를 하는데, 모두 독소나 해로운 화학 성분이 없는 순한 제품을 사용한다.

33~34일 차: 렙틴 저항성 해결하기

렙틴 저항성은 중요한 건강 문제이기에 이 주제는 이틀에 걸쳐 다루도록 하겠다. 렙틴 저항성과 인슐린 저항성은 종종 함께 나타나는 경우가 많다. 인슐린 저항성과 마찬가지로 시간이 지남에 따라 신체가 렙틴을 너무 많이 생산하게 되면 렙틴에 둔감해질 수 있다. 다음은 렙틴 저항성일 수 있는 몇 가지 징후이다.

- 뱃살
- 높은 혈당 수치
- 높은 역 T3(갑상샘 호르몬 T3의 비활성 형태. 역 T3가 높으면 신진대사가 저하되어 체중이 증가할 수 있다. 역 T3가 높을 때 나타나는 증상으로는 피로, 우울감, 저혈압, 정상보다 느린 맥박수 등이 있다)

- 에너지 부족
- 식사 후 포만감을 느끼지 못함
- 체중이 줄지 않고 정체 상태에 있음
- 달콤한 음식에 대한 갈망

간헐적 단식을 포함하여 렙틴 민감성을 완화하는 데 도움을 주는 다양한 방법이 있다. 예를 들면 다음과 같다.

- 마그네슘을 포함한 전해질을 물에 타서 마신다.
- 하루 30분 운동을 하거나 몸을 움직이는 것을 목표로 한다.
- 독소가 들어 있지 않은 음식과 제품을 사용한다.
- 간식을 먹지 않고 저녁 식사 후에는 먹지 않는다.
- 유기농, 목초 사육 식품 및 유전자 변형 식품이 아닌 식품을 섭취한다.
- 정제 설탕을 먹지 않는다.
- 건강한 지방을 섭취한다.
- 장 건강과 적절한 배설 방법에 신경 쓴다.
- 단백질이 풍부한 식단을 구성한다.
- 저탄수화물 식단을 유지한다.
- 식단에 항염증 식품을 포함한다.
- 스트레스를 줄인다.
- 매일 밤 7~9시간 숙면을 목표로 한다.
- 매일 햇볕을 쬐어 비타민 D 수치를 높인다. 이는 항염에 도움이 된다.

35일 차: 체중 외 성취non-scale victories 평가하기

주기적으로 체중을 재는 것 자체는 큰 문제가 없다. 하지만 체중에 집착하지 않는 것이 좋다. 체중계는 특정 날짜, 특정 시점의 체중을 숫자로 보여 주는 것이다. 하지만 더 건강한 삶을 향한 이 여정은 단순히 숫자로만 평가할 수 없다. 체중계에 숫자가 얼마로 나타나느냐보다 생활 습관에 변화를 주어 건강이 얼마나 개선됐는지에 주목하는 것이 더 바람직하다. 이것이 여러분의 노력을 더욱 잘 측정할 수 있는 척도이다. 따라서 오늘은 스스로 다음과 같은 질문을 던져 체중 외 성취를 평가해 보길 바란다.

작아서 입지 못했던 옷이 잘 맞는가?

자녀나 애완동물과 놀아 주거나 정원을 가꿀 때, 등산할 때 더 활력이 느껴지는가?

수면의 질이 개선되었는가?

정신이 더 명료해지고 집중력이 높아졌는가?

피부가 더 맑아 보이는가?

통증이 줄었는가?

기분이 더 밝아졌는가?

지나친 식욕이 사라졌는가?

의료 지표(혈압, 혈당, 지질 등)가 개선되었는가?

이러한 질문에 대부분 긍정적으로 답할 수 있다면, 다시 한번 결심을 굳히고 지금까지 해 온 단식을 통해 건강이 개선되었다는 확신을 갖길 바란다.

36일 차: 단식의 영성 활용하기

간헐적 단식은 정신적, 영적 영역에서 엄청난 힘을 발휘한다. 연구에 따르면 간헐적 단식을 하는 사람들은 단식을 하는 동안 일반적이지 않은 수준으로 정신이 맑아지는 경험을 한다. 음식을 먹지 않으면 뇌가 독성 찌꺼기를 청소하는 데 도움이 되고 나이가 들어감에 따라 치매 예방에도 도움이 될 수 있다. 앞서 말했듯이 단식은 항염증 작용을 하며, 이는 뇌 기능에도 직접적인 영향을 끼친다. 또 간헐적 단식은 미토콘드리아의 성장을 촉진하여 인지 기능을 향상시킨다. 영적 이유로 단식을 하는 사람들은 단식을 통해 놀라운 통찰력과 환상을 본다고도 말한다. 그러니 오늘은 매일 몸에 음식을 주입하던 일상에서 벗어나 삶의 방향이나 목표 달성과 같은 더 큰 그림에 집중해 보자.

37일 차: 감사하는 마음 키우기

감사하는 마음에는 긍정적인 힘이 있다. 랄프 왈도 에머슨Ralph Waldo Emerson(미국의 시인이자 사상가)은 다음과 같이 말했다. "자신에게 오는 모든 좋은 일에 감사하는 습관을 기르고, 지속적으로 감사하는 습관을 기르라. 그리고 모든 것이 당신의 발전에 이바지했으므로 모든 것에 감사하라." 그렇다면 이 의식과 습관을 어떻게 만들 수 있을까? 몇 가지 방법을 추천하겠다.

- 감사 일기를 쓴다. 일기를 쓸 시간이 없다고 생각할 수도 있지만 실제로는 그렇지 않다. 매일 감사한 일 세 가지를 적기로 결심하기만 하면 된다. 비가 오지 않고 날이 맑았던 것, 버스를 놓치지 않은 것 같은 평범한 내용도 괜찮다. 그 자체로 큰 힘이 된다!

- 네덜란드 철학자이자 랍비였던 바뤼흐 스피노자^{Rabbi Baruch Spinoza}의 조언을 따르라. 스피노자는 매일 스스로 다음 세 가지 질문을 던져야 한다고 말했다. (1)오늘 나에게 영감을 준 사람은 누구인가? (2)무엇이 오늘 나에게 행복을 가져다주었는가? (3)무엇이 오늘 나에게 위로와 깊은 평화를 가져다주었는가?
- 일기에 답을 적고 깊게 생각해 보자.
- 단식 후 식사 시간이 시작되면 음식이 주는 선물 그 자체와 음식이 내 몸에 영양을 공급하는 방식에 순수하게 감사하는 마음을 가져 보라.
- 긍정적인 마음가짐을 유지하라. 오늘 이 문장을 마무리하라.
- 나는 _____ 하므로 스스로가 자랑스럽다.

11장 3단계: 조정(38~45일 차)

이제 마지막 주로 접어들었다. IF:45 프로그램의 마지막 주, 즉 조정 단계다. 이 단계에서는 간헐적 단식을 새로운 차원으로 끌어올리고, 몇 가지 고급 변형을 시도해 보겠다. 예를 들어 하루 동안 아무것도 먹지 않는 장기 단식을 시도해 보는 것이다. 장시간 단식은 빠른 체중 감량과 같은 간헐적 단식의 이점을 극대화할 뿐만 아니라 혈당 조절 개선, 성장 호르몬 증가와 같은 건강 지표에 더 큰 변화를 가져온다는 연구 결과가 계속 축적되고 있다. 또 단식을 하게 되면 그렐린(식욕 촉진 호르몬)이 감소하는데 단식 기간이 길어질수록 배고픔을 덜 느낀다고 한다. 일부 사람들은 장시간 단식을 하면 기분이 좋아지는 엔도르핀이 솟구친다고 보고하기도 했다. 이것이 아마도 장기 단식이 정신적, 종교적 역사를 가진 이유일 것이다.

이와 같은 결과는 다른 연구에서도 입증되었다. 〈플로스 원PLOS ONE〉에 발표된 최근의 한 연구는 1년간 1,400명 이상의 사람들을 추적 관찰했다. 참가자들은 4일에서 21일 사이의 단식 기간으로 구성된 프로그램에 참여했다(이 연구에서 '단식'은 일일 칼로리 섭취량을 200~250칼로리로 낮추는 것을 의미함). 연구 결과, 단식 기간에 따라 체중, 허리둘레, 혈압이 유의미하게 감소하고 혈중 지질(콜레스테롤 및 중성 지방)과 혈당 조절 기능이 개선된 것으로 나타났다. 기존에 건강 문제를 앓고 있던 404명 중 84%가 개선 효과가 있었다고 보고했다. 가장 놀라운 점은 참가자의 93%가 신체적, 정서적 웰빙이 증가했으며 배고픔이 사라졌다고 답했다는 것이다.

그러나 장기 단식이 모든 사람에게 적합한 것은 아니다. 이 연구의 요점은 단식이 가지고 있는 긍정적인 이점을 강조하는 것이었다. 연구진은 '4일에서 21일 사이의 주기적인 단식은 안전하고 견딜 만하다'는 결론을 내렸다. 이런 과학적 연구 결과 외에도 실제로 내 마스터 클래스 참가자들 역시 장기 단식을 쉽게 해냈다.

테일러가 좋은 예이다. 조정 단계쯤 접어들었을 때 테일러는 '아무런 문제 없이 장기 단식을 할 수 있었고, 그 이유 중 하나는 스스로 신체적, 정서적, 정신적 측면에서 모두 더 나은 방향으로 변화했기 때문'이라고 말했다. 특히 테일러는 옆구리살의 80%가 빠졌고 4kg 가까이 체중을 감량했으며, 과거에 자신을 괴롭혔던 피로감이 더는 느껴지지 않는다고 말했다. 조정 단계에서 기대할 수 있는 결과는 다음과 같다.

- 더 많은 지방 감소
- 오토파지 증가
- 식욕 감소
- 인슐린 감수성 향상
- 호르몬 균형 개선
- 염증 감소
- 정신적 명료성 향상

38일 차: 단식 일수에 변화 주기

우리 몸도 사람처럼 똑같은 일상에 지루함을 느낀다. 따라서 때때로 몸에도 변화가 필요하다. 이런 변화를 통해 우리 몸은 단식을 계속하고 있다고 인지하며 단식에 더욱 잘 반응하게 된다. 오늘부터 다음 주까지 다음과 같이 일정을 잡아 보길 바란다.

- 정기적인 간헐적 단식 5일
- 장기 단식 하루(24시간 이상을 목표로 한다)
- 마음껏 먹는 날 하루

마음껏 먹는 날은 피딩 윈도우를 늘리고 음식을 더 많이 섭취하는 날이다. 폭식하는 날로 혼동해 주방에 있는 모든 음식을 먹을 생각은 하지 않길 바란다. 대신 12시간의 단식 시간 동안 평소처럼 두 끼 또는 한 끼(평소 단식 일정에 따라 다름)를 먹지 말고 세 끼를 먹는다. 특히 근력 운동을 하는 경우 식사와 함께 고구마, 콩, 렌틸콩 등의 전분질 탄수화물을 섭취한다. 풍부한 식단은 우리 몸이 굶주리고 있지 않다는 것을 상기시켜 준다.

39일 차: 안전하게 패스팅 윈도우 연장하기

장기 단식에서 한 가지 중요한 점은 조금 더 세심한 관리가 필요하다는 것이다. 위에서 권장한 대로 24시간을 초과하는 단식도 아주 안전하게 계획할 수 있다. 어떤 사람들은 30시간, 36시간, 심지어 42시간까지 더 길게 단식을 유지하기도 한다. 하지만 장기간 단식을 할 때는, 특히 당뇨병, 고혈압 또는 다른 만성 질환으로 인해 약을 복용 중이라면 의사와 상담하는 것이 좋다. 그런 다음 징후를 주의 깊게 관찰하라. 몸이 아프거나 쇠약해지거나 쓰러질 것 같은 느낌이라면 단식을 중단하고 담당 의사와 상담하는 것이 좋다. 바쁘게 생활하고 정상적인 일상을 유지하라. 배고픔을 억제하고 지방 연소를 촉진하는 데 도움이 되는 커피나 차뿐만 아니라 물과 전해질로 충분한 수분 보충을 하는 것도 잊지 말아야 한다.

40일 차: 강도 높은 운동을 한 날 다량영양소 조정하기

IF:45로 체지방 감량에 성공했다면, 이제 더 높은 강도의 운동으로 근육을 늘리는 데 집중하고 싶어질 것이다. 또는 강도 높은 운동 후 지속해서 에너지가 고갈되는 느낌이 든다면 식단에도 약간의 변화가 필요하다. 이런 상황에서는 다량영양소 구성을 완전히 새롭게 바꿀 필요가 있다. 전문가들은 일반적으로 근육을 단련하는 데 집중할 때 다음과 같은 다량영양소 구성을 권장한다.

탄수화물: 일일 총 칼로리의 40~50%
단백질: 일일 총 칼로리의 30~40%
지방: 일일 총 칼로리의 20~30%

우리는 모두 각기 다른 신체 리듬을 가지고 있다는 것을 기억하자. 다른 사람에게 효과가 좋았다고 해서 반드시 나에게도 잘 맞을 거란 법은 없다. 자신의 체질과 몸이 다양한 다량영양소에 어떻게 반응하는지를 파악하는 것이 중요하다. 다음은 다량영양소 비율을 재구성하고 약간의 변화를 주는 방법에 대한 것들이다.

탄수화물

근육을 단련하고 더 열심히 운동하는 데 집중하고 있다면 탄수화물 섭취량을 늘려 보자. 탄수화물은 특히 근력 운동을 할 때 근육을 최대한 빨리 만드는 아나볼릭 상태를 유지하는 데 도움을 준다. 참고로 나는 여성들에게 근력 운동을 적극적으로 권장한다. 근력 운동은 나이가 들면서 손실되는 골격근을 형성하는 데 효과적이며, 운동을 마친 후에도 오랫동안 칼로리를 소모하는 데 도움이 된다. 또한 뼈를 더 튼튼하게 만들고 인슐린 감수성을 높이는 등 여러 가지 이점을 가지고 있다.

근력 운동은 무산소 운동으로, 주로 글루코스와 탄수화물을 에너지원으로 사용한다. 지방이나 케톤은 사용할 수 없다. 따라서 일주일에 며칠씩 근력 운동을 하고 있는 경우라면 우리 몸은 평소보다 탄수화물을 조금 더 필요로 할 것이다. 하지만 체지방으로 저장되거나 인슐린 문제를 일으키지 않고, 운동 후 적절한 연료 공급과 회복에 필요한 만큼만 탄수화물을 섭취해야 한다. 어떻게 섭취하는 것이 가장 효과적일까? 고구마 1/3컵 또는 작은 고구마 한 개, 겨울 호박 1/3컵, 콩 또는 렌틸콩 1/3컵과 같은 양질의 탄수화물 적정량을 하루에 한 번 섭취하는 것이 좋다.

운동 중 에너지 수준이 어떤지 확인하라. 에너지가 부족하다고 느껴지면 식단에 탄수화물을 추가하는 것이 좋다. 몸이 보내는 신호에 귀를 기울여라. 인슐린 감수성이 좋거나 매우 높은 강도로 근력 운동을 하는 경우, 운동하는 날 탄수화물 섭취량을 상향 조정할 수 있다. 인슐린 민감도가 낮고 운동 강도가 낮은 편이거나 체지방 감량을 목표로 하는 경우라면, 운동하는 날에는 탄수화물 섭취량을 낮은 범위로 유지하자. 탄수화물 섭취량을 조절할 때는 올바르게 선택하는 것이 중요하다. 탄수화물이 함유되지 않은 채소(일부 탄수화물 포함)와 저당도 과일 외에도 근력 운동에 적절한 연료를 공급하는 전분을 선택해 보자. 추가로 먹는 전분질 탄수화물 대부분은 위에서 언급한 것처럼 곡물이나 글루텐 함유 탄수화물보다는 참마, 고구마 같은 뿌리채소, 겨울 호박, 콩과 콩류를 통해 섭취하는 것이 좋다.

단백질

단백질은 신체 조직을 만들고, 복구하고, 유지하는 데 중요한 역할을 한다. 신진대사와 호르몬 체계에 관여하기 때문에 운동 강도가 높을수록 더 많은 단백질이 필요하다. 강도 높은 근력 운동을 하는 경우, 평균적으로 0.5kg당 1g 이상의 단백질을 섭취하는 것이 좋다. 단백질 섭취량은 체중과 운동의 유형 및 기간에 따라 달라진다. 키와 체격에 맞는 건강한 체중이 약 62kg인 경우, 매일 135g 정도의 단백질을 섭취하는 것이 목표가 되어야 한다. 이는 살코기 스테이크, 닭가슴살, 연어 필레 각각 170g에 해당하는 양이다.

지방

지방의 경우, 일반적으로 일주일에 여러 번 근력 운동을 한다면 하루에 체중 0.5kg당 0.4g을 섭취하는 것이 좋다. 체중이 약 62kg인 사람을 예로 들면, 이 사람은 매일 54g의 지방을 섭취해야 하는 것이다. 이는 아보카도 1개와 올리브 오일 약 2큰술에 해당하는 양이다.

41일 차: 두뇌를 강화하는 영양 전략 활용하기

간헐적 단식은 정신을 또렷하게 하고 집중력을 높이며, 브레인 포그 현상을 없애고 알츠하이머병과 같은 신경 퇴행성 질환의 발병 소지를 차단한다는 연구 결과가 있다. 사실 체중 감량이나 건강 지표 개선에 관심이 없더라도 단식이 뇌에 미치는 긍정적인 효과는 놀라운 수준이다.

단식은 인지 기능을 개선할 뿐만 아니라 노화가 뇌에 미치는 영향을 줄일 수 있다. 또 스트레스 저항력을 강화하고 염증을 감소시킨다. 단식은 뇌유래신경영양인자BDNF를 증가시킨다. 단식 기간이 길어질수록 뇌의 퇴행성 질환을 예방하는 데 도움이 되는 BDNF가 더 많이 생성된다. 음식 섭취를 늦추는 간헐적 단식을 하는 것만으로도 소화 기관에 휴식을 줄 뿐만 아니라 머릿속에 든 복잡한 것들을 제거하는 데 도움이 된다.

단식을 통해 에너지가 더 넘치는 경험을 하거나, 평소 오후면 체력이 떨어지던 증상이 사라진 것을 느낄 수 있었을 것이다. 또 목표에 도달하고 계획한 일을 성취하기 위해 더 집중하고 더 의욕적으로 일할 수도 있다. 식사 시간에는 두뇌를 강화하는 식품을 섭취하여 여러 측면으로 두뇌가 건강해지는 데 도움을 줄 수 있다. 오늘부터 다음과 같은 주요 식품을 중심으로 식사 계획을 세워 보라.

- 연어 및 기타 지방이 많은 생선, 호두와 같은 오메가-3 지방산이 풍부한 식품. 오메가-3 지방산은 혈액 순환을 개선하고 신경 전달 물질의 기능을 강화하여 두뇌의 처리와 사고에 도움을 준다.
- 병아리콩과 같은 마그네슘 함량이 높은 식품. 마그네슘은 두뇌의 메시지 전달에 도움이 된다.

- 블루베리는 학습 속도, 사고력 발달, 기억력 유지에 효과적이다.
- 브로콜리와 콜리플라워와 같은 콜린이 풍부한 식품. 콜린은 새로운 뇌세포의 성장을 돕고 나이가 들어감에 따라 지능을 높이는 데 도움이 될 수 있다.

42~44일 차: 30:16 도전하기

1일 1식^{OMAD} 계획이라고 하는 극단적인 시간제한 단식이 있다. 이 단식 방법은 가장 어려운 계획 중 하나이며 적응 기간이 필요할 수 있어서 일반적으로 권장하지 않는 방법이다. 또 한 끼에 모든 영양소를 섭취하는 것도 쉽지 않은 일이다. 따라서 하루 한 끼 식단이지만 3일에 나눠서 하는 기법, 즉 30:16 계획을 시도해 보기를 바란다. 이 방법은 식사 시간을 바꾸는 효과적인 고급 전략이다. 다음 식사가 언제인지 몸이 알아서 판단하도록 하면 긴 단식의 이점을 누릴 수 있다. 방법은 다음과 같다.

- 월요일에 하루 한 끼를 저녁 식사로 먹는다. 저지방 단백질, 건강한 지방, 잎채소 및 기타 녹말이 없는 채소를 되도록 많이 섭취한다. 고구마 또는 콩이나 콩류 1/2컵과 같은 전분질 식물성 탄수화물도 함께 섭취하는 것이 좋다.
- 저녁 식사 후 16시간 동안 단식하고 화요일 오후에 점심을 먹는다. 저지방 단백질, 건강한 지방, 잎채소 또는 기타 녹말이 없는 채소를 섭취한다.
- 점심 식사 후에는 이어서 30시간을 단식하고 수요일 저녁에 저녁 식사를 한다. 저녁 식사는 저지방 단백질, 건강한 지방, 잎채

소 및 기타 녹말이 없는 채소와 전분질 식물성 탄수화물로 구성
할 수 있다.

이 식단을 한 달에 여러 번 반복하면 체중 감량, 체중 유지, 지방 적
응, 인슐린 감수성 향상 및 기타 긍정적인 변화를 바탕으로 건강 지표
에 큰 효과를 볼 수 있다.

45일 차: 변화를 축하하라

간헐적 단식 여정에서 중요한 부분은 신체적, 정서적, 영적으로 변
화한 자신을 축하하는 것이다. 열심히 노력했으니 이제 스스로에게 보
상할 시간이다! 이러한 이정표를 축하하는 가장 좋은 방법은 무엇일
까? 변화를 축하하며 치킨을 시켜 먹으라는 말이 아니다. 걱정하지 마
라. 여러분이 성취한 것을 축하할 수 있는 재미있고 신나면서도 건강
한 방법이 있다. 몇 가지 아이디어를 소개한다.

- 온종일 스파를 받으며 자신을 가꾸는 날을 계획하라.
- 새로운 운동복을 사라.
- 좋아하는 일을 하며 혼자만의 오후를 즐겨 보라. 친한 친구를 만
  나 커피를 마시거나, 지역 미술관을 방문하거나, 자연 속에서 산
  책을 하거나 등산을 가 보자. 새 옷을 쇼핑하거나, 시골로 드라이
  브를 떠나는 등 긴장을 풀고 재충전의 시간을 갖자.
- 새로운 요가, 줌바 또는 댄스 수업에 참여하라.
- 전문가를 찾아가 인물 사진이나 프로필 사진을 찍어 보라.
- 마사지를 받아라.

- 변화된 자신에게 어울리는 새로운 머리 스타일이나 염색을 통해 분위기를 바꿔 보자.

얼마든지 상상력을 동원해 자신의 변화를 축하할 방법을 생각하자.

12장 간헐적 단식
라이프 스타일 유지하기

　마스터 클래스를 진행하면서 고객들에게 들었던 말 중 가장 기억에 남는 것은 체중이 늘었다 줄었다를 반복하면서 성인 생활의 대부분을 다이어트로 보냈던 50세 참가자 일레인이 한 말이다. "저는 간헐적 단식을 계속하고 있어요. 이제 저에게 간헐적 단식은 일상과 같아요. 예전의 식습관으로 돌아간다는 건 상상할 수 없어요. 간헐적 단식은 이제 제 라이프 스타일이 되었고 제 삶을 바꿔 놓았죠."

　여러분 역시 처음은 체중 감량을 위해 IF:45를 시작했을 수 있다. 하지만 일레인이 그랬던 것처럼 간헐적 단식을 통해 다른 많은 장점을 발견했을 것이고 그 장점을 유지하고 싶을 것이다. 연구에 따르면 간헐적 단식은 체중 감량과 유지에 도움이 되지만 그 외에도 다음과 같은 효과가 있다는 사실을 기억하자.

- 에너지 증가
- 식욕 감소
- 브레인 포그 현상 감소
- 신진대사 건강 증진
- 혈압 감소
- 혈당 조절 개선
- 인슐린 감수성 향상

- 호르몬 안정화
- 노화 방지 및 수명 연장

즉, 간헐적 단식은 단순한 체중 감량에만 그치지 않고 건강을 긍정적으로 변화시킨다. 이러한 장점들을 직접 경험해 봤다면 지금쯤 간헐적 단식에 푹 빠져 있을 것이다. 간헐적 단식은 단기적인 효과를 얻기 위한 계획이 아니라 평생 지속할 수 있는 라이프 스타일이다. 지금까지 실천한 간헐적 단식을 통해 많은 변화를 경험하며, 단식을 시작한 것이 가장 잘한 결정 중 하나라고 생각했으면 좋겠다.

우리 조상들은 단식을 통해 진화해 왔기 때문에 우리 몸은 단식에 적응되어 있다. 단식/식사 일정에 따라 활동할 때 신진대사가 더욱 활발하게 작동한다. 현대인이 겪는 대부분의 건강 문제는 너무 많이, 너무 자주 먹어서 생기는 질병들이 많다. 단식은 우리가 음식을 섭취할 수 있는 시간을 제한함으로써 많이 먹어서 생길 수 있는 건강 문제들을 해결한다. 45일간의 간헐적 단식은 이로써 끝났지만, 이는 완전히 새로운 라이프 스타일의 시작이다. 이제 평생 성공적으로 간헐적 단식을 하려면 어떻게 해야 하는지 이야기하도록 하겠다.

미래를 위한 계획 세우기

이제부터는 간헐적 단식을 하나의 라이프 스타일로 받아들이려면 기존과 다른 패턴이 필요할 수도 있다. 평일에는 16:8 모델로 단식을 유지하고 토요일과 일요일에는 하루 세 끼를 먹는 계획을 세울 수도 있다. 또는 주중에 더 긴 시간 집중적으로 단식을 할 수도 있다. 예를 들어 다음과 같은 모델이 있다.

20:4

좀 더 강도 높은 단식을 원한다면 20:4 모델을 시도할 수 있는데, 20시간 단식 후 4시간 동안 식사를 하는 방식이다.

24시간 단식

24시간 단식은 온종일 단식하는 것이다. 24시간 단식을 하는 사람은 대부분 일주일에 한두 번만 단식을 진행한다. 단식하지 않는 날에는 평소처럼 식사한다. 어떤 사람들은 이러한 식습관을 장기간 지속하며 1일 1식 패턴을 실천하는데, 이때 충분한 영양소를 섭취하기만 하면 체중 조절과 전반적인 건강에 매우 유익한 방법이다.

36시간 단식

1일 차 저녁 7시에 저녁을 먹고 2일 차에는 모든 식사를 거르고 3일 차 아침 7시에 아침을 먹는 방식이다.

42시간 단식

이 단식에서는 위의 패턴을 따르되, 3일 차 패스팅 윈도우를 오후 1시까지 연장한다. 간헐적 단식을 생활 방식 속에 활용하는 방법은 여러 가지가 있다. 자신에게 가장 적합한 방법을 찾기 위해 한동안 다양한 패턴으로 실험해 봐야 할 수도 있다. 여기서 중요한 사실은 단식을 더 오래 지속하기 위해서는 의료진과 상담이 필요하다는 것이다.

필요시 단식 계획 중단하기

나는 휴가나 출장이 다가올 때 단식을 어떻게 진행해야 하는지 묻는 질문을 많이 받는다. '다이어트'와 달리 간헐적 단식(다이어트가 아니다!)은 매우 유연하므로 원한다면 여행 중에도 얼마든지 실천할 수 있다. 작년에 나는 여행을 자주 다녔는데, 대부분 업무와 관련된 출장이었다. 정말 즐거운 경험이었다. 새로운 사람들과 새로운 장소를 경험하는 것을 좋아하기 때문에 여행은 나에게 아주 중요한 부분이다. 여행 중에도 글루텐, 곡물, 유제품을 전혀 먹지 않고 단백질 섭취에 중점을 두는 기존의 식습관을 지키기가 꽤 쉽다는 것을 알게 되었다. 간헐적 단식도 마찬가지이다. 나는 여행할 때 평소와 같은 패턴으로 16:8의 단식 시간을 유지한다. 특히 장시간 비행기를 탈 때 가장 쉽게 실천할 수 있는 방법이다.

일반적으로 나는 단식 후에 가장 먼저 달걀 요리를 먹는다. 오믈렛 같은 달걀 요리는 어디서나 쉽게 먹을 수 있고 개인적으로도 달걀을 좋아한다. 단백질과 지방이 완벽하게 균형 잡혀 있고 소화 기관에 부담도 적다. 또 단백질을 더 섭취할 기회를 되도록 놓치지 않으려고 한다. 식당에서 식사를 할 땐 스테이크나 치킨이 있으면 꼭 스테이크나 치킨을 주문해 먹는다. 어떤 나라에서는 먹을 수 있는 음식이 탄수화물 종류밖에 없는 경우도 있는데, 그럴 때도 가능한 한 단백질을 많이 섭취하려고 노력한다.

또 평소 외식할 때도 단백질 섭취를 우선순위로 둔다. 물론 채소와 샐러드도 많이 먹는다. 여행 중에 간헐적 단식을 하기로 마음먹었다면 휴가를 더 즐겁고 편안하게 보내기 위해 식사 시간을 바꾸거나 단축해도 괜찮다. 사실은 모든 순간에 단식을 강박적으로 할 필요도 없다. 휴가를 혼자 보내는 일은 드물 것이기 때문이다. 보통 친구나 가족과 함께 휴가를 보내는데, 모두가 함께 식사하고 있을 때 혼자만 단식을 유지한다는 건 쉽지 않은 일이다. 휴가를 즐기는 것도 다른 모든 것만큼이나 중요하다. 그러니 스스로 단식 휴가를 허락하라. 가족 및 친구들과 함께 즐겁게 휴식을 취하라. 다른 음식을 즐기라. 휴가의 즐거움을 놓치지 말자.

단식을 중단하고 휴가를 떠나고 싶어도 괜찮다. 여기저기서 조금씩 음식을 먹는다고 해도 크게 달라지는 것은 없다. 내가 하고 싶은 조언은 크게 거창하지 않다. 그저 스트레스를 받으면서 진행하지 말라는 것이다. 스트레스는 호르몬의 균형을 깨뜨리고 수면을 방해하며, 이 두 가지 모두 우리 몸에 안 좋은 영향을 끼친다. 충분히 만족스러운 휴가를 즐긴 뒤 집으로 돌아가서 식사/단식 일정을 다시 시작하면 된다. 체중 증가나 신진대사 둔화가 걱정된다면 경치와 야외 활동을 즐기면서 최대한 많이 걷고 활동량을 늘리는 것도 좋다. 한 달, 두 달 등 장기간 여행하는 경우라면 조금 더 절제가 필요할 수 있다. 하지만 간헐적 단식, 특히 16:8 단식은 쉽고 힘들지 않아 크게 절제하는 것처럼 느껴지지 않을 것이다.

여행에서 돌아와 1~2주 정도 느긋하게 지내다 보면 다시 적응하기 어려울 수 있다. 다시 적응하는 가장 좋은 방법은 천천히 하는 것이다. 단식 기간을 짧게 시작하여 16:8 패턴으로 천천히 복귀해야 할 수도 있다. 피딩 윈도우 동안 평소의 건강한 식사를 재개하라. 그동안 하던 운동 루틴도 다시 시작하자. 몸은 금방 이전의 단식 패턴으로 돌아올 것이다.

생물 개체성에 맞는 올바른 음식 선택하기

피딩 윈도우 동안에는 이 책 전체에서 언급한 건강한 식품인 저지방 단백질, 비전분 채소, 건강한 지방, 전분 탄수화물을 골고루 섭취하되, 탄수화물은 다량영양소 구성과 탄수화물 사이클에 따라 조절하자. 어떤 음식을 먹었을 때 어떤 느낌이 드는지 몸이 보내는 신호에 귀를 기울이는 것이 중요하다. 예를 들어, 밥이나 곡물을 먹은 후에 평소보다 피로감을 더 크게 느낀다면 전분이 없는 채소를 더 많이 섭취하자. 채소 섭취 후에 더 활력이 생기는지 확인해 보는 것이다. 만약 그렇다면 채소의 섭취를 늘리고 곡물은 멀리하는 것이 좋다. 특히 탄수화물 사이클링을 하는 경우 다량영양소 구성을 변경하여 계속해서 변화를 시도하라. 우리 몸은 나이가 들어감에 따라 끊임없이 변화한다. 매일 같은 식사를 하면 식품 과민증과 민감증이 생길 확률이 높아진다. 여기서 중요한 교훈은 최적의 건강을 위해 지속해서 자기 몸에 귀를 기울이고 다양한 음식을 경험하라는 것이다.

체중 모니터링하기

체중을 건강한 수준으로 감량하고 이를 유지하기는 쉽지 않다. 매년 체중을 감량하는 수백만 명의 사람 중 감량한 체중을 유지하는 사람은 극소수에 불과하다. 인용된 수치는 2%에서 20%까지 다양하다. 체중을 꾸준히 체크하지 않으면 자칫 안일해져 자신도 모르는 사이 체중이 다시 늘어나기 쉽다. 체중이 다시 증가한다면 섭취량을 줄였던 단계인 도입 단계로 돌아가자. 늘어난 체중을 감량할 때까지 탄수화물 섭취량을 줄이고 간헐적 단식을 계속하는 것이다.

예를 들어 2.5kg 정도로 허용 체중 상한선을 결정한다. 2.5kg 이상으로 체중이 늘어나면 간헐적 단식, 저탄수화물 식단, 꾸준한 운동을 시작해 다시 감량했던 정상 체중으로 돌아가는 것이 좋다. 실제로 간헐적 단식은 건강한 체중을 유지하는 데 가장 좋은 방법의 하나로 여러 연구를 통해 밝혀진 바 있다. 따라서 체중이 허용할 수 있는 범위에서 벗어나면 바로 프로그램을 다시 시작하자.

매일 다양한 운동으로 운동 효과 높이기

운동은 건강한 라이프 스타일을 위한 초석이다. 순환계와 호흡기부터 근육과 관절에 이르기까지 우리 몸은 아름답게 유동적으로 움직이도록 만들어졌다. 정적인 생활 방식을 고수하거나 건강상의 이유로 움직이지 않으면 우리 몸은 고통을 겪을 수 있다. 관절이 뻣뻣해지고 체중이 증가하며 전반적인 건강이 나빠지게 된다. 운동은 우리의 건강과 행복을 유지하는 데 도움을 준다. 운동을 하는 데 어려움이 있더라도 건강을 위해 운동은 꾸준히 할 필요가 있다.

앞서 말했듯이 운동은 간헐적 단식과 매우 잘 어우러진다. 단식 상태에서 운동을 하면 인슐린 감수성을 높이고 혈당 수치를 안정적으로 유지하며 지방을 빠르게 연소하는 데 도움이 된다. 운동은 미토콘드리아 기능을 개선하여 에너지를 더 효율적으로 연소할 수 있도록 돕는다. 글리코겐/탄수화물 저장량이 적은 상태에서 운동하면 미토콘드리아가 더 많은 지방을 연소한다. 일주일에 2~4회 근력 운동이나 고강도 인터벌 트레이닝HIIT과 같은 운동을 통해 매일 꾸준히 운동하라. 나머지 주에는 강도가 약하고 회복에 도움이 되는 운동을 병행하자. 다음과 같은 몇 가지 운동을 제안한다.

걷기

유산소 운동을 하기 위해 꼭 15km씩 달리기를 할 필요는 없다. 빠른 속도로 걷기(파워 워킹이라고도 함)는 달리기만큼 심장에 유익하지만, 신체에 미치는 충격은 훨씬 적다. 걷기는 관절에 부담을 적게 준다. 연구에 따르면 경쾌한 음악을 들으며 걸을 때 코르티솔 분비량을 크게 줄일 수 있다고 한다. 팔을 앞뒤로 흔들면서 숨이 차지 않을 정도로 빠른 속도(대화가 불가능할 정도로 빠른 속도)로 걸어 보자. 이 동작을 30분 이상 지속하면 탄탄한 유산소 운동 루틴이 완성된다.

수영

수영은 관절에 무리를 주지 않는 최고의 저충격 운동 중 하나다. 많은 사람이 수영으로 물리 치료를 하기도 한다. 수영은 신체의 모든 근육을 사용하는 유산소 운동이다. 이것이 '수영 선수 몸매'가 부러움을 사는 이유이다! 또 물에서 운동을 하면 치유되는 느낌이 들기도 한다. 물속에 몸을 담그고 일상의 스트레스를 날려 버릴 때 우리는 또 다른 차원에 도달한다. 차분하게 물속을 미끄러지듯 헤엄치든, 빠른 영법에 집중하든 수영은 우리 몸에 유익하게 작용하는 운동이다.

태극권

태극권은 고대 중국의 전통 무술로 현재는 심호흡과 함께 일련의 동작을 포함하는 운동의 한 형태로 전해지고 있다. 종종 움직이는 명상이라고도 불리는 태극권은 스트레스 해소에도 효과가 있는 것으로 알려졌다. 체중을 지탱하는 이 운동의 장점은 균형 감각과 유연성 향상, 낙상 예방, 기분 전환 등 다양하다. 태극권은 모든 연령대와 다양한 체력의 사람들에게 꼭 맞는 훌륭한 운동이 된다. 지역 공원 및 레크리에이션 부서에 문의하여 태극권 모임이 있는지 확인해 보자. 새로운 친구를 사귀고 건강에도 도움이 될 수 있다.

요가

요가는 내가 개인적으로 가장 좋아하는 운동이다. 이제 요가는 유행을 넘어 대세로 자리 잡았기 때문에 필요하다면 언제든 바로 수련을 시작할 수 있다. 매일 요가를 조금씩만 해도 전반적인 건강에 긍정적인 효과를 가져온다. 빈야사 플로우, 하타 요가, 핫요가 등이 있지만 인요가로 시작하는 것을 추천한다. 인요가는 자세와 호흡에 집중하는 데 중점을 둔 부드럽고 기본적인 스타일의 요가이다. 여러 지역 센터에서 요가 수업을 주최하고 있으며 전국적으로 요가 스튜디오가 많이 생겼지만, 일상에서 가장 접근하기 쉬운 방법은 바로 인터넷이다. 유튜브 및 기타 검색 엔진을 통해 전문 요가 선생님의 무료 요가 세션을 찾아보자. 무료 요가 앱, 요가 관련 서적, 잡지 등 다양한 요가 관련 정보가 있으니 참고하자. 옷장 한구석에 숨겨둔 요가 매트를 꺼내서 수련을 시작해 보라!

스트레칭

스트레스를 많이 받으면 두통, 어깨 통증, 허리 통증, 심지어 턱이 뻣뻣해지는 증상이 나타나기도 한다. 스트레스는 근육을 긴장시키고 통증을 유발하기 때문이다. 스트레칭은 이 문제를 해결하는 좋은 방법이다. 나는 틈날 때마다 스트레칭을 하려고 노력한다. 집안일을 할 때 나 TV를 보면서 쉽게 여기저기 스트레칭을 할 수 있다. 물론 요가 역시 좋은 스트레칭 수단이지만 가벼운 스트레칭을 할 때 요가 자세를 취할 필요는 없다. 그저 근육을 부드럽게 늘리는 모든 동작을 하면 된다. 기분이 좋은 대로 하라. 나는 특히 일과를 마치고 가족들과 함께 TV를 보면서 가볍게 스트레칭하는 것을 좋아한다. 항상 그렇듯이 몸에 귀를 기울여라. 몸에 귀를 기울이다 보면 일상에 활력을 더해야 할 시기를 알 수 있을 것이다.

신진대사 유연성 모니터링

대사 유연성은 다량영양소 가용성에 따라 지방과 탄수화물을 바꿔서 연료로 사용할 수 있는 신체 능력을 말한다 신진대사 유연성이 높을수록 다량영양소를 하나하나 관리할 필요가 줄어든다. 자연식품을 섭취하기만 하면 포만감 신호가 정확하고 믿을 만하게 전달되기 때문이다. 신진대사 유연성을 유지하기 위해서는 꾸준한 모니터링이 필요하다. 이를 위해서는 다음과 같은 질문을 스스로에게 자주 던지고, 긍정적인 대답을 할 수 있도록 특정 증상에 주의를 기울일 필요가 있다.

매일 아침 가벼운 케토시스 상태에 있는가? 약국에서 구할 수 있는 특수 테스트기로 소변 속 케톤을 측정할 수 있다. 신진대사가 유연한 사람은 하룻밤 동안 음식을 중단하면 몸이 '단식' 상태로 빠르게 전환되며, 이는 아침에 케토시스 상태가 되는 것으로 나타난다.

탄수화물을 섭취해도 식후에 졸리지 않은가?
식사를 거르는 데 문제가 없는가?

간식을 덜 먹거나 전혀 먹지 않고 있는가?

지금 간헐적 단식을 하는 게 이전보다 더 쉬워졌는가?

간헐적 단식을 통해 체중 감량 목표를 달성했다면, 감량한 체중을 유지하고 있는가? (그렇다면 이는 신체가 지방 적응 과정을 거쳐 체중을 유지하기가 더 쉬워졌다는 것을 의미한다.)

운동 강도를 올릴 수 있는가?

에너지 수준이 지속해서 높아졌는가?

기분이 좋아지고 안정된 느낌이 드는가?

혈당 수치를 모니터링하는 경우, 혈당이 일정하게 유지되고 조절되며 안정적으로 유지되고 있는가?

이 질문의 대부분에 "예"라고 대답했다면, 축하한다! 신진대사가 유연한 상태라고 진단할 수 있다. 반면에 신진대사가 유연하지 않다면 이를 회복하기 위해 취할 수 있는 여러 방법이 있다. 매일 운동을 하는 것이다. 근력 운동이든 유산소 운동이든 상관없이 규칙적인 운동은 대사 유연성을 떨어뜨리는 두 가지 요인을 해결하여 대사 유연성을 직접적으로 개선하는 데 도움을 준다.

운동은 인슐린 감수성을 높이고 지방 연소 능력을 회복시킨다. 고강도 인터벌 트레이닝과 같은 특정 유형의 운동은 실제로 새로운 미토콘드리아를 생성하는 데 도움이 된다. 인슐린 감수성 개선, 지방 연소 기능 회복, 미토콘드리아 생성 증가 등 운동은 신진대사 유연성을 회복하는 데 매우 중요한 역할을 한다.

지방 적응력을 회복하라. 이는 저탄수화물 식단과 간헐적 단식으로 실천할 수 있다. 이 방법을 운동과 병행하면 미토콘드리아 기능이 향상되고 지방 연소 기능이 회복되며 인슐린 감수성이 좋아진다. 약 한

달 동안 이 방법을 실천해 보자. 그 후에는 훈련 강도에 맞게 탄수화물 섭취량을 조절하면 된다. 인슐린 저항성을 예방하는 데 도움이 되는 마그네슘, 다크 초콜릿과 알록달록한 채소에 함유된 식물 화합물인 폴리페놀, 미토콘드리아 기능을 개선하는 오메가-3 지방 등 신진대사 유연성을 돕는 식품과 영양소를 많이 섭취하자.

새로 생긴 자유 시간 활용하기

이쯤이면 삶이 훨씬 더 단순해졌을 것이다. 정말로 중요한 일에 집중할 수 있는 시간이 더 많아졌다. 더는 식사 계획과 식사 준비에 많은 시간을 소비하지 않아도 된다. 하루가 간단해졌고 저녁 시간이 자유로워졌다. 간식을 먹거나 대충 먹으며 식사를 때울 일도 없고, 식사 후 왜 그렇게 많이 먹었는지 후회하는 시간도 줄어든다. 더 많은 시간(과 돈)을 손에 쥔 지금, 어떻게 시간을 보내겠는가?

고등 교육, 취미 생활, 직장 생활, 가족 등 그동안 뒷전으로 미뤄 뒀던 일들을 다시 시작해 보라. 이제 일상에 여유가 생겼으니 원하는 어떤 것에도 시간을 투자할 수 있다. 새로운 일을 시작할 수도 있다. 당신이 할 수 있는 일에는 한계가 없으며, 간헐적 단식은 새로운 세상뿐만 아니라 완전히 새로운 기회의 우주를 열어 줄 것이다.

13장 IF:45 식사 계획

간헐적 단식의 이점을 최대한 누리려면 다음 사항을 확인하라. 간헐적 단식을 하는 동안에는 특히 영양이 풍부한 음식을 섭취하는 것이 중요하다. 저지방 단백질, 건강한 지방, 섬유질이 풍부한 탄수화물 등 자연식품으로 균형 잡힌 식사를 구성하자. 단식을 하는 동안 몸에 효과적으로 에너지를 공급하고 호르몬의 균형을 유지하며 건강을 증진할 수 있다.

이 장에 나와 있는 6주의 식사 계획은 간헐적 단식 단계인 도입, 최적화 및 조정 단계로 구성되어 있다. 도입 기간은 모두 저탄수화물 식단으로 구성했다. 단식하는 동안 몸이 케토시스 상태로 전환될 수 있도록 돕고, 지방에 효과적으로 적응할 수 있게 한다. 최적화 및 조정 기간에는 탄수화물을 적당한 수준으로 늘리되, 저탄수화물 및 고탄수화물 요일(탄수화물 사이클링의 본질)을 정하여 식단을 조절한다.

최적화 및 조정 단계 중에 탄수화물을 더 많이 섭취하는 방향으로 식사 구성을 변경하려면 한 끼나 두 끼에 고탄수화물 식품을 소량씩 추가하기만 하면 된다. 간헐적 단식 라이프 스타일을 시작하면서 다량 영양소 섭취량을 조금씩 조정한다면 단식에 더 도움이 될 수 있다.

매일 아침 식사

블랙커피, 녹차 또는 허브차

전해질이 함유된 물

1단계: 도입

1주 차

월요일

점심: 클래식 데빌드 에그 4조각, 소시지로 속을 채운 버섯 4조각

저녁: 아보카도 홀스래디쉬 크림을 곁들인 치맛살 스테이크, 볶은
그린빈

화요일

점심: 참치 푸타네스카로 속을 채운 토마토

저녁: 크리미 페스토 치킨 시금치 캐서롤(육류와 채소, 파스타 등을 넣어
오븐에 구워 내는 요리)

수요일

점심: 돼지고기 사과 소시지 패티 1개, 다진 양파와 얇게 썬 버섯으
로 스크램블한 달걀 2개

저녁: 스테이크 시저 샐러드

목요일

점심: 크리미 페스토 치킨 시금치 캐서롤

저녁: 올리브 파슬리 그레몰라타(파슬리로 만든 샐러드의 일종, 주로 고기와
함께 먹는다)를 곁들인 양고기 어깨살

금요일

점심: 매콤한 새우를 곁들인 오이 아보카도 냉수프

저녁: 클래식 풀드 포크, 오일과 식초를 곁들인 그린 샐러드

토요일

점심: 매콤한 들소고기 칠리

저녁: 김치새우볶음밥

일요일

점심: 펜넬, 샬롯, 염소 치즈 프리타타

저녁: 클래식 풀드 포크, 오일과 식초를 곁들인 그린 샐러드

피딩 윈도우에 주기적으로 섭취하면 좋은 건강한 탄수화물

탄수화물 사이클링이란 일주일 동안 섭취하는 탄수화물의 양에 차이를 주는 식이 요법이다. 즉 어떤 날은 탄수화물을 더 많이 섭취하고 어떤 날은 탄수화물을 더 적게 섭취한다. 탄수화물 사이클링은 어떤 날은 탄수화물의 이점을, 다른 날은 저탄수화물 섭취의 이점을, 즉 두 가지 장점을 모두 누리는 방법이다. 예를 들어, 탄수화물을 적게 섭취하는 날은 체중 감소와 인슐린 감수성 향상에 도움이 된다. 탄수화물을 많이 섭취하는 날은 글리코겐을 보충하고 근육 성장에 도움이 된다.

탄수화물을 섭취할 때는 정크 푸드가 아닌 건강한 탄수화물을 섭취하고 있는지 확인하는 것이 중요하다. 섭취하는 양에도 주의가 필요하다. 이는 영양 섭취량을 모니터링하고 궁극적으로 체중, 대사 유연성 및 인슐린 감수성을 전반적으로 관리하는 데 중요한 전략이다.

탄수화물 사이클링을 하려고 할 때 식단에 추가할 수 있는 최고의

탄수화물은 다음과 같다. 특히 곡물을 먹지 않는다고 가정할 때 전분질 채소를 추천한다.

익힌 전분질 채소
1회 제공량은 각각 1/3컵 또는 고구마나 참마의 경우 작은 조각 1개로 비교적 적은 양을 유지해야 한다.

*콩과 렌틸콩

비트

당근

옥수수(옥수숫대 1/2개)

*완두콩

파스닙

*요리용 바나나

호박

*고구마

도토리호박 또는 땅콩호박과 같은 겨울 호박

*참마

글루텐 프리 곡물

아마란스

메밀

밀렛

귀리

퀴노아

*쌀(현미 및 야생 쌀 권장)

*수수

테프

*이 탄수화물에는 소장에서 잘 소화되지 않는 '저항성 전분'이 포함되어 있다. 섭취 후 대장에 도달하면 장내 유익균에 의해 발효되어 체중 감소, 혈당 및 인슐린 조절, 식욕 감소, 소화 개선 등 다양한 효과를 얻을 수 있다. 저항성 전분은 식이 섬유와 마찬가지로 장내 유익균의 먹이가 되는 프리바이오틱스 역할을 한다.

2단계: 최적화

2주 차

월요일

점심: 매콤한 소고기 칠리, 원하는 드레싱을 곁들인 그린 샐러드

저녁: 올리브 파슬리 그레몰라타를 곁들인 양고기 어깨살

화요일

점심: 비트와 홀스래디쉬를 넣은 데빌드 에그 4조각, 그레인 프리 '골든 밀크' 바나나 머핀 1개

저녁: 랜치 돼지고기 메달리온, 드레싱을 곁들인 그린 샐러드

수요일

점심: 새우로 만든 에그 롤 볼

저녁: 사우어크라우트와 사과를 곁들인 치킨 소시지

목요일

점심: 비트와 홀스래디쉬를 넣은 데빌드 에그 4조각, 프로슈토로 감싼 아스파라거스 2개

저녁: 콜리플라워 라이스를 곁들인 스킬렛 잠발라야

금요일

점심: 콜리플라워 뇨키 카프레제

저녁: 매콤한 소고기 칠리, 원하는 드레싱을 곁들인 그린 샐러드

토요일

점심: 베이컨과 달걀을 곁들인 방울양배추 해시

저녁: 태국식 생선 채소 커리

일요일

점심: 뉴패션 치킨 월도프 샐러드

저녁: 매콤한 소고기 칠리, 원하는 드레싱을 곁들인 그린 샐러드

3주 차

월요일

점심: 새우 루이 샐러드로 속을 채운 아보카도, 초콜릿 대추야자 '할바' 바 1개

저녁: 양상추로 감싼 그리스식 양고기 미트볼과 차지키

화요일

점심: 채소를 곁들인 참깨 주키니 국수

저녁: 치킨 소시지와 채소 시트 팬 구이

수요일

점심: 참치 푸타네스카로 속을 채운 토마토, 초콜릿 대추야자 '할바' 바 1개

저녁: 등심 스테이크 데리야키, 콜리플라워 볶음밥, 브로콜리 볶음

목요일

점심: 매콤한 새우를 곁들인 오이 아보카도 냉수프

저녁: 치킨 파히타 시트 팬 구이

금요일

점심: 미니 시크릿 재료 바비큐 미트로프, 원하는 드레싱을 곁들인
그린 샐러드

저녁: 생선 및 채소 파피요트, 초콜릿 대추야자 '할바' 바 1개

토요일

점심: 우에보스 란체로스 샐러드

저녁: 샐러리 사과 샐러드를 곁들인 바삭한 돈가스

일요일

점심: 돼지고기 사과 소시지 패티 1개, 스크램블드에그 3개, 글레이
즈드 그레인 프리 당근 케이크 머핀 1개

저녁: 로스트 치킨

4주차

월요일

점심: 아시아풍 치킨 샐러드(남은 로스트 치킨 사용)

저녁: 매콤한 토마토 초리조 홍합국

화요일

점심: 스테이크 시저 샐러드, 글레이즈드 그레인 프리 당근 케이크
머핀 1개

저녁: 김치새우볶음밥

수요일

점심: 돼지고기 사과 소시지 패티 1개, 다진 양파와 시금치를 곁들인 스크램블드에그 3개

저녁: 콜리플라워 뇨키 카프레제

목요일

점심: 간 칠면조 고기로 만든 에그롤 볼, 글레이즈드 그레인 프리 당근 케이크 머핀 1개

저녁: 아보카도 홀스래디쉬 크림을 곁들인 치맛살 스테이크, 볶은 그린빈

금요일

점심: 돼지고기 사과 소시지 패티 1개, 다진 양파와 피망을 곁들인 스크램블드에그 3개

저녁: 레몬 후추 버터를 곁들여 오븐 시트 팬에서 구운 연어와 브로콜리

토요일

점심: 뉴패션 치킨 월도프 샐러드

저녁: 양상추로 감싼 그리스식 양고기 미트볼과 차지키

일요일

점심: 펜넬, 샬롯, 염소 치즈 프리타타, 다진 채소를 곁들인 로메스코 딥

저녁: 매콤한 소고기 칠리, 원하는 드레싱을 곁들인 그린 샐러드

5주 차
월요일

점심: 미소 수프, 데빌드 에그 4조각, 프로슈토로 감싼 아스파라거

스 2대

저녁: 크리미 페스토 치킨 시금치 캐서롤

화요일

점심: 매콤한 소고기 칠리, 원하는 드레싱을 곁들인 샐러드

저녁: 레몬 후추 버터를 곁들여 오븐 시트 팬에서 구운 연어와 브로콜리, 초콜릿 코코넛 냉동 퍼지 조각 1개

수요일

점심: 새우 루이 샐러드로 속을 채운 아보카도

저녁: 플랭크 스테이크 데리야키, 볶아서 짠 참기름을 뿌린 브로콜리 찜

목요일

점심: 크리미 페스토 치킨 시금치 캐서롤

저녁: 샐러리 사과 샐러드를 곁들인 바삭한 돈가스

금요일

점심: 미소 수프, 데빌드 에그 4조각, 드레싱을 곁들인 샐러드

저녁: 치폴레 베이컨 관자, 콜리플라워 라이스, 초콜릿 코코넛 냉동 퍼지 1개

토요일

점심: 우에보스 란체로스 샐러드, 그레인 프리 '골든 밀크' 바나나 머핀 1개

저녁: 태국식 생선 및 채소 커리

일요일

점심: 업그레이드 치즈버거, 허브 마요네즈를 곁들인 에어프라이어 히카마 감자튀김

저녁: 오븐 시트 팬에서 구운 치킨 소시지와 채소, 초콜릿 코코넛 냉

동 퍼지 조각 1개

3단계: 조정

6주 차

월요일

    점심: 유제품이 들어가지 않은 국수호박 알프레도 파스타에 원하는
        단백질 110g 얹어 먹기

    저녁: 베트남식 캐러멜 포크

화요일

    점심: 채소를 곁들인 참깨 주키니 국수

    저녁: 매콤한 토마토 초리조 홍합국, 초콜릿 대추야자 '할바' 바 1개

수요일

    점심: 참치 푸타네스카로 속을 채운 토마토, 글레이즈드 그레인 프
        리 당근 케이크 머핀 1개

    저녁: 양상추로 감싼 그리스식 양고기 미트볼과 차지키

목요일

    점심: 베이컨과 달걀을 곁들인 방울양배추 해시

    저녁: 콜리플라워 뇨키 카프레제

금요일

    점심: 비트 홀스래디쉬 데빌드 에그, 원하는 드레싱을 곁들인 그린
        샐러드, 글레이즈드 그레인 프리 당근 케이크 머핀 1개

    저녁: 로스트 치킨

토요일

점심: 아시아풍 치킨 샐러드

저녁: 연어 케이크, 원하는 드레싱을 곁들인 그린 샐러드

일요일

점심: 펜넬, 샬롯, 염소 치즈 프리타타, 초콜릿 대추야자 '할바' 바 1개

저녁: 사우어크라우트와 사과를 곁들인 치킨 소시지

14장 IF:45 레시피

영양 프로그램을 따르고 있다고 해서 먹는 즐거움을 포기해야 한다는 뜻은 아니다. IF:45 프로그램 레시피는 식사를 하는 기간 동안 균형 잡힌 영양을 섭취할 수 있도록 세심하게 설계되었고 동시에 풍미와 포만감도 얻을 수 있다. 준비하기도 쉽고 남은 음식은 언제든 다시 맛있게 먹을 수 있다. 각 레시피에는 다량영양소 함량이 표시되어 있어 단백질, 탄수화물, 지방의 그램 수를 정확히 알 수 있다.

소고기 레시피

아보카도 홀스래디쉬 크림을 곁들인 치맛살 스테이크

치맛살 스테이크는 육즙이 풍부하고 부드러운 부위이다. 빨리 익기 때문에 바쁜 평일 저녁에도 만들어 먹기 좋다. 미디엄 레어 이상으로 익히면 질겨지니 오래 익혀 먹는 것을 선호한다면 적합하지 않을 수 있다. 함께 곁들이는 아보카도 홀스래디쉬 크림은 다른 부위에도 잘 어울리므로 취향에 맞게 사용하자.

준비 시간: 15분
조리 시간: 15분

조리 분량: 4인분

스테이크:

치맛살 스테이크 680g

고운 소금과 간 후추

아보카도 오일 2큰술

크림:

잘 익은 아보카도 1개

홀스래디쉬 1큰술

엑스트라 버진 올리브 오일 1큰술

레몬즙 2작은술

마늘 가루 1/2작은술

코코넛 아미노 1/2작은술

고운 소금과 간 후추

1. 스테이크 굽기: 스테이크 조각이 큰 경우 팬 크기에 맞게 두세 조각으로 자른다. 큰 무쇠 팬 또는 바닥이 두꺼운 프라이팬을 센 불에 올려 뜨거워질 때까지 달군다. 스테이크를 키친타월로 두드려 물기를 제거하고 소금과 후추로 간한다. 프라이팬에 아보카도 오일을 둘러 준 뒤 스테이크를 올린다. 바닥이 노릇하게 익을 때까지 3~4분간 조리한다. 반대쪽도 뒤집어 2분에서 4분 정도 더 익힌다(스테이크의 가장 두꺼운 부분에 요리용 온도계를 꽂아 보았을 때 50도가 될 때까지 익힌다). 도마로 옮긴 후 뚜껑을 덮어 보온하고 10분간 레스팅한다.

2. 스테이크를 레스팅하는 동안 크림 만들기: 씨를 빼고 껍질을 벗긴 아보카도를 푸드 프로세서에 넣는다. 홀스래디쉬, 올리브 오일, 레몬즙, 마늘 가루, 코코넛 아미노를 추가한다. 부드러워질 때까지 프로세서를 돌린다. 맛을 보고 소금과 후추로 간을 맞춘다 (약 2/3컵 분량의 크림이 나온다).

3. 스테이크를 결대로 썰어 아보카도 크림 1~2큰술과 함께 접시에 올린다.

1회 제공량당: 541kcal, 단백질 35g, 지방 29g, 탄수화물 4g, 섬유질 3g

참고:

상황에 따라 스테이크를 여러 번 나누어서 조리해야 할 수도 있다. 이 경우 중간중간 프라이팬에 기름을 더 추가한다. 익힌 스테이크는 뚜껑을 덮어 따뜻하게 유지하고 그동안 나머지 재료를 준비한다.

아보카도 크림이 남으면 뚜껑을 덮어 냉장 보관한다. 어떤 단백질류와도 잘 어울리고, 채소를 썰어 찍어 먹어도 맛있다.

아보카도 오일 사용 방법

나는 아보카도 오일로 요리하는 것을 좋아한다. 아보카도 오일은 심장 건강에 좋은 단일 불포화 지방으로 비타민 A, B1, B2, D, E가 풍부하여 세포, 허리둘레, 피부, 모발 등 모든 부위에 좋은 영양소를 제공한다. 또한 아보카도 오일은 질병을 유발하는 활성 산소와 싸우는 강력한 항산화제 역할을 한다.

건강상의 이점 외에도 가볍고 신선하며 대부분의 음식에 완벽하게 어울리는 맛을 자랑한다. 올리브 오일, 코코넛 오일, 참기름 대신 사용하면 건강하고 맛있는 요리를 만들 수 있다. 또 발연점이 240~260도로 식용유 중 가장 높아서 고온 요리에 가장 안전한 오일로 분류된다. 일부 오일은 고열에서 조리하면 타거나 화학적으로 분해되어 독성이 생길 수 있기 때문에 발열점이 높다는 것은 큰 장점 중 하나다. 다양한 효능이 있는 아보카도 오일은 많은 요리에 사용할 수 있다. 샐러드드레싱이나 홈메이드 마요네즈에 사용하거나, 후무스 위에 뿌려 먹거나, 수프에 섞어 먹거나, 채소를 볶거나, 마리네이드의 일부로 사용할 수 있다.

플랭크 스테이크 데리야키

데리야키 소스는 보통 기성품을 많이 사 먹는데, 한번 직접 만들어 보면 다시는 사 먹지 않게 될 것이다. 만들기도 쉽고 결과물도 훨씬 더 맛있다. 양을 조금 더 만들어서 좋아하는 단백질류나 채소에 뿌려 먹어라.

준비 시간: 15분
숙성: 4~8시간
조리 시간: 20분
조리 분량: 4인분

칡 가루 1작은술

아보카도 오일 2큰술

다진 마늘 4쪽(1큰술 + 1작은술)

다진 생강 2큰술

코코넛 아미노 2/3컵

맛술 2큰술

꿀 1.5 작은술

오렌지 제스트 1작은술

간 후추

키친타월로 물기를 제거한 플랭크 스테이크 680g

고운 소금

1. 작은 볼에 칡 가루와 물 1큰술을 넣고 녹을 때까지 섞어 준다. 작은 냄비에 아보카도 오일 1큰술을 넣고 중약불로 가열한다. 마늘과 생강을 넣고 향이 날 때까지 약 1분간 볶는다. 코코넛 아미노, 맛술, 꿀, 오렌지 제스트를 넣고 섞는다. 칡 혼합물을 소스에 넣고 섞는다. 소스가 끓어 오르면 불을 약하게 줄인 뒤 걸쭉해질 때까지 약 1분간 저으면서 조리한다. 작은 볼에 옮긴 후 맛을 보고 후추로 간한다. 한 김 식힌 소스는 냉장 보관한다. 소스와 함께 스테이크를 먹는 것은 물론이고 다른 다양한 요리와 곁들일 수 있다.

2. 남은 소스는 스테이크에 고르게 발라 두고 최소 4시간에서 최대 8시간 동안 냉장 보관하며 숙성시킨다.

3. 스테이크를 실온에서 20분간 그대로 둔다. 큰 무쇠 팬 또는 바닥이 두꺼운 프라이팬을 센 불에 올려 뜨거워질 때까지 가열한다. 팬에 남은 오일 1큰술을 골고루 뿌린다. 스테이크는 소금으로 가

볍게 간하고 한 면을 3~4분간 굽는다. 집게를 사용하여 스테이크를 조심스럽게 뒤집어 반대쪽이 노릇하게 익을 때까지 굽는다. 가장 두꺼운 부분에 요리용 온도계를 꽂아 보았을 때 50도가 될 때까지 3~4분 더 익힌다. 스테이크를 도마에 옮기고 포일로 덮은 후 5~10분간 레스팅한다. 작은 냄비에 남은 소스를 넣고 약한 불로 저어 가며 데운다.

4. 스테이크는 절대로 얇게 썰어 준다. 접시에 나누어 담고 소스를 함께 곁들여 낸다.

1회 제공량당: 438㎉, 단백질 36g, 지방 19g, 탄수화물 18g, 섬유질 0g

식물성 재료로 만들기:

식물성 단백질류에 같은 소스를 사용해 만든다.

미니 시크릿 재료 바비큐 미트로프

'간'은 영양소가 풍부한 식품 중 하나이다. 본인이나 가족 중 간을 먹지 않으려는 사람이 있다면 미트로프 머핀으로 만들어 먹어 보자. 이 요리에서는 간을 베이컨과 함께 다진 후에 다진 소고기, 향신료, 바비큐 소스 속에 숨겨 놓는다. 따라서 간 특유의 맛은 거의 느껴지지 않고 대신 진하고 포만감을 주는 미트로프만 맛볼 수 있다. 간은 건강한 음식이기에 조금만 섭취해도 큰 효과를 볼 수 있다.

준비 시간: 20분

조리 시간: 25분

조리 분량: 미니 미트로프 12개

팬에 기름을 바르기 위한 올리브 또는 아보카도 오일

간 소고기 560g(되도록 100% 목초육)

가공하지 않은 베이컨 55g 다져서 준비

다진 소고기 간 55g

달걀 1개 풀어서 준비

포크 판코 3/4컵

마늘 가루 2작은술

말린 오레가노 2작은술

양파 가루 1작은술

고운 소금 1/2작은술

간 후추 1/4작은술

무설탕 바비큐 소스 1/4컵

1. 오븐을 180도로 예열한다. 12구 코팅 머핀 틀에 오일을 가볍게 발라 준다.

2. 큰 볼에 소고기, 베이컨, 간, 달걀, 판코, 마늘 가루, 오레가노, 양파 가루, 소금, 후추를 넣는다. 모든 재료가 잘 섞일 때까지 부드럽게 잘 섞는다.

3. 섞은 재료를 머핀 틀에 나누어 담는다(아이스크림 스쿱을 쓰면 편하다). 손가락으로 가볍게 눌러 재료가 평평해지도록 한다. 각 미트로프 위에 바비큐 소스 1티스푼을 올려 윗부분에 펴 바른다.

4. 미트로프가 완전히 익을 때까지 20~25분간 굽는다(미트로프 중앙에 꽂은 요리용 온도계가 70도까지 올라가야 한다). 팬에서 5분간 식힌 후

꺼낸다. 따뜻하게 먹은 뒤 남은 음식은 뚜껑을 덮어 냉장 보관한다(미트로프는 냉장고에서 최대 나흘 동안 보관할 수 있다).

참고:

정육점에 가서 소고기 80%, 베이컨 10%, 간 10%의 비율로 간 고기를 만들어 줄 수 있는지 문의해 보라. 최소 주문량을 맞춰야 할 수도 있으니(내가 가는 정육점에서는 최소 1.3kg은 주문해야 한다) 미트로프 레시피의 양을 두 배로 늘리거나 나중에 사용할 수 있도록 소분하여 얼려 두는 것도 좋은 방법이다. 이렇게 만든 간 고기로 맛있는 버거도 만들 수 있다.

1회 제공량당(미트로프 2개): 313kcal, 단백질 30g, 지방 20g, 탄수화물 3g, 섬유질 1g

업그레이드 치즈버거

정통 치즈버거보다 맛있는 버거는 만들 수 없다고 생각했다면 오산이다. 목초 사육 소고기, 톡 쏘는 소스, 양질의 치즈, 캐러멜라이즈한 양파와 구운 그레인 프리 콜리플라워 부침개로 만드는 이 버거는 맛도 훌륭할 뿐 아니라 먹고 난 후에 기분까지 좋아진다.

준비 시간: 15분
조리 시간: 30분
조리 분량: 4인분

소스:

마요네즈 1/4컵

무설탕 케첩 2큰술

다진 하프 사워 피클 2큰술

코코넛 아미노 1/2작은술

핫소스 1/4작은술

훈제 파프리카 1/4작은술

고운 소금과 간 후추

버거:

기 버터 1큰술

반으로 갈라 얇게 썬 양파 1개

고운 소금과 간 후추

간 소고기 680g

체더 치즈 4조각(되도록 양젖 치즈)

콜리플라워 부침개 4장

1. 소스를 만든다: 작은 볼에 마요네즈, 케첩, 피클, 코코넛 아미노, 핫소스, 파프리카를 넣고 섞어 준다. 맛을 보고 소금과 후추로 간을 맞춘다(약 1/2컵이 나온다).

2. 큰 프라이팬에 기 버터를 넣고 중불에 올려 녹인다. 양파를 넣고 소금으로 간한다. 양파가 노릇노릇해질 때까지 15~18분간 저어 가며 볶고 타지 않도록 주의한다. 조리 시간이 끝날쯤에는 더 자주 저어 준다. 그릇에 옮겨 담고 뚜껑을 덮어 보온한다.

3. 간 소고기를 사등분하여 10cm 너비의 패티 모양으로 만든다. 프

라이팬을 센 불에 올려 뜨거워질 때까지 데운다. 패티는 소금과 후추로 넉넉히 간하고 프라이팬 위에 올린다. 바닥이 노릇해질 때까지 약 3분간 조리한다. 뒤집어서 반대쪽도 3~5분 더 익힌다. 노릇해지면 패티 중앙에 요리용 온도계를 꽂아 62도(미디엄 레어)가 될 때까지 익힌다. 마지막에 치즈 한 조각을 올려 녹여 준다.

4. 접시 4개에 콜리플라워 부침개를 올린다. 소스 1큰술과 양파 4분의 1개를 얹어 낸다(원하는 경우 남은 소스를 곁들인다).

1회 제공량당: 595kcal, 단백질 45g, 지방 44g, 탄수화물 6g, 섬유질 1g

스테이크 시저 샐러드

고소하고 맛있는 시저 샐러드를 만들기 위해서 꼭 치즈나 크루통이 필요한 것은 아니다. 완전 단백질인 햄프씨드를 넣으면 드레싱 질감이 더 풍부해지고, 파마산과 구운 해바라기씨를 뿌리면 짭조름함과 바삭함을 더할 수 있다. 여기다 뉴욕 스트립 스테이크까지 얹으면 완벽한 한 끼 식사가 되지만 구운 닭고기, 새우 또는 다른 단백질로 대체할 수도 있다.

준비 시간: 20분
조리 시간: 15분
조리 분량: 4인분

드레싱:

엑스트라 버진 올리브 오일 4큰술

시판 통조림 또는 병조림 안초비 필레 3쪽

다진 마늘 2쪽

레몬 제스트 1/2작은술

레몬즙 2큰술

햄프씨드 2큰술

달걀노른자 1개

고운 소금과 간 후추

샐러드:

키친타월로 물기를 제거한 뉴욕 스트립 스테이크 680g(두께 약 4cm)

고운 소금과 간 후추

아보카도 오일 1큰술

무염 버터 2큰술

다진 마늘 3쪽

큰 로메인 1포기 또는 작은 로메인 2포기(약 400g) 잘게 썰어서 준비

볶아서 소금을 뿌린 해바라기씨 4작은술

1. 드레싱을 만든다: 달구지 않은 작은 프라이팬에 올리브 오일 1큰
   술, 안초비, 마늘을 넣고 섞는다. 팬을 중약불에 올리고 섞은 재료
   가 지글지글 끓기 시작할 때까지 건드리지 않는다. 30초간 지글
   지글 끓인 후 작은 푸드 프로세서로 옮긴다. 프로세서에 레몬 제
   스트와 레몬즙, 햄프씨드, 달걀노른자를 넣고 부드러워질 때까지
   섞는다. 남은 오일 3큰술을 추가한다. 잘 섞여서 걸쭉하게 유화될
   때까지 블렌딩한다. 맛을 보고 소금과 후추로 간을 맞춘다(드레싱
   은 하루 전에 만들어서 뚜껑을 덮어 냉장 보관해도 좋다).

2. 스테이크를 실온에 30분간 둔다. 큰 무쇠 팬이나 바닥이 두꺼운 프라이팬을 중불에 올려 뜨거워질 때까지 가열한다. 스테이크는 소금과 후추로 넉넉하게 간한다. 프라이팬에 아보카도 오일을 두른 뒤 스테이크를 넣는다. 3~4분간 한쪽 면이 노릇하게 익을 때까지 굽는다. 스테이크를 뒤집어 반대쪽도 노릇해질 때까지 3~4분 더 익힌다. 불을 줄이고 버터와 마늘을 넣는다(버터가 빨리 녹을 것이다). 마늘과 버터를 스테이크 위에 숟가락으로 여러 번 떠서 붓는다. 스테이크의 가장 두꺼운 부분에 육류 온도계를 꽂았을 때 약 60도가 될 때까지 4~7분간 계속 조리하면서 스테이크를 몇 번 더 뒤집어 굽는다. 스테이크를 도마에 옮긴 후 뚜껑을 덮고 5분 이상 레스팅한다.

3. 양상추를 큰 그릇에 담는다. 드레싱의 절반(약 1/3컵)을 넣고 버무린다. 기호에 따라 드레싱을 더 넣어도 좋다. 얕은 그릇 4개에 양상추를 나누어 담고 각 그릇에 해바라기씨 1작은술을 뿌린다. 스테이크는 결에 따라 썰어 준다. 각 샐러드 위에 스테이크의 4분의 1을 올려 마무리한다.

1회 제공량당: 351kcal, 단백질 17g, 지방 27g, 탄수화물 7g, 섬유질 2g

참고:
날달걀 사용이 걱정된다면 저온 살균 달걀을 사용하라.

식물성 재료로 만들기:
스테이크 대신 물기를 제거한 통조림 콩이나 렌틸콩을 사용하고 시판 비건 시저 드레싱을 뿌린다.

양고기 레시피

올리브 파슬리 그레몰라타를 곁들인 양고기 어깨살 찹스

    양고기 어깨살 찹스는 양고기를 즐길 수 있는 좋은 방법 중 하나다. 이 부위는 부드러운 양갈빗살보다 훨씬 저렴하지만 풍미가 좋다. 주로 찜이나 조림으로 만들어 먹지만 프라이팬에 구워 먹어도 맛있다. 간단한 마리네이드를 사용하면 더욱 깊은 맛을 낼 수 있다. 그레몰라타를 미리 만들어 두면 저녁 식탁을 빠르게 준비할 수 있다.

준비 시간: 20분(재워 두는 시간 최대 8시간)

조리 시간: 20분

조리 분량: 4인분

찹스:

아보카도 오일 2큰술

다진 마늘 3쪽(1큰술)

말린 오레가노 1작은술

고운 소금 1/2작은술

간 후추 1/4작은술

키친타월로 물기를 제거한 양고기 어깨살 블레이드 찹스 4조각(각각 260~280g)

그레몰라타:

엑스트라 버진 올리브 오일 1.5큰술

다진 마늘 1쪽(1작은술)

씨를 빼 다진 그린 올리브와 블랙 올리브 혼합물 1/2컵

다진 생 파슬리 2큰술

레몬 제스트 1/2작은술

레몬즙 1작은술

크러시드 레드 페퍼 1꼬집

고운 소금과 간 후추

1. 찹스 준비하기: 볼에 아보카도 오일, 마늘, 오레가노, 소금, 후추를 넣고 섞는다. 고기를 재밀봉할 수 있는 큰 지퍼백에 넣는다. 고기와 오일 혼합물을 넣고 봉지를 밀봉한 후 몇 번 뒤집어 고기에 양념이 골고루 묻도록 한다. 고기를 실온에서 30분간 재워 두거나 양념에 재워 최대 8시간 동안 냉장 보관한다(냉장 보관한 고기는 실온에 30분간 두었다가 조리한다).

2. 그레몰라타 만들기: 올리브 오일과 마늘을 작은 프라이팬에 넣고 섞는다. 팬을 중약불에 올리고 혼합물이 지글지글 끓을 때까지 조리한다. 30초간 끓인 후 중간 크기의 볼에 옮겨 식힌다. 식으면 올리브, 파슬리, 레몬 제스트와 레몬즙, 크러시드 레드 페퍼를 넣고 저어 잘 섞어 준다. 맛을 보고 후추로 간을 맞춘다(그레몰라타는 하루 전에 미리 만들어 냉장 보관해도 좋다).

3. 큰 무쇠 팬을 중간보다 센 불에 올려 뜨거워질 때까지 예열한다. 마리네이드한 고기를 꺼내 소금과 후추로 간을 맞춘다. 고기를 프라이팬에 넣고 3~5분간 조리한다(두께에 따라 다름). 양면이 노릇하게 익고 뼈에서 가장 두꺼운 부분에 고기 온도계를 꽂았을 때 약 55도가 될 때까지 굽는다. 도마로 옮겨 포일로 살짝 덮은 후 5분간 레스팅했다가 그레몰라타와 함께 낸다.

1회 제공량당: 579kcal, 단백질 29g, 지방 50g, 탄수화물 3g, 섬유질 0g

참고:

프라이팬이 두 개 있으면 모든 고기를 한 번에 조리할 수 있다. 그렇지 않은 경우, 한 번에 두 조각씩 조리하고 두 번째를 조리하는 동안 먼저 조리해 둔 고기를 따뜻하게 보관하자.

양상추로 감싼 그리스식 양고기 미트볼과 차지키

향신료 자타르가 양고기 미트볼에 특별함을 더한다. 말린 타임, 오레가노, 옻, 볶은 참깨로 만든 중동 향신료 블렌드 자타르는 육류, 생선, 닭고기, 채소의 맛을 더욱 살려 주므로 미리 준비해 두면 좋다. 미트볼은 양고기 요리에 익숙하지 않을 때 처음 시도해 보기 좋은 요리로, 만들기 쉽고 누구나 좋아한다. 이 모든 요리를 하나로 모으는 데는 차지키가 필수이다.

준비 시간: 30분
조리 시간: 20분
조리 분량: 4인분

차지키:

씨를 뺀 오이 1/2개
고운 소금
엑스트라 버진 올리브 오일 1큰술
다진 마늘 2쪽

전지방 그릭 요거트 3/4컵

레몬즙 1.5큰술

다진 생 민트 2작은술

간 후추 1작은술

미트볼:

다진 양고기 450g

카사바 가루 3큰술

엑스트라 버진 올리브 오일 2큰술

마늘 가루 2작은술

말린 오레가노 2작은술

자타르 2작은술

다진 생 민트 1큰술

고운 소금 1/2작은술

간 후추 1/4작은술

올리브 오일 쿠킹 스프레이

반으로 자른 방울토마토 또는 송이토마토 1컵(서빙용)

씨를 제거한 칼라마타 또는 오일에 절인 올리브1/4컵, *상추*(서빙용)

1. 차지키 만들기: 구멍이 큰 강판으로 오이를 갈아 준다. 고운 체에 넣는다. 소금 1/4작은술을 뿌려 버무리고 10분간 그대로 둔다. 달구지 않은 작은 프라이팬에 올리브 오일과 마늘을 넣고 섞는다. 약한 불에 올리고 지글지글해질 때까지 볶는다. 30초간 더 익힌 후 중간 크기의 볼에 옮긴다.

2. 갈아 놓은 오이는 꼭 짜서 물기를 제거한 다음 깨끗한 키친타월

에 말아 최대한 물기를 없앤다. 마늘 혼합물과 함께 볼에 넣는다. 요거트, 레몬즙, 민트를 넣고 잘 섞어 준다. 소금과 후추로 간을 맞춘다(약 1컵 분량이 나오며, 하루 전에 만들어 뚜껑을 덮어 냉장고에 보관한다).

3. 미트볼 만들기: 오븐을 180도로 예열하고 베이킹 시트에 유산지를 깔아 준다.

4. 큰 볼에 양고기, 카사바, 올리브 오일, 마늘 가루, 오레가노, 자타르, 민트, 소금, 후추를 넣고 모든 재료를 고르게 섞는다. 12등분(아이스크림 스쿱을 사용하면 편하다)으로 나누고 공 모양으로 굴려 베이킹 시트에 올린다. 미트볼에 쿠킹 스프레이를 뿌린다. 완전히 익을 때까지 15~18분간 굽는다.

5. 토마토와 올리브를 별도의 그릇에 담고 양상추를 접시에 올린다. 미트볼과 차지키를 담아내고 각자 먹고 싶은 양만큼 양상추 랩을 만들어 먹도록 한다.

1회 제공량당: 508kcal, 단백질 30g, 지방 35g, 탄수화물 20g, 섬유질 3g

돼지고기 레시피

매콤한 들소고기 칠리

칠리는 시간이 지나면 풍미가 더욱 좋아진다. 가능하면 먹기 전날 만들어 하룻밤 동안 냉장 보관해 두었다가 다음 날 다시 데워 먹는 것을 추천한다. 라임즙을 넣고 소금과 후추로 간을 한 후에도 무언가가 부족한 느낌이 든다면 꿀을 조금 넣어 보자. 약간의 단맛이 풍미를 높일 수 있다.

준비 시간: 30분

조리 시간: 1시간

조리 분량: 약 9컵

베이컨 지방 또는 아보카도 오일 1큰술

매운 돼지고기 소시지 220g 껍질을 제거해 준비

큰 양파 1개 다져서 준비(약 2.5컵)

큰 할라페뇨 1개 씨를 빼고 다져서 준비(약 1/3컵)

큰 셀러리 다진 것 2개(약 3/4컵)

중간 크기 붉은 피망 씨 빼고 다진 것 1개(약 1컵)

고운 소금과 간 후추

다진 마늘 3쪽

간 들소고기 680g

칠리 파우더 1큰술

말린 오레가노 1큰술

커민 가루 1.5작은술

훈제 파프리카 1/2작은술

시나몬 가루 1/4작은술

직화 다진 토마토 420g 캔 1개

토마토 페이스트 2큰술

코코넛 아미노 1큰술

소고기 또는 닭 뼈 육수 1컵

라임 주스 또는 애플 사이다 비니거 1큰술

꿀 1/4작은술(선택 사항)

토핑: 다진 아보카도, 간 체더 치즈, 사워크림, 다진 무, 고수 또는 기타

토핑*(선택 사항)*

1. 큰 더치 오븐(주철 소재로 만들어진 냄비의 일종)에 베이컨 지방을 넣고 중간 불에 올려 기름을 녹인다. 소시지를 넣고 5~7분간 굽는데 이 때 나무 숟가락으로 소시지 결을 잘게 부수면서 굽는다. 소시지가 완전히 익고 지방이 녹을 때까지 충분히 볶아 준다. 양파, 할라페뇨, 셀러리, 피망을 추가한다. 소금과 후추를 뿌리고 저어 가며 부드러워질 때까지 6~8분간 조리한다. 마늘을 넣고 향이 날 때까지 약 1분간 볶는다.

2. 소고기를 넣는다. 소금과 후추로 넉넉히 간하고 나무 숟가락으로 저어 가며 고기가 잘게 부서지고 완전히 익을 때까지 6~8분간 더 조리한다. 칠리 파우더, 오레가노, 커민, 파프리카, 시나몬을 넣은 후 향신료가 잘 섞이고 향이 날 때까지 1~2분간 더 저어 준다.

3. 토마토, 토마토 페이스트, 코코넛 아미노, 육수를 넣고 저어 주는데 이때 냄비 바닥에 갈색으로 변한 부분이 있다면 건져 올리며 조리한다. 살짝 끓어오르면 불을 약하게 줄이고 끓인다. 뚜껑을 덮고 30분간 더 졸여 준다.

4. 라임즙과 꿀(선택 사항)을 칠리에 넣고 섞어 준다. 맛을 보고 소금과 후추로 간을 맞춘다. 원하는 경우 토핑과 함께 먹거나 식힌 후 뚜껑을 덮고 냉장 보관했다가 나중에 먹어도 좋다. 다시 꺼내 먹을 때는 가스 불에서 중약불로 데운다.

1회 제공량(1컵): 378kcal, 단백질 59g, 지방 12g, 탄수화물 9g, 섬유질 2g

식물성 재료로 만들기:

　식물성 소시지를 사용하고 간 소고기는 물기를 제거한 통조림 콩 또는 렌틸콩으로 대체한다.

돼지고기 사과 소시지 패티

　직접 만든 소시지를 식탁 위에 올리면 요리에 대한 신뢰감이 올라 간다. 하지만 소시지 만들기가 얼마나 쉬운 일인지 다른 사람에게 굳이 말할 필요는 없다. 패티는 최대 하루 전에 만들어서 뚜껑을 덮어 냉장 보관할 수 있다. 또는 조리한 후 식혀서 뚜껑을 덮어 냉장 보관했다가 나중에 먹어도 된다. 프라이팬에 살짝 데우거나 토스터 오븐 트레이로도 충분히 데워 먹을 수 있다.

　준비 시간: 10분

　조리 시간: 1회당 8분

　조리 분량: 패티 8조각

　간 돼지고기 450g

　신맛이 나는 작은 사과 1개, 껍질을 벗기고 씨앗을 제거한 뒤 강판에 갈 아서 준비(약 ½컵)

　다진 생 세이지 2작은술

　마늘 가루 1/2작은술

　고운 소금 3/4작은술

　간 후추 1/4작은술

1. 큰 볼에 돼지고기, 사과, 세이지, 마늘 가루, 소금, 후추를 넣고 잘 섞어 준다. 팔등분하여 약 0.6센티미터 두께의 패티 모양으로 만든다(지름은 약 6센티미터).

2. 넓은 프라이팬을 중불로 예열한다. 패티를 넣고 반죽이 완전히 익어 옅은 갈색이 될 때까지 충분히 익힌 후 중간에 한 번 뒤집어 총 5~8분간 조리한다. 뜨거운 상태로 낸다.

1회 제공량(패티 1개): 155kcal, 단백질 10g, 지방 11g, 탄수화물 4g, 섬유질 1g

랜치 돼지고기 메달리온

돼지 안심살을 향신료가 가미된 버터밀크에 절이면 톡 쏘면서도 크리미한 랜치 소스의 풍미가 느껴지는 메달리온이 완성된다. 날씨가 좋으면 팬에 튀기는 대신 야외 그릴에 구워 먹어도 좋다. 매운맛을 좋아한다면 매콤한 소스를 살짝 뿌려 먹어도 맛있다.

준비 시간: 15분
조리 시간: 10분
조리 분량: 4인분

말린 파슬리 1큰술
마늘 가루 1큰술
말린 차이브 2작은술
양파 가루 2작은술

말린 딜 1.5작은술

스위트 파프리카 1/4작은술

저지방 버터밀크 2컵

꿀 2작은술

고운 소금 1큰술

간 후추 1/2작은술

돼지고기 안심 680g

기 버터 또는 아보카도 오일 2큰술

1. 큰 볼에 파슬리, 마늘 가루, 쪽파, 양파 가루, 딜, 파프리카를 넣고 포크로 저어 잘 섞어 준다. 약 5큰술 정도가 된다. 절반은 덜어 내고 남은 2.5큰술은 뚜껑을 덮어 냉장 보관한다. 덜어 낸 절반을 버터밀크, 꿀, 소금, 후추와 함께 큰 볼에 넣고 섞는다.

2. 돼지고기 비계 부분을 제거한다. 돼지고기는 키친타월로 물기를 제거하고 버터밀크 혼합물과 함께 볼에 넣는다. 뚜껑을 덮고 최소 4시간에서 최대 하룻밤 동안 냉장 보관한다.

3. 고기를 조리할 준비가 되면 숙성시킨 돼지고기를 꺼내 물기를 닦아 준다. 고기를 1.3cm 두께로 자른다. 식칼 옆면으로 고기를 두드려 0.6cm 두께로 납작하게 만든다. 소금으로 간을 하고 미리 준비해 둔 양념 혼합물을 뿌린 후 눌러서 양념이 잘 붙도록 한다.

4. 큰 프라이팬에 기 버터를 넣고 중불에 올려 녹인다. 달군 프라이팬에 메달리온을 넣고 한 면당 속이 노릇해지고 분홍빛이 나지 않을 때까지 1~3분간 더 조리한다(팬에 한 번에 너무 많은 양을 굽지 말고 필요한 경우 여러 번 나눠서 조리한다). 뚜껑을 덮어 보온하고 5분간 레스팅한 뒤 식탁 위에 올린다.

참고:

버터밀크가 남았다면 냉동 보관해도 좋다. 오래 보관할 생각이라면 얼음 트레이나 실리콘 머핀 틀에 얼린 후 꺼내서 냉동 지퍼백에 넣어 보관하자.

1회 제공량당: 271kcal, 단백질 36g, 지방 11g, 탄수화물 8g, 섬유질 1g

베트남식 캐러멜 포크

'캐러멜'을 돼지고기와 함께 먹는 게 이상하게 느껴질 수도 있지만 한번 맛보면 왜 이런 이름을 갖게 되었는지 알게 될 것이다. 코코넛 설탕이 캐러멜화되어 마늘, 생강, 돼지고기의 풍미를 한층 더 높여 준다. 거기에 민트와 바질은 완성된 요리에 화사함을 더한다. 내가 가장 좋아하는 방법은 양상추 잎에 싸서 먹는 것이다.

준비 시간: 15분
조리 시간: 20분
조리 분량: 4인분(양은 두 배로 늘릴 수 있음)

아보카도 오일 2큰술

대파 6대, 흰색과 연한 녹색 부분을 사선으로 썰어 준비(3/4컵)

다진 생강 1큰술

다진 마늘 2쪽(2작은술)

물기를 제거한 시판 레몬그라스 2작은술 다져서 준비(선택 사항)

씨를 제거한 빨강 또는 초록 고추 1개(태국 고추 또는 프레즈노 고추) 얇게

썰어서 준비

고운 소금

간 돼지고기 450g

코코넛 설탕 5큰술

피시 소스 2.5큰술

상추, 밥 또는 콜리플라워 라이스, 다진 생 민트와 타이 바질(선택 사항)

1. 큰 프라이팬에 아보카도 오일을 두르고 중불에 올린다. 파, 생강, 마늘, 레몬그라스(사용하는 경우), 레드 칠리를 넣고 소금으로 간을 맞춘다. 향이 날 때까지 1~2분간 저어 가며 볶는다. 돼지고기를 넣고 2~3분간 저어 주며 볶다가 반쯤 익기 시작하면 잘게 부서질 때까지 볶아서 조리한다.

2. 코코넛 설탕과 피시 소스를 넣고 잘 섞어 준다. 혼합물을 프라이팬에 펴서 2분간 건드리지 않고 끓인다. 잘 섞어 준 후 다시 펼쳐서 30초~1분간 팬 위에 그대로 두어 혼합물이 캐러멜화될 때까지 끓인다. 고기가 진한 황금색이 되고 향이 나기 시작하면 캐러멜화가 될 때까지 5~7분 더 반복하여 졸여 준다.

3. 양상추, 밥 또는 콜리플라워 라이스와 함께 뜨거운 상태로 낸다. 원하는 경우 민트 또는 타이 바질을 추가해도 좋다.

1회 제공량당: 438kcal, 단백질 21g, 지방 29g, 탄수화물 26g, 섬유질 1g

셀러리 사과 샐러드를 곁들인 바삭한 돈가스

돼지고기 안심에 포크 판코를 입혀 팬에 튀겨 낸 멈출 수 없는 맛이다. 엔다이브, 셀러리, 사과, 생파슬리, 말린 대추야자를 함께 곁들인 가벼운 샐러드는 풍부한 맛의 고기와 완벽한 조화를 이룬다. 기호에 따라 돼지고기 대신 얇은 치킨커틀릿으로 대체할 수도 있다.

준비 시간: 30분
조리 시간: 1회당 6분
조리 분량: 4인분

샐러드:

엔다이브 2포기, 세로로 반을 잘라 얇게 썰어 준비(약 3컵)

셀러리 4줄기 사선으로 얇게 썰어 준비(약 1.75컵)

중간 크기 사과 1개는 씨를 제거해 잘게 썰어서 준비(약 1.5컵)

생 이탈리안 파슬리 잎 1/3컵

씨를 뺀 말린 대추야자도 잘게 썰어서 준비 1/4컵

엑스트라 버진 올리브 오일 1큰술

레몬즙 1큰술

고운 소금과 간 후추

돼지고기:

손질된 돼지고기 안심 560~680g

고운 소금과 간 후추

달걀 1개

포크 판코 3/4컵

칡 가루 2큰술

마늘 가루 1/2작은술

양파 가루 1/4작은술

훈제 파프리카 1/4작은술

튀김용 아보카도 오일

장식용 레몬 조각(선택 사항)

1. 테두리가 있는 베이킹 시트에 쿨링 랙을 깔고 오븐을 90도로 예열한다.

2. 샐러드 만들기: 중간 크기의 볼에 엔다이브, 셀러리, 사과, 파슬리, 대추야자를 넣고 섞는다. 올리브 오일과 레몬즙을 뿌리고 부드럽게 버무린다. 소금과 후추로 간하고 다시 버무린다.

3. 돈가스 만들기: 돼지고기를 약 1.3cm 두께로 자른다. 식칼 옆면을 이용해 돼지고기를 눌러서 0.6cm 두께로 납작하게 만든다. 키친 타월로 두드려 물기를 제거하고 소금과 후추로 간한다.

4. 볼에 달걀을 풀어 준다. 다른 볼에는 판코, 칡 가루, 마늘 가루, 양파 가루, 파프리카를 넣고 섞는다. 큰 프라이팬에 아보카도 오일을 0.6cm 높이로 두르고 중간보다 센 불에 올린다.

5. 돼지고기에 달걀물을 입히고 여분을 털어 낸 다음 판코를 골고루 입힌다. 남은 돼지고기도 같은 과정을 반복한다. 판코를 입힌 돼지고기 몇 조각을 프라이팬에 넣고(한 번에 너무 많이 넣지 않는다) 한 면이 노릇해질 때까지 2~3분간 튀긴다. 조심스럽게 뒤집어 양면이 노릇해지고 완전히 익을 때까지 2~3분 더 튀긴다. 익힌 돈가스는 오븐으로 옮겨 보온하고 남은 돈가스도 같은 과정을 반복하면서 중간중간 기름을 더 추가한다.

6. 샐러드를 접시 4개에 나누어 담는다. 돈가스도 나누어 담는다. 레몬 조각을 함께 곁들여 낸다.

1회 제공량당: 541kcal, 단백질 55g, 지방 23g, 탄수화물 26g, 섬유질 4g

참고:

이 샐러드는 닭고기나 생선과도 잘 어울린다. 대체한 음식이 돈가스처럼 바삭하지 않다면 짭짤하게 볶은 피스타치오를 곁들여 샐러드에 바삭한 식감을 추가해도 좋다.

베이비 케일과 소시지 국수호박 베이크

라자냐는 먹고 싶지만 탄수화물과 치즈가 많이 들어간 일반 라자냐가 부담스럽다면 이 요리가 제격이다. 국수호박을 층층이 쌓아 면을 대체했고 염소 치즈를 조금만 첨가하면 크리미한 맛을 낼 수 있다. 채소와 고소한 소시지가 듬뿍 들어 있어 온 가족이 좋아할 만한 한 끼 식사가 된다.

준비 시간: 20분

조리 시간: 1시간 15분

조리 분량: 4인분

중간 크기 국수호박 1개(약 1.2kg)

엑스트라 버진 올리브 오일 2큰술

고운 소금과 간 후추

달콤하거나 매콤한 이탈리안 소시지 약 450g 껍질을 제거해 준비

중간 크기 노란 양파 1개 다져서 준비(약 1.5컵)

다진 마늘 3쪽(1큰술)

잘게 썬 베이비 케일 140g

시판 마리나라 소스 1.5컵

소프트 염소 치즈 약 110g 잘게 부숴 준비

1. 큰 베이킹 시트에 유산지를 깔고 오븐을 200도로 예열한다.
   20cm 정사각형 베이킹 접시에 기름을 바른다.
2. 국수호박을 튼튼한 도마 위에 올린다. 날카로운 식칼로 둥근 바
   닥 부분과 줄기 끝을 잘라낸다. 잘라낸 바닥 부분이 아래로 향하
   게 놓는다. 국수호박 가운데에 칼을 두고 세로로 반으로 자른다.
   큰 숟가락으로 씨를 긁어 낸다.
3. 국수호박 안쪽에 올리브 오일 1큰술을 바르고 소금과 후추로 간
   을 한다. 자른 면이 아래로 향하도록 베이킹 시트 위에 올린다. 부
   드러워지고 칼로 쉽게 뚫릴 때까지 45~50분간 굽는다. 조심스럽
   게 뒤집어 한 김 식힌다.
4. 큰 프라이팬에 남은 오일 1큰술을 두르고 중간 불에 올린다. 소시
   지를 넣고 7~9분간 굽는데 이때 나무 숟가락으로 잘게 부수면서
   고기가 완전히 익고 곳곳에 갈색빛이 돌 때까지 볶는다. 구멍 국
   자로 큰 볼에 옮긴다. 양파를 프라이팬에 넣고 소금과 후추로 간
   한 후 부드러워질 때까지 6~8분간 저어 가며 볶는다. 마늘을 넣
   고 향이 날 때까지 1분간 더 볶아 준다. 케일을 한 줌 넣고 소금으
   로 간한 후 숨이 죽을 때까지 3~4분간 저어 가며 볶는다. 혼합물
   을 소시지와 함께 볼에 넣는다.
5. 포크를 사용하여 국수호박 가닥을 긁어낸다(약 3.5컵이 나온다). 긁
   어낸 국수호박 절반을 베이킹 접시에 펼친다. 소시지 혼합물의
   절반을 얹는다. 소스의 절반을 펴 바르고 염소 치즈 절반을 뿌린

다. 이 과정을 반복한 뒤 맨 위에는 염소 치즈 층이 올라오게 한다. 따뜻하게 지글지글 끓을 때까지 20~25분간 더 굽는다. 뜨거운 상태로 완성된 요리를 식탁 위에 올린다.

1회 제공량당: 468kcal, 단백질 26g, 지방 26g, 탄수화물 34g, 섬유질 7g

참고:

이 요리는 모든 재료를 미리 만들어 둘 수 있으므로 저녁 식사 시간에 층을 쌓아서 굽기만 하면 된다. 국수호박은 미리 익혀서 가닥을 긁어내고 뚜껑을 덮어 냉장 보관한다. 소시지, 양파, 케일 혼합물은 익힌 후 뚜껑을 덮은 별도의 그릇에 담아 보관한다. 먹기 전에 오븐에 한 번 돌려서 따뜻하게 먹는다.

식물성 재료로 만들기:

소시지 대신 다진 버섯을 추가하면 요리의 양을 늘릴 수 있다.

클래식 풀드 포크

풀드 포크는 슬로우 쿠커를 사용해 만드는 것이 일반적이지만 나는 개인적으로 더치 오븐으로 만드는 것을 선호한다. 조금 더 손이 가긴 하지만 시간과 노력을 조금만 더 투자하면 훨씬 맛있는 요리를 즐길 수 있다. 고기가 부드럽고 잘게 찢어지며 눅눅하지 않고 부드러운 풍미를 즐길 수 있다. 샐러드나 저탄수화물 빵에 얹어 먹을 수 있고 달걀 프라이와 함께 먹어도 좋다.

준비 시간: 20분

조리 시간: 3시간 15분

조리 분량: 약 8컵

코코넛 설탕 3큰술

마늘 가루 2작은술

말린 오레가노 2작은술

고운 소금 1작은술

훈제 파프리카 1작은술

스위트 파프리카 1작은술

간 후추 1/2작은술

칠리 파우더 1/2작은술

뼈 없는 돼지 어깨살 1.8kg은 지방을 다듬고 5cm 크기로 자른 후 물기
제거해 준비

아보카도 오일 2큰술

닭 뼈 육수 1/2컵

무설탕 바비큐 소스(선택 사항)

1. 오븐을 150도로 예열한다.

2. 큰 볼에 코코넛 설탕, 마늘 가루, 오레가노, 소금, 파프리카 가루
   두 가지, 후추, 칠리 파우더를 넣고 섞어 준다. 돼지고기를 넣고
   고기에 양념이 골고루 묻을 때까지 버무린다.

3. 더치 오븐에 아보카도 오일을 넣고 중불로 가열한다. 돼지고기를
   넣고 집게로 몇 번 뒤집으면서 사방이 노릇해질 때까지 3~5분간
   조리한다(한 번에 너무 많은 양을 굽지 말고 여러 번 나누어 구우면서 중간중

간 기름을 더 추가한다).

4. 돼지고기가 노릇하게 익으면 모든 고기를 넣는다(빠져나온 육즙도 모두 부어준다). 육수를 붓고 뚜껑을 덮은 후 오븐으로 옮긴다. 고기 가 완전히 익어 잘게 부서지고 수분이 증발하여 지방이 익을 때 까지 2시간 반~3시간 정도 익힌다. 3시간 후에도 육즙이 너무 많 이 남아 있다면 뚜껑을 열고 15~20분 더 둔다. 고기를 잘게 찢고 저어 준다. 맛을 보고 필요하면 소금과 후추로 간을 맞춘다. 바로 먹거나 식혀서 냉장 보관한 뒤 나중에 사용해도 좋다. 원하는 경 우 바비큐 소스와 함께 낸다.

1회 제공량(1컵): 375kcal, 단백질 55g, 지방 12g, 탄수화물 7g, 섬유질 1g

어패류 레시피

김치새우볶음밥

김치볶음밥은 채소를 많이 넣어 장 건강에 도움이 되는 영양 가득 한 한 끼 식사로 안성맞춤이다. 콜리플라워 라이스는 전분질 채소를 대체하며 신선한 마늘과 생강은 풍미와 항염증 효과를 더하고 새우는 단백질을 공급한다. 여기에 발효시킨 배추와 고추를 잔뜩 넣어 만든 한국식 김치가 매운맛을 더한다. 이 모든 것을 아주 간단하게 만들 수 있다.

준비 시간: 15분
조리 시간: 15분

조리 분량: 4인분

무염 버터 1큰술

중간 크기나 큰 새우 약 560g, 껍질을 벗기고 내장을 제거해 준비

고운 소금과 간 후추

아보카도 오일 1큰술

다듬은 대파 6대, 흰색과 연한 녹색 부분을 어슷하게 썰어서 준비(약 3/4 컵, 진한 녹색 부분은 장식용으로 남겨 두기)

다진 생강 1.5큰술

냉동 콜리플라워 라이스 340g 1팩

코코넛 아미노 2큰술

김치 2컵은 물기를 제거하고 다져서 준비

참기름 2큰술

1. 큰 프라이팬에 버터를 넣고 중불로 녹인다. 새우를 넣고 소금과 후추로 간한 후 새우가 불투명하게 익을 때까지 3~4분간 볶는다. 그릇에 옮겨 담고 뚜껑을 덮어 보온한다.

2. 같은 프라이팬에 아보카도 오일을 두르고 불을 올린다. 대파와 생강을 넣고 소금으로 간을 맞춘다. 파 향이 올라올 때까지 약 1분간 저어 가며 볶는다. 콜리플라워 라이스를 넣고 소금과 후추로 간을 한 후 불을 중불로 올리고 4~6분간 따뜻하게 익을 때까지 더 볶는다. 코코넛 아미노를 넣어 섞어 주고 수분이 날아갈 때까지 약 1분간 볶아 준다. 새우와 김치를 넣고 몇 초간 볶은 후 마지막으로 참기름을 추가해 버무린다. 파 초록 부분을 밥 위에 뿌려서 마무리한다.

1회 제공량당: 338kcal, 단백질 28g, 지방 20g, 탄수화물 11g, 섬유질 3g

식물성 재료로 만들기:

새우 대신 완두콩이나 팥으로 대체해도 좋다. 이때 넣는 김치는 식물성 재료로 만든 비건 김치를 사용한다.

매콤한 새우를 곁들인 오이 아보카도 냉수프

냉수프는 민트와 핫소스를 넣어 준비하는데 맵지 않게 크리미한 풍미를 즐길 수 있다. 새우와 칠리 파우더가 상큼한 수프의 균형을 잡아주며 여름철 가벼운 식사로 충분할 만큼 든든한 한끼가 된다. 팁: 물을 넣지 않고 묽게 만들면 아보카도 혼합물을 디핑 소스로도 쓸 수 있다.

준비 시간: 15분
조리 시간: 10분
조리 분량: 4인분

껍질을 벗기고 내장을 제거한 중간 크기의 새우 약 450g, 키친타월로 물기를 제거해 준비
엑스트라 버진 올리브 오일 1큰술, 마지막에 한 바퀴 두를 추가 분량도 준비
칠리 파우더 1/2작은술
고운 소금과 간 후추
잘 익은 중간 크기 아보카도 2개는 반으로 자르고 씨를 제거해 준비
씨를 뺀 오이 1개는 다져서 준비(약 2컵)

전지방 요거트 1/4컵

라임 제스트 1작은술

라임 주스 1/4컵

다진 생민트 2큰술

코코넛 아미노 1작은술

핫소스 1작은술, 장식용 추가 분량도 준비

생 꿀 0.5~1작은술(선택 사항)

1. 테두리가 있는 큰 베이킹 시트에 유산지를 깔고 200도로 오븐을 예열한다.
2. 볼에 새우, 올리브 오일, 칠리 파우더를 넣고 섞어 준다. 소금과 후추로 간한다. 베이킹 시트에 평평하게 펴서 올리고 새우가 완전히 익어 분홍색이 될 때까지 8~10분간 구운 후 도마로 옮긴다.
3. 아보카도 껍질에서 과육을 분리해 블렌더에 넣는다. 오이, 요거트, 라임 제스트와 라임즙, 민트, 코코넛 아미노산, 꿀을 넣고 부드러워질 때까지 블렌딩한다. 필요한 경우 물로 희석하여 원하는 농도를 맞춘다. 맛을 보고 소금과 후추로 간을 한다(약 2.25컵이 나온다).
4. 새우를 큼직하게 썬다. 얕은 그릇 4개에 완성된 수프를 나누어 담고 새우를 올린다. 오일을 뿌리고 취향에 따라 파슬리 또는 핫소스를 몇 번 뿌려 먹는다.

1회 제공량당: 373kcal, 단백질 32g, 지방 24g, 탄수화물 7g, 섬유질 4g

식물성 재료로 만들기:

새우를 생략한다.

새우 루이 샐러드로 속을 채운 아보카도

크리미하고 톡 쏘는 새우 루이는 만들기도 쉽고 맛도 좋아 언제든 먹기 좋은 요리다. 새우 루이를 아보카도 반쪽 위에 올려 먹으면 풍성한 점심 한 끼가 된다. 단백질과 건강한 지방이 풍부해 몇 시간 동안은 충분히 포만감을 느낄 수 있다. 아보카도를 좋아하지 않거나 쉽게 구할 수 없다면 구운 콜리플라워 부침개에 얹어 먹어도 좋다.

준비 시간: 25분

조리 시간: 10분

조리 분량: 4인분

중간 크기 새우 680g은 껍질을 벗기고 내장을 제거해 준비

엑스트라 버진 올리브 오일 1큰술

고운 소금과 간 후추

아보카도 오일 마요네즈 1/3컵

케첩 1/4컵(되도록 무가당으로 사용할 것)

잘게 다진 피클 1/4컵

코코넛 아미노 1/2작은술

핫소스 1/4작은술(선택 사항)

다진 셀러리 2대(약 1/3컵)

빨간 피망 1/2개 씨를 빼고 다져서 준비(약 1/2컵)

다진 생 딜 2작은술

잘 익은 아보카도 2개

1. 오븐을 200도로 예열한다. 큰 베이킹 시트에 유산지를 깔아 준다.

2. 새우를 키친타월로 두드려 물기를 제거한다. 올리브 오일을 버무려 코팅하고 소금과 후추를 뿌린다. 새우를 베이킹 시트 위에 평평하게 펴 올리고 완전히 익어 분홍색이 될 때까지 8~10분간 구운 후 도마로 옮겨 식힌다.

3. 작은 볼에 마요네즈, 케첩, 피클, 코코넛 아미노, 핫소스(기호에 따라)를 넣고 섞어 준다. 맛을 보고 소금과 후추로 맞춘다(약 3/4컵이 나온다).

4. 새우가 식으면 큼직하게 썰어 큰 그릇에 옮겨담고 셀러리와 피망을 넣는다. 드레싱 4~5큰술과 딜을 넣고 함께 섞는다. 입맛에 따라 드레싱을 더 넣는다. 맛을 보고 소금과 후추로 간을 맞춘다(약 3.5컵 정도 나온다).

5. 접시 4개에 아보카도를 반씩 올린다. 소금과 후추로 가볍게 간한다. 아보카도 반쪽 위에 새우 샐러드를 숟가락으로 떠서 도톰하게 쌓아 올린다. 드레싱을 추가로 뿌려서 낸다.

1회 제공량당: 498kcal, 단백질 42g, 지방 33g, 탄수화물 13g, 섬유질 6g

매콤한 토마토 초리조 홍합국

홍합 요리는 복잡하고 집에서 만들기 어려울 것 같지만 빠르고 쉽게 요리할 수 있으며 경제적이기까지 하다. 초리조는 요리에 깊이와 훈제 향을 더한다. 마늘을 생략하고 싶다면 스모크드 파프리카 1/2작은술을 추가하면 좋다. 홍합이 서로 겹치지 않고 어느 정도 공간을 확보할 수 있을 정도로 큰 냄비를 사용하라. 홍합이 겹쳐져 있으면 익는데 시간이 더 오래 걸리기 때문이다. 10분이 지나도 입을 벌리지 않은 홍합은 상했을 가능성이 있으니 버리는 것이 좋다.

준비 시간: 15분
조리 시간: 20분
조리 분량: 4인분

아보카도 오일 1큰술
다진 스페인식 초리조 85g
양파 1개는 다져서 준비(약 1컵)
고운 소금과 간 후추
다진 마늘 3쪽(1큰술)
매운 파프리카 1/2작은술
크러시드 레드 페퍼 1/4작은술
직화 다진 토마토 400g 캔 1개
드라이 화이트 와인 1/2컵
생 타임 3쪽
문질러서 수염을 떼어 낸 홍합 1.8kg
구운 그레인 프리 빵, 으깬 콜리플라워 또는 감자, 익힌 폴렌타 또는 익힌 주키니 국수(선택 사항)

1. 더치 오븐이나 큰 냄비에 아보카도 오일을 두르고 중간 불에 올

린다. 초리조를 넣고 2~3분간 저어 가며 완전히 익을 때까지 볶는다. 양파를 넣고 소금을 뿌린 후 숨이 죽을 때까지 4~5분간 더 볶는다. 다시 마늘을 넣고 향이 날 때까지 볶다가 파프리카와 레드페퍼를 넣고 잘 저어 준다.

2. 토마토와 와인을 넣고 섞는다. 팬 바닥에 갈색으로 변한 부분을 긁어내면서 저어 준다. 타임 가지와 홍합을 넣고 소스가 골고루 묻도록 버무린다. 뚜껑을 덮고 홍합 입이 벌어질 때까지 8~10분간 끓인다(10분 후에도 입을 벌리지 않은 홍합은 모두 버린다).

3. 입맛에 따라 구운 빵, 주키니 국수, 으깬 콜리플라워 또는 다른 사이드 디시와 함께 상 위에 올린다.

1회 제공량당: 335kcal, 단백질 35g, 지방 11g, 탄수화물 18g, 섬유질 2g

참치 푸타네스카로 속을 채운 토마토

푸타네스카는 케이퍼, 올리브, 안초비처럼 톡 쏘는 짭짤한 맛을 내는 식재료들을 한데 모은 음식이다. 전통적인 방식으로 파스타 위에 얹어 먹는 대신, 오일에 담긴 참치를 더해 토마토에 채워 넣으면 단백질과 건강한 지방이 풍부한 훌륭한 요리가 된다. 풍미가 가득하고 만드는 번거로움도 없어 맛있는 한 끼 식사가 완성된다.

준비 시간: 20분
조리 분량: 4인분

중간 크기 토마토 4개

올리브 오일에 담긴 참치 필레 190g 2병

물기를 제거한 케이퍼 2큰술은 굵게 다져서 준비

다진 안초비 통조림 필레 3조각

블랙 올리브 또는 칼라마타 1/4컵은 씨를 제거하고 다져서 준비

말린 오레가노 1/2작은술

레드 페퍼 1/8작은술(매운맛을 좋아한다면 더 넣어도 된다)

고운 소금과 간 후추

엑스트라 버진 올리브 오일(선택 사항)

1. 토마토 윗부분을 잘라 낸다. 멜론 볼러나 숟가락을 사용해 씨와 속을 파낸다.
2. 볼에 참치를 넣고 포크로 잘게 찢는다. 멸치, 올리브, 오레가노, 레드 페퍼를 넣고 잘 섞일 때까지 포크로 저어 준다. 맛을 보고 소금과 후추로 간을 맞춘다.
3. 토마토 안쪽을 소금과 후추로 간한다. 토마토 속에 참치 혼합물을 숟가락으로 떠 넣는다. 원하는 경우 오일을 추가로 뿌려도 좋다. 뚜껑을 덮고 최대 4시간 동안 냉장 보관한다.

1회 제공량당: 234kcal, 단백질 20g, 지방 14g, 탄수화물 6g, 섬유질 0g

연어 케이크

생선을 먹지 않는 사람이라도 연어 케이크는 먹을 수 있다. 연어 통조림을 사용해 만들면 시간과 비용을 절약할 수 있으며, 껍질과 뼈가 없는 자연산 연어를 선택하면 가장 건강하고 쉽게 만들 수 있다. 포크

판코는 탄수화물이 없는 풍미 좋은 빵가루로 이 연어 패티에 풍성함을 더한다.

준비 시간: 15분
조리 시간: 10분
조리 분량: 패티 8조각

물기를 제거한 연어 420g 캔 2개

포크 판코 1컵

아보카도 오일 마요네즈 1/2컵

샬롯 1개 다져서 준비(약 1/3컵)

다진 생 딜 1.5큰술

레몬 제스트 1작은술

레몬즙 1큰술

물기를 제거한 케이퍼 다진 것 2작은술

디종 머스터드 1작은술

달걀 2개 풀어서 준비

고운 소금과 간 후추

튀김용 아보카도 오일

1. 큰 볼에 연어, 판코, 마요네즈, 샬롯, 딜, 레몬 제스트와 레몬즙, 케이퍼, 머스터드, 달걀을 넣고 섞는다. 소금과 후추로 간한다. 팔등분한 다음 약 8cm 너비, 약 1.3cm 두께 패티로 만든다.
2. 테두리가 있는 큰 베이킹 시트에 쿨링 랙을 깔고 오븐을 90도로 예열한 후 오븐에 넣는다.

3. 큰 코팅 프라이팬에 아보카도 오일을 약 2.5cm 높이만큼 붓고 중불에 올린다. 한 번에 들어갈 수 있는 만큼 패티를 올린다. 바닥이 노릇해질 때까지 3~4분간 튀긴다. 조심스럽게 뒤집어 양면이 노릇해지고 완전히 익을 때까지 3~4분 더 조리한다(한쪽 중앙에 작게 칼집을 내 확인). 오븐의 베이킹 시트에 옮겨 보온한다. 남은 패티들도 같은 방법으로 조리한다.

1회 제공량(패티 1개): 379kcal, 단백질 42g, 지방 23g, 탄수화물 3g, 섬유질 0g

참고:

이 패티는 무궁무진한 방법으로 맛에 변화를 줄 수 있다. 샬롯, 시트러스, 케이퍼, 머스터드, 향신료 대신 파, 생강, 마늘을 넣고 볶은 참기름을 살짝 뿌려 아시아풍으로 바꿔 보는 것도 방법이다. 딜 대신 파슬리나, 고수, 타라곤을 사용해 보자. 올드베이Old Bay 시즈닝을 넣거나 레몬 대신 칠리 파우더와 라임을 사용해도 좋다. 자유롭게 이것저것 시도하며 자신만의 레시피를 만들어 보자.

또한, 업그레이드 치즈버거의 스페셜 소스나 양상추로 감싼 그리스식 양고기 미트볼과 차지키의 소스 등을 패티 위에 뿌려서 먹어 보자. 패티에 카레 가루와 라임을 넣어 인도식 맛을 내도 좋고 시판 처트니를 곁들이거나 와사비와 꿀을 마요네즈에 섞어 아시아식 연어 케이크로 만들어도 좋다. 또는 시판 페스토를 요거트에 섞어 독특한 지중해식 소스를 만들어 활용하는 것도 추천한다.

태국식 생선 및 채소 커리

더는 태국 음식을 배달로 시켜 먹을 필요가 없다. 집에서 진하고 풍미 가득한 카레를 만들 수 있기 때문이다. 다양한 채소와 향긋한 향, 부드러운 코코넛 밀크가 어우러진 이 요리는 쌀쌀한 밤에 즐기기에 안성맞춤이다. 소스에 생선을 살짝 데치기만 하면 되는 간단한 조리 방법이라 만드는 부담도 적다. 콜리플라워 라이스만 조리하면 한 그릇으로 먹을 수 있는 한 끼 식사가 완성된다.

준비 시간: 20분

조리 시간: 25분

조리 분량: 4인분

아보카도 오일 *2큰술*

얇게 썬 표고버섯 110g(약 2.5컵)

고운 소금

작은 브로콜리 1개는 줄기와 껍질을 벗겨 슬라이스하고 잎 부분은 한입 크기로 잘라서 준비(약 2컵)

중간 크기 피망(빨강, 노랑, 주황) 1개는 씨를 빼고 다져서 준비(1컵)

흰 부분과 녹색 부분을 어슷썰기한 파 4대(약 1/3컵)

다진 생강 2큰술

다진 마늘 3쪽(1큰술)

시판 레몬그라스 1큰술 다져서 준비

레드 커리 페이스트 2큰술

전지방 코코넛 밀크 380g 캔 1개

라임 주스 2큰술

피시 소스 2큰술

대구 또는 해덕대구 450g을 5cm 크기로 잘라서 준비

간 후추

장식용 생 고수잎*(선택 사항)*

1. 큰 냄비에 아보카도 오일 1큰술을 넣고 중불에 올려 가열한다. 버섯을 넣고 소금으로 간한 후 버섯에서 수분이 빠져 노릇해질 때까지 섞어 가며 6~8분간 조리한다. 남은 오일 1큰술과 브로콜리를 넣고 소금으로 가볍게 간한 후 1~2분간 저어 가며 밝은 녹색이 될 때까지 익힌다. 피망과 파를 넣고 소금을 뿌린 후 약 1분간 부드러워질 때까지 더 볶는다.

2. 생강과 마늘을 넣고 향이 날 때까지 볶다가 레몬그라스, 커리 페이스트, 코코넛 밀크, 라임 주스, 피시 소스를 넣고 끓인다. 불을 중약불로 줄인다. 생선 조각을 소스에 넣고 뚜껑을 덮은 후 생선이 완전히 익을 때까지 5~7분간 충분히 끓인다. 맛을 보고 소금과 후추로 간을 맞춘다.

3. 밥을 같이 먹을 경우 4그릇에 나누어 담는다. 밥 위에 커리를 숟가락으로 떠서 올리고 취향에 따라 고수를 곁들인다.

1회 제공량당: 395kcal, 단백질 20g, 지방 27g, 탄수화물 14g, 섬유질 3g

참고:

커리를 더 걸쭉하게 만들고 싶으면 칡 가루 1/2작은술을 물 1/2작은술에 녹인 후 생선을 넣기 전에 넣는다.

식물성 재료로 만들기:

생선을 생략한다.

레몬 후추 버터를 곁들여 오븐 시트 팬에서
구운 연어와 브로콜리

시트 팬 요리는 뒷정리가 쉬워 바쁜 평일 저녁에 안성맞춤인 메뉴다. 레몬 후추 버터는 며칠 전에 미리 만들어 둘 수 있으니 일요일에 준비해 두면 평일 저녁에 맛있게 먹을 수 있다. 버터가 남으면 스크램블드에그, 스테이크 또는 찐 채소와 함께 먹어도 잘 어울린다. 기호에 따라 브로콜리 대신 다른 채소(또는 혼합 채소)로 바꿔도 좋다.

준비 시간: 20분

조리 시간: 20분

조리 분량: 4인분

레몬 후추 버터:

무염 버터 55g 풀어서 준비

레몬 제스트 1/2작은술

레몬즙 1작은술

굵게 간 후추 1/4작은술

고운 소금

연어와 브로콜리:

작은 브로콜리 3개 또는 큰 브로콜리 1개, 줄기는 껍질을 벗겨 슬라이스

하고 잎 부분은 한입 크기로 잘라서 준비(약 7컵)

엑스트라 버진 올리브 오일 3큰술

110~170g 연어 필레 4조각

1. 테두리가 있는 큰 베이킹 시트를 220도로 맞춘 오븐에 넣어 예열한다.

2. 버터 만들기: 작은 볼에 버터, 레몬 제스트와 레몬즙, 후추, 소금을 넉넉히 넣고 섞는다. 잘 섞일 때까지 포크로 으깨 준다(버터는 최대 2일 전에 만들어 준비해도 좋다. 원통 모양으로 말아 비닐로 싸서 냉장 보관한다. 식탁에 낼 준비가 되면 얇게 자른다).

3. 연어와 브로콜리 조리하기: 브로콜리를 중간 크기의 샐러드 볼에 넣고 올리브 오일 2큰술과 소금으로 간한 후 버무린다. 베이킹 시트에 평평하게 펴서 10분간 굽고 뒤집어서 5분 더 굽는다. 그동안 연어를 준비한다: 연어는 키친타월로 두드려 물기를 제거하고 남은 오일 1큰술로 문질러 준다. 전체에 소금으로 간을 한다.

4. 뜨거운 베이킹 시트를 오븐에서 꺼낸다. 브로콜리를 섞어 준 뒤 베이킹 시트 가장자리 부분으로 밀어 놓는다. 연어는 껍질이 아래로 향하도록 베이킹 시트에 올린다. 다시 오븐에 넣고 미디엄 레어 기준으로 4~8분간, 원하는 정도로 완전히 익을 때까지 굽는다(가장 두꺼운 부분을 잘라 보고 익었는지 확인한다. 두께 1.3cm당 약 4~6분간 굽는다).

5. 브로콜리를 접시 4개에 나눠 담는다. 각 접시에 연어 한 조각과 버터 한 덩어리를 올려서 상 위에 낸다.

1회 제공량당: 559kcal, 단백질 43g, 지방 38g, 탄수화물 11g, 섬유질 4g

참고:

　브로콜리를 더 캐러멜화하고 싶다면 연어를 넣기 전에 5분 더 구워서 준비한다.

치폴레 베이컨 관자

　관자를 맛있게 굽는 두 가지 비결은 키친타월로 두드려서 가능한 한 물기를 완벽히 제거하는 것과 팬을 뜨겁게 달구는 것이다. 이 두 가지를 모두 지키면 집에서도 레스토랑급의 관자 요리를 만들어 먹을 수 있다. 관자 옆면에는 단단한 살 조각인 막이 붙어 있는데, 손가락으로 떼어 내거나 칼을 이용해 잘라 내면 된다.

　준비 시간: 5분
　조리 시간: 15분
　조리 분량: 4인분

　베이컨 2조각
　관자 450g을 키친타월로 물기를 없애고 옆면 막을 제거해 준비
　치폴레 칠리 파우더 1/2작은술
　고운 소금과 간 후추
　다진 생 고수 1큰술
　라임 주스 1큰술
　샐러드 채소, 시판 살사, 아보카도 슬라이스, 라임 조각(선택 사항)

　1. 베이컨을 달구지 않은 큰 프라이팬에 넣는다. 중약불에 올리고

베이컨이 노릇노릇하고, 바삭하게 구워져 지방이 녹을 때까지 6~8분간 조리한다. 베이컨을 도마로 옮긴다.

2. 프라이팬 불을 중강불로 올린다. 관자에 칠리 파우더를 뿌리고 소금과 후추로 간을 맞춘다. 관자를 프라이팬에 올리고 한쪽 면이 노릇하게 익을 때까지 2~3분간 조리한다. 뒤집어서 반대쪽이 노릇해질 때까지 1~2분 더 굽는다(단 너무 바싹 익히지 말자). 프라이팬에 한 번에 너무 많이 넣어 굽지 말고 필요한 경우 여러 번 나누어 굽는 것을 추천한다.

3. 베이컨을 자르거나 부숴 준다. 관자를 접시 4개에 나눠 담는다. 베이컨, 고수, 라임즙을 뿌린다. 원하는 경우 채소, 살사, 아보카도, 라임 조각을 곁들여 낸다.

1회 제공량당: 120kcal, 단백질 18g, 지방 3g, 탄수화물 3g, 섬유질 0g

생선 및 채소 파피요트

이 메뉴가 얼마나 만들기 쉬운지 아무한테도 말하지 말자. 완성된 모습을 보면 화려한 요리처럼 느껴지지만 실제로는 여러 재료를 조립한 것에 불과하다. 생선과 채소가 유산지 안에서 쪄지기 때문에 생선 비린내가 나지 않고 망칠 일도 거의 없다. 생선 요리가 어렵게 느껴진다면 여기서부터 시작하자.

준비 시간: 20분
조리 시간: 20분
조리 분량: 4인분

작은 레몬 1개는 문질러 씻고 얇게 8조각으로 잘라 준비

넙치 또는 대구 필레 110~170g 4조각은 키친타월로 물기를 제거해 준비

고운 소금과 간 후추

시판 페스토 4큰술

중간 크기 당근 2개 잘게 썰어서 준비(약 1컵)

작은 주키니 호박 1개 채 썰어서 준비(약 1컵)

연한 녹색 또는 검은색 올리브 2큰술은 씨를 제거하고 다져서 준비

엑스트라 버진 올리브 오일 4큰술

1. 오븐을 230도로 예열한다. 36×30cm 크기 유산지 4장을 반으로 접고 각각 큰 하트 모양으로 잘라 준다.

2. 하트 모양으로 자른 유산지 오른쪽 부분에 각각 레몬 슬라이스를 2개씩 놓는다. 생선을 소금과 후추로 간하고 레몬 슬라이스 위에 한 조각씩 올린다. 각 생선 필레 위에 페스토 1큰술을 펴 바른다. 당근, 주키니 호박, 올리브를 각각 4분의 1씩 올린다. 올리브 오일 1큰술을 각각 뿌리고 소금과 후추로 간한다.

3. 하트 곡선의 상단에서 시작하여 종이의 가장자리를 단단히 겹쳐서 접는다. 계속해서 단단히 접고 접힌 부분은 겹쳐서 밀봉한다. 아래쪽까지 완전히 접어서 유산지가 밀봉되도록 한다. 나머지도 이 과정을 반복한다. 밀봉 후 테두리가 있는 큰 베이킹 시트 위에 놓는다.

4. 생선을 넣은 패킷이 부풀어 오르고 옅은 갈색이 될 때까지 15~20분간(생선 두께에 따라 다름) 굽는다. 조심스럽게 패킷을 연다(화상을 입을 수 있으니 수증기가 나오는 곳에 손가락을 대지 않도록 주의하라). 생선과 채소를 접시에 옮겨 담아낸다.

1회 제공량당: 414kcal, 단백질 36g, 지방 28g, 탄수화물 6g, 섬유질 1g

참고:

이 요리는 다양하고 쉽게 스타일을 바꿀 수 있다. 페스토와 올리브 대신 얇게 자른 생강과 마늘을 넣고 올리브 오일을 참기름으로 바꾸면 아시아식 파피요트가 완성된다. 얇게 썬 피망, 블랙 올리브 통조림, 마늘, 칠리 파우더를 사용하면 멕시칸 스타일로도 만들 수 있다. 여러분의 취향과 구할 수 있는 재료에 따라 다양하게 응용해 보자.

치킨 레시피

크리미 페스토 치킨 시금치 캐서롤

크리미하고 포근한 캐서롤을 좋아하지 않는 사람이 있을까? 특히 이 레시피는 단백질과 건강한 지방이 풍부하고 콜리플라워 라이스 덕분에 전분 함량이 낮아 건강에도 좋다. 남은 닭고기가 있다면 익힌 닭고기를 사용해도 좋다. 해동한 냉동 콜리플라워 라이스를 사용하면 시간을 절약할 수 있다. 시금치의 양이 많아 보여도 걱정하지 말자. 익으면 숨이 죽어 적당한 양이 된다.

준비 시간: 30분

조리 시간: 1시간

조리 분량: 8인분

뼈 없는 닭 다리 살 680g은 껍질을 제거하고 키친타월로 물기를 제거한

뒤 준비

아보카도 오일 2큰술

고운 소금과 간 후추

얇게 썬 샬롯 2개

베이비 시금치 280g 한입 크기로 썰어서 준비

다진 마늘 6쪽(2큰술)

아보카도 오일 마요네즈 3/4컵

전지방 코코넛 밀크 통조림 3/4컵

레몬즙 1큰술

시판 페스토 3큰술

달걀 2개 풀어서 준비

냉동 콜리플라워 라이스 340g은 해동하여 준비

올리브 오일 쿠킹 스프레이

얇게 썬 아몬드 1/4컵

1. 오븐을 220도로 예열하고 테두리가 있는 큰 베이킹 시트를 오븐에 넣어 둔다.

2. 닭고기에 아보카도 오일 1큰술을 뿌려 문지르고 소금과 후추로 간한다. 뜨거운 베이킹 팬을 오븐에서 조심스럽게 꺼낸다. 닭고기를 팬 위에 올리고 완전히 익을 때까지 20~25분간 굽는다. 중간에 한 번씩 뒤집어 준다. 오븐에서 꺼낸 닭고기는 도마로 옮겨 한 김 식힌다. 오븐 온도를 190도로 낮춘다.

3. 닭고기가 구워지는 동안 남은 오일 1큰술을 큰 프라이팬에 넣고 중간 불에 올린다. 샬롯을 넣고 소금을 뿌린 후 숨이 죽을 때까지 약 4분간 저어 가며 조리한다. 시금치를 한 번에 한 줌씩 추가하

면서 마늘을 넣어 볶아 준다. 소금과 후추로 간을 하고 시금치가 숨이 죽을 때까지 약 5분간 뒤집어가며 조리한다.

4. 큰 볼에 마요네즈, 코코넛 밀크, 레몬즙, 페스토, 달걀을 넣고 섞다가 콜리플라워 라이스를 넣고 버무린다. 닭고기가 충분히 식으면 잘게 썰거나 다져서 시금치 혼합물과 함께 다시 섞어 준다.

5. 22×33cm 베이킹 접시에 쿠킹 스프레이를 뿌린다. 콜리플라워 라이스 혼합물을 베이킹 시트 위에 평평하게 올린다. 아몬드를 뿌린 후 상단에 쿠킹 스프레이를 뿌린다. 완전히 따뜻해지고 가장자리에서 거품이 살짝 올라올 때까지 25~30분간 오븐에서 굽는다. 5분간 식힌 후 상 위에 올린다.

1회 제공량당: 486kcal, 단백질 19g, 지방 44g, 탄수화물 5g, 섬유질 2g

사우어크라우트와 사과를 곁들인 치킨 소시지

미리 익혀 둔 치킨 소시지와 잘게 썬 코울슬로 믹스를 활용하면 바쁜 평일 저녁을 간편하게 즐길 수 있다. 소금에 절인 양배추 사우어크라우트와 사과의 풍미가 가득하고 포만감을 주는 단백질이 많이 들어 있다. 프라이팬 하나로 요리가 가능하여 뒷정리도 간단하다.

준비 시간: 15분

조리 시간: 20분

조리 분량: 4인분

아보카도 오일 2큰술

링크 치킨 소시지 85g 패키지 6조각(되도록 마늘 향이 나는 것이 좋음)을
사선으로 잘라 준비

중간 크기 양파 1개는 다져서 준비(약 1.5컵)

고운 소금과 간 후추

코울슬로 믹스 340g 1팩(잘게 썬 양배추와 당근)

닭 뼈 육수 1/4컵

신맛이 나는 작은 사과 1개도 다져서 준비

사우어크라우트 1/2컵은 물기를 제거하고 잘게 썰어서 준비

1. 큰 프라이팬에 아보카도 오일 1큰술을 넣고 중불에서 가열한다.
   소시지를 넣고 섞어 가며 노릇해질 때까지 6~8분간 볶는다. 그릇
   에 옮겨 담고 뚜껑을 덮어 보온한다.

2. 같은 프라이팬에 남은 오일 1큰술을 두르고 데운다. 양파를 넣고
   소금으로 간을 맞추고 양파가 흐물흐물해질 때까지 3~5분간 더
   볶는다. 코울슬로 믹스를 넣고 밝은 녹색이 될 때까지 조리한다.
   육수를 붓고 프라이팬 바닥에 갈색으로 변한 부분이 있으면 긁
   어내 주고 육수가 거의 증발할 때까지 약 1분간 더 끓인다.

3. 사과를 넣고 1분간 볶는다. 소시지를 그릇에 모인 육즙과 함께 다
   시 프라이팬에 넣는다. 사우어크라우트를 추가한다. 사우어크라
   우트가 데워질 때까지 약 1분간 저어 가며 볶아 모든 재료가 잘
   섞이도록 볶은 뒤 완성된 요리를 식탁 위에 올린다.

1회 제공량당: 397kcal, 단백질 24g, 지방 20g, 탄수화물 30g, 섬유질 7g

치킨 소시지와 채소 시트 팬 구이

이 레시피는 레시피라기보다는 하나의 공식이라고 생각하자. 물론 레시피를 그대로 따라 해도 좋지만, 재료에 따라 얼마든지 바꿔서 만들 수 있다. 특히 제철 채소를 사용하고, 다양한 맛의 소시지로 바꾸고 (매운 것을 좋아한다면 매운 소시지를 사용), 다른 양념(이탈리안 시즈닝, 자타르, 커리)도 추가할 수 있다. 나만의 레시피를 만드는 방법은 무궁무진하다. 일반적으로 다진 채소 10컵에 소시지 1.2kg 적절한 비율이지만, 그 이후에는 취향에 따라 조절할 수 있다.

준비 시간: 20분

조리 시간: 40분

조리 분량: 4인분

중간 크기의 브로콜리 2개, 줄기는 껍질을 벗기고 슬라이스, 잎 부분은 한입 크기로 썰어서 준비(약 5컵)

중간 크기 당근 4개 어슷하게 썰어서 준비(약 2컵)

중간 크기 적양파 1개 어슷하게 썰어서 준비(약 2컵)

래디시 1줌(약 12개) 반으로 잘라서 준비(래디시가 큰 경우 사등분해서 준비, 약 1컵)

세로로 사등분한 통마늘 6쪽

엑스트라 버진 올리브 오일 3큰술

고운 소금과 간 후추

치킨 소시지 85g 8개 어슷하게 썰어서 준비

레드 와인, 화이트 와인 또는 셰리 식초 2작은술

1. 테두리가 있는 큰 베이킹 시트 2개를 오븐에 넣어 200도로 예열한다.

2. 큰 볼에 브로콜리, 당근, 적양파, 래디시, 마늘과 올리브 오일을 넣고 버무린다. 소금과 후추로 간한다. 오븐에서 베이킹 시트를 조심스럽게 꺼내고 채소를 베이킹 시트에 나누어 담는다. 20분 동안 채소가 숨이 죽고 캐러멜화되기 시작할 때까지 굽는다.

3. 채소를 섞어 베이킹 시트 가장자리로 옮긴 후 소시지를 베이킹 시트 군데군데에 나눠 담는다. 소시지가 완전히 데워질 때까지 15분에서 20분간 더 굽는다.

4. 와인을 뿌리고 한 번 더 섞어 준다(약 9컵 분량). 그릇 4개에 나누어 낸다.

1회 제공량당: 399kcal, 단백질 26g, 지방 23g, 탄수화물 24g, 섬유질 7g

뉴패션 치킨 월도프 샐러드

셀러리, 사과, 마요네즈를 섞은 클래식 월도프 샐러드의 기원은 1893년 월도프 호텔에서 열린 최초의 자선 무도회로 거슬러 올라간다고 푸드 네트워크Food Network는 전한다. 이 레시피는 기본 월도프 샐러드에 닭고기와 회향을 추가하고 레몬, 파슬리, 약간의 꿀로 드레싱의 풍미를 더한 새로운 버전이다. 단맛, 짭짤한 맛, 톡 쏘는 맛이 어우러져 풍미가 매우 좋다. 남은 닭고기를 활용할 수 있는 환상적인 레시피이기도 하다.

준비 시간: 20분

조리 시간: 10분

조리 분량: 4인분

드레싱:

저지방 그릭 요거트 1/2컵

아보카도 오일 마요네즈 3큰술

생 이탈리안 파슬리 1큰술 다져서 준비

레몬 제스트 1작은술

레몬즙 2작은술

생 꿀 1작은술

고운 소금과 간 후추

샐러드:

다진 호두 1/2컵

뼈 없는 닭고기 230g 껍질을 제거해 한입 크기로 잘라서 준비(남은 닭고기를 사용해도 좋다, 약 2.5컵)

큰 풋사과 1개는 씨를 제거하고 한입 크기로 잘라서 준비(1.75컵)

중간 크기 펜넬 구근 1/2개는 반으로 잘라 심을 제거하고 한입 크기로 준비(1컵)

셀러리 2대 어슷하게 썰어서 준비(1/3컵)

씨 없는 적포도 1/2컵 반으로 갈라서 준비

상추 또는 양상추 1포기

1. 드레싱 만들기: 큰 볼에 요거트, 마요네즈, 파슬리, 레몬 제스트와 주스, 꿀을 넣고 섞는다. 맛을 보고 소금과 후추로 간을 맞춘다(약

1/2컵이 나온다. 드레싱은 최대 하루 전에 만들어서 뚜껑을 덮고 냉장 보관할 수 있다. 사용하기 전에 잘 섞어 준다).

2. 샐러드 만들기: 오븐을 180도로 예열한다. 테두리가 있는 베이킹 시트에 호두를 펼친다. 구워지는 동안 팬을 한 번씩 흔들어 주면서 노릇노릇하게 향이 날 때까지 8~10분간 굽는다. 작은 볼에 옮겨 식힌다.

3. 닭고기, 사과, 펜넬, 셀러리, 포도를 드레싱이 담긴 볼에 넣고 모든 재료가 골고루 섞일 때까지 부드럽게 섞어 준다(약 5컵 분량이 된다). 양상추를 얕은 그릇 4개에 나눈다. 닭고기 혼합물을 넷으로 나눠 그릇에 얹고 호두를 뿌린 후 상 위에 올린다.

1회 제공량당: 289kcal, 단백질 19g, 지방 16g, 탄수화물 20g, 섬유질 5g

식물성 재료로 만들기:

닭고기 대신 물기를 제거한 병아리콩 통조림을 넣고 섞어 준다. 드레싱은 식물성 요거트와 마요네즈를 사용하고 꿀 대신 메이플 시럽으로 단맛을 내도 좋다.

마음이 따뜻해지는 로스트 치킨과 채소 요리

로스트 치킨에는 편안함을 주는 무언가가 있다. 요리를 할 때면 마법과도 같은 향이 난다. 양념이 잘 배어 들고 육즙이 풍부하며 풍미가 가득하게 만들 수 있는 비결은 바로 드라이 브라인에 있다. 닭고기를 소금에 절인 후 접시에 담아 뚜껑을 덮지 않은 채 냉장고에서 하룻밤 숙성시킨다. 방법은 간단하지만 그 차이는 믿지 못할 정도로 크다. 채소는 알감자, 셀러리 뿌리, 당근, 양파 등으로 대체해서 요리해도 좋다.

준비 시간: 25분

숙성: 8시간

조리 시간: 1시간 30분

조리 분량: 4인분

1.8~2.3kg 닭 1마리

고운 소금

생 타임 5줄기

생 로즈메리 3줄기

마늘 6쪽

사등분한 레몬 1개

중간 크기 고구마 1개는 깨끗이 씻고 말린 뒤 1.3cm 크기로 깍둑썰기하여 준비

큰 샬롯 3개는 1.3cm 두께로 길게 썰어 준비

중간 크기 회향 구근 1개는 다듬어 조각내서 준비

엑스트라 버진 올리브 오일 4큰술

간 후추

1. 닭고기를 키친타월로 두드려 물기를 완벽하게 제거하고 불필요한 지방을 제거한다. 닭고기 안팎은 소금으로 충분히 간을 한다. 접시에 담고 뚜껑을 덮지 않은 상태로 최소 8시간 동안 냉장 보관하여 숙성시킨다.

2. 오븐을 220도로 예열한다. 닭 속에 타임 2줄기, 로즈메리 1줄기,

마늘 2쪽, 레몬을 가득 채운다. 요리용 실로 다리를 묶는다.

3. 남은 마늘 4쪽, 고구마, 샬롯, 펜넬을 큰 로스팅 팬에 넣고 섞는다. 올리브 오일 2큰술을 넣고 섞은 후 소금과 후추로 간한다. 남은 타임 3줄기와 로즈메리 2줄기를 채소 혼합물에 넣는다. 그 위에 로스팅 랙을 올린다.

4. 닭고기에 남은 올리브 오일 2큰술을 바르고 소금과 후추로 간한다. 닭고기를 로스팅 랙 위에 놓는다. 닭고기가 노릇해지고 완전히 익을 때까지 1시간 15분~1시간 30분간 구워 준다(뼈에서 떨어진 다리 살에 요리용 온도계를 꽂아 봤을 때 70도가 될 때까지 굽는다). 조리하는 동안 채소를 한두 번 저어 잘 섞어 준다.

5. 닭고기를 도마에 옮긴 뒤 포일로 덮고 10~15분간 레스팅한다. 채소를 접시에 담고(또는 접시 4개에 나누어 담는다) 허브 잔가지를 골라 내 버린다. 닭고기를 잘라 채소와 함께 상 위에 올린다.

1회 제공량당: 553kcal, 단백질 29g, 지방 17g, 탄수화물 18g, 섬유질 4g

· ·

닭고기가 남았다면?

닭고기가 남았다면 다음 날 아시아풍 샐러드로 업그레이드해서 먹어 보자. 뼈에서 고기를 분리해 잘게 썬다. 볼에 잘게 썬 양상추, 채 썬 양배추, 당근, 얇게 썬 완두콩 또는 스노우피를 넣고 버무린다. 귤 조각이 있다면 넣어도 좋다.

빠르게 드레싱 만들기: 아보카도 오일 2큰술, 조미하지 않은 식초 1큰술, 백미소 1작은술, 코코넛 아미노 1작은술, 볶아서 짜낸 참기름 1/2작은술,

미림(또는 꿀) 1/4~1/2작은술을 넣고 섞는다. 소금으로 간을 맞춘다. 드레싱을 넣어 닭고기와 채소를 함께 버무린 후 슬라이스 아몬드나 참깨를 뿌려서 먹는다.

●●

시트 팬 치킨 파히타

파히타는 가족 모두가 좋아할 만한 요리다. 마리네이드 하나로 고기와 채소의 맛을 모두 살릴 수 있어 조리 과정이 간편하기도 하다. 한 그릇에는 닭고기를, 다른 그릇에는 채소를 숟가락으로 담고 다른 토핑도 모두 테이블 위에 올려 모두가 각자 원하는 대로 파히타를 만들어 먹도록 하자. 닭고기 대신 새우를 넣어도 좋다.

준비 시간: 20분(재워 두는 시간 1~4시간 추가)

조리 시간: 35분

조리 분량: 4인분

파히타:

아보카도 오일 1/4컵

코코넛 아미노 1큰술

라임즙 1큰술

칠리 파우더 2작은술

마늘 가루 1작은술

말린 오레가노 1작은술

커민 가루 1/2작은술

훈제 파프리카 1/2작은술

고운 소금과 간 후추

뼈 없는 닭 다리 살 1.2kg은 껍질을 제거하고 3~6cm로 깍둑썰어 준비

작은 적양파 1개, 0.6cm 크기로 길게 썰어 준비

중간 크기의 피망 3개는 씨를 제거하고 1.2cm 크기로 길게 썰어 준비

작은 할라페뇨 1개는 씨를 제거하고 가늘게 대각선으로 썰어서 준비

그레인 프리 토르티야 또는 익힌 콜리플라워 라이스는 데워서 준비

잘게 썬 아보카도, 고수 또는 기타 토핑(선택 사항)

크레마:

사워크림 1/3컵

라임 주스 2큰술

코코넛 아미노 1/2작은술

생 꿀 1/4작은술

칠리 파우더 1/8작은술 기호에 따라 더 넣어도 좋음

고운 소금과 간 후추

1. 파히타 만들기: 큰 볼에 아보카도 오일, 코코넛 아미노, 라임 주스, 칠리 파우더, 마늘 파우더, 오레가노, 커민, 파프리카를 넣고 섞는다. 소금 1/2작은술과 후추 1/4작은술을 넣고 간한다. 닭고기, 양파, 피망, 할라페뇨를 남은 양념장과 함께 골고루 섞어 준다. 뚜껑을 덮고 최소 1시간에서 최대 4시간 동안 냉장 보관한다.

2. 크레마 만들기: 작은 볼에 사워크림, 라임 주스, 코코넛 아미노, 꿀, 칠리 파우더를 넣고 섞는다. 소금과 후추로 맛을 보고 간을 맞춘다. 기호에 따라 칠리 파우더를 더 넣고 섞어도 좋다. 뚜껑을 덮고 냉장 보관한다.

3. 오븐을 220도로 예열하고 베이킹 시트 2개를 오븐에 넣는다.

4. 채소는 물기를 제거하고 소금과 후추를 뿌린다. 뜨거운 베이킹 시트 하나에 펼쳐서 10분간 굽는다. 다른 베이킹 시트에는 닭고 기를 펼치고 소금과 후추로 간한다. 닭고기를 뒤집어 완전히 익 을 때까지 20~25분간 굽는다(닭고기를 뒤집을 때 채소를 한 번 저어 주고 지나치게 갈색으로 변한 채소는 오븐에서 꺼내 준다).

5. 채소와 닭고기를 크레마와 토르티야 또는 콜리플라워 라이스 등 입맛에 따라 다양한 토핑과 함께 낸다.

1회 제공량당: 504kcal, 단백질 26g, 지방 41g, 탄수화물 14g, 섬유질 3g

식물성 재료로 만들기:

닭고기를 생략하고 구운 채소를 핀토빈 또는 검은콩과 함께 낸다. 크레마에 사워크림 대신 식물성 플레인 요거트를 사용해도 좋다.

달걀 레시피

펜넬, 샬롯, 염소 치즈 프리타타

프리타타는 선물 같은 음식이다. 만들기 쉽고, 다양하게 활용할 수 있으며, 저렴하다. 뜨거울 때나 식었을 때 언제 먹어도 맛있고, 삼시 세 끼 중 언제 먹어도 좋다. 냉장고에 남은 채소나 생 허브 등 먹다 남은 식재료를 활용하기에도 훌륭하다. 다른 종류의 치즈를 넣어 보거나 아 예 치즈를 넣지 않은 버전으로도 만들어 보자. 이 레시피는 실패하기 어려우므로 재미있게 만들 수 있을 것이다.

준비 시간: 10분

조리 시간: 25분

조리 분량: 4인분

무염 버터 1큰술

아보카도 오일 1큰술

작은 회향 구근 1개는 속을 파내 사등분한 뒤 길게 썰어서 준비(약 1.5컵)

다진 샬롯 2개(약 1컵)

고운 소금과 간 후추

다진 마늘 2쪽(2작은술)

생 타임 잎 1작은술

잘게 썬 칼라마타 올리브 2큰술

큰 달걀 10개

잘게 부순 소프트 염소 치즈 55g

1. 오븐을 200도로 예열한다.

2. 무쇠팬을 중간 불로 예열한다. 버터를 아보카도 오일과 함께 넣고 녹인다. 펜넬과 샬롯을 넣고 소금과 후추를 뿌린 후 5~7분 동안 볶아 주면서 숨이 죽고 캐러멜화될 때까지 조리한다. 마늘과 타임을 넣고 1분간 더 볶는다. 올리브를 전체적으로 뿌린다.

3. 소금 1/2작은술과 후추 1/4작은술을 넣고 달걀을 푼다. 채소가 담긴 프라이팬에 붓는다. 염소 치즈를 골고루 뿌린다. 가장자리가 굳기 시작할 때까지 2~3분간 더 조리한다. 프라이팬을 오븐으로 옮기고 가운데까지 완전히 익을 때까지 10~12분간 익힌다. 2분간 그대로 두었다가 조각으로 잘라 낸다. 남은 음식은 뚜껑을 덮어

냉장고에 보관한다.

1회 제공량당: 352kcal, 단백질 18g, 지방 26g, 탄수화물 10g, 섬유질 2g

우에보스 란체로스 샐러드

아침 식사로 즐겨 먹는 이 샐러드는 전분 함량을 줄이고 채소를 많이 넣어 건강하게 즐길 수 있는 한 끼 식사지만 특유의 맛은 그대로 살렸다. 전날 미리 드레싱을 만들어 두면 냉장고에서 걸쭉해져 풍미를 추가할 시간을 벌 수 있다.

준비 시간: 30분
조리 시간: 15분
조리 분량: 4인분

드레싱:

엑스트라 버진 올리브 오일 4큰술

다진 마늘 3쪽(1큰술)

작은 할라페뇨 1개는 씨를 빼고 다져서 준비(1큰술)

라임 제스트 1작은술

라임즙 2큰술

신선한 고수잎 1컵

전지방 플레인 요거트 1/2컵

코코넛 아미노 1작은술

꿀 1/2작은술

고운 소금과 간 후추

샐러드:

잘게 썬 큰 로메인 1장(약 6컵)

청키 살사 1컵

잘 익은 아보카도 1개는 반으로 갈라 씨를 빼고 잘게 썰어 준비

무 6개는 다듬고 반으로 잘라 준비

아보카도 오일 2큰술

달걀 8개

고운 소금과 간 후추

그레인 프리 토르티야 칩 1/2컵은 가볍게 으깨서 준비(선택 사항)

1. 드레싱 만들기: 올리브 오일 2큰술, 마늘, 할라페뇨를 가열하지 않은 작은 프라이팬에 넣고 섞는다. 프라이팬을 약불에 올리고 혼합물이 지글지글하게 익을 때까지 조리한다. 30초간 더 익힌 후 블렌더로 옮긴다. 남은 올리브 오일 2큰술, 라임 제스트와 라임즙, 고수, 요거트, 코코넛 아미노산, 꿀을 넣고 부드러워질 때까지 블렌딩한다. 맛을 보고 소금과 후추로 간을 맞춘다(1컵 분량이 된다. 드레싱은 최대 하루 전에 만들어 냉장 보관해 둔다. 드레싱을 냉장고에 두면 걸쭉해지니 사용하기 전에 한 번 더 섞어 준다).

2. 샐러드 만들기: 오븐을 120도로 예열한다.

3. 양상추, 살사, 아보카도, 무를 얕은 그릇 4개에 나누어 담는다. 큰 프라이팬에 아보카도 오일 1큰술을 넣고 중불에서 가열한다. 달걀 4개를 프라이팬에 넣고 소금과 후추로 간한 후 원하는 만큼 익을 때까지 조리한다. 남은 아보카도 오일 1큰술과 달걀 4개를

넣고 같은 과정을 반복한다.

4. 각 샐러드 위에 달걀을 2개씩 올린다. 드레싱 1큰술을 각각 뿌리고 으깬 토르티야 칩을 뿌려 준다(사용하는 경우). 드레싱을 추가로 뿌려 식탁 위에 올린다.

1회 제공량당: 331kcal, 단백질 13g, 지방 26g, 탄수화물 11g, 섬유질 4g

베이컨과 달걀을 곁들인 방울양배추 해시

방울양배추는 채를 썰어 조리하면 더 빨리 익는다. 또 베이컨, 달걀과 함께 먹으면 더욱 완벽하다. 캐러멜라이즈한 양파, 식초, 육수가 방울양배추의 거친 맛을 부드럽게 만들어 준다. 이 요리는 주말 브런치로도 완벽하지만 번거롭지 않아서 쉽게 즐길 수 있는 한끼 식사로 훌륭하다.

준비 시간: 15분
조리 시간: 50분
조리 분량: 4인분

베이컨 4조각
다진 양파 1개(약 1.25컵)
고운 소금과 간 후추
꿀 1/4작은술
다듬고 잘게 썬 방울양배추 450g(약 6.5컵)
애플 사이다 비니거 2작은술

닭 뼈 육수 1/4컵

기 버터 2큰술

달걀 8개

1. 베이컨을 달구지 않은 커다란 코팅 프라이팬에 넣는다. 중약불에 올려 노릇하고 바삭해질 때까지 8~10분간 구운 뒤 도마 위로 옮긴다.

2. 베이컨에서 나온 기름에 양파를 추가한다. 소금과 후추로 간하고 꿀을 뿌린다. 양파가 숨이 죽고 캐러멜화될 때까지 저어 가며 볶아 준다.

3. 불을 중강불로 올린다. 방울양배추를 넣고 소금으로 간한 후 밝은 녹색이 될 때까지 볶아 준다. 식초를 넣고 가볍게 더 볶아 주다가 육수를 붓고 국물이 증발할 때까지 1~2분간 저어 가며 조리한다. 혼합물을 프라이팬에 펼치고 눌러 가며 30초간 그대로 조리한다. 방울양배추 숨이 완전히 죽고 곳곳이 노릇하게 될 때까지 4~6분 더 볶아 준다. 그릇에 옮겨 담고 뚜껑을 덮어 따뜻하게 보관한다(약 4컵 분량).

4. 같은 프라이팬에 기 버터 1큰술을 녹인다. 달걀 4개를 프라이팬에 넣고 소금과 후추로 간을 맞춘 후 원하는 만큼 익을 때까지 조리한다. 접시에 옮겨 담고 뚜껑을 덮어 따뜻하게 보관한다. 남은 기 버터와 달걀로 같은 과정을 반복한다. 구워 둔 베이컨은 자르거나 부숴서 준비한다.

5. 방울양배추 혼합물을 얕은 그릇 4개에 나누어 담고 베이컨을 뿌린다. 각각 달걀을 2개씩 올려 접시를 완성한다.

1회 제공량당: 306kcal, 단백질 18g, 지방 21g, 탄수화물 11g, 섬유질 4g

데빌드 에그를 만드는 3가지 방법

나는 데빌드 에그를 좋아한다. 데빌드 에그는 화려한 축제 분위기가 나는 음식이며 건강에 좋은 간식이 된다. 매우 다양하게 응용하여 요리할 수 있다. 가끔은 손가락으로 집어먹을 수도 있어 기분이 좋아지기도 한다. 파티 음식으로도 좋고 혼자 먹기에도 좋은 데빌드 에그 레시피 세 가지를 소개한다. 데빌드 에그는 단백질과 건강한 지방이 풍부해 든든한 음식이다.

완숙란 만드는 법

완숙란을 만드는 가장 쉬운 방법은 달걀을 찌는 것이다. 달걀을 찌면 껍질을 쉽게 벗길 수 있다. 달걀을 찔 때는 찜기 바닥 정도까지 물이 올라오도록 냄비에 물을 채운다. 찜기를 냄비에 넣고 물을 끓인다. 물이 끓어오르면 불을 끄고 찜기에 달걀을 한 층으로 조심스럽게 넣는다(이때 집게를 사용하여 손에 수증기가 닿지 않도록 한다). 냄비 뚜껑을 덮고 불을 중강불로 높인다. 노른자가 약간 부드럽고 밝은 주황색으로 나오게 하려면 10분간, 완전히 익히려면 12~14분간 쪄 주는 것이 좋다. 달걀을 얼음물이 담긴 그릇에 옮겨 식힌다.

클래식 데빌드 에그

준비 시간: 20분
조리 분량: 12개

삶은 달걀 6개는 껍질을 벗겨서 준비

마요네즈 3큰술(되도록 아보카도 오일 또는 올리브 오일)

디종 머스터드 3/4작은술

애플 사이다 비니거 1/2작은술

우스터 소스 약간

고운 소금과 간 후추

장식용 파프리카(선택 사항)

달걀을 세로로 반을 자른다. 노른자는 숟가락으로 떠서 볼에 넣는다. 마요네즈, 머스터드, 식초, 우스터 소스를 넣고 포크로 잘 섞이도록 으깨 준다(또는 소형 푸드 프로세서가 있는 경우 필링 재료를 부드러워질 때까지 블렌딩해도 좋다). 소금과 후추로 맛을 보고 간을 맞춘다. 만든 필링을 달걀 흰자위에 숟가락으로 떠서 올리거나 짤주머니에 넣어 밀봉한 후 필링을 달걀흰자 위에 짜서 넣는다. 기호에 따라 파프리카를 뿌린다. 바로 식탁에 내거나 뚜껑을 덮어 최대 2일간 냉장 보관할 수 있다.

1회 제공량(2조각): 126kcal, 단백질 6g, 지방 11g, 탄수화물 0g, 섬유질 0g

미소 수프 데빌드 에그

준비 시간: 25분

조리 분량: 12개

아보카도 오일 2큰술

파 2대, 흰색과 연한 녹색 부분을 다져서 준비(약 1큰술)

생강 1큰술 다져서 준비

삶은 달걀 6개는 껍질을 벗겨서 준비

백미소 2작은술

맛술 1/2작은술

볶아서 짠 참기름 1/4작은술(선택 사항)

고운 소금

장식용 구운 김 1장은 5cm로 잘게 썰어 준비(선택 사항)

1. 아보카도 오일, 파, 생강을 가열하지 않은 작은 프라이팬에 넣고 섞는다. 약한 불에 올리고 혼합물이 지글지글 끓기 시작할 때까지 끓인다. 1분간 끓인 후 그릇에 옮겨 식힌다.

2. 달걀은 세로로 반을 자른다. 대파 혼합물이 담긴 볼에 노른자를 숟가락으로 떠서 넣는다. 된장, 맛술, 참기름을 기호에 따라 추가한다. 포크로 잘 섞이도록 으깨 준다(소형 푸드 프로세서가 있다면 소재료를 믹서에 넣고 부드러워질 때까지 갈아도 좋다). 맛을 보고 필요하면 소금으로 간을 맞춘다.

3. 달걀흰자 위에 속을 숟가락으로 떠서 넣거나, 짤주머니에 속을 넣어 짜 넣는다. 기호에 따라 김 조각을 올려도 좋다. 남은 음식은

뚜껑을 덮어 최대 2일 동안 냉장 보관할 수 있다.

1회 제공량(2조각): 127kcal, 단백질 6g, 지방 10g, 탄수화물 1g, 섬유질 0g

참고:

미소 된장은 색이 진할수록 짠맛이 강하고 풍미가 강하다. 맛과 미관 측면에서 백미소를 사용하는 것이 가장 좋다.

비트 홀스래디쉬 데빌드 에그

준비 시간: 20분

조리 분량: 12개

삶은 달걀 6개는 껍질을 벗겨서 준비

작은 비트 1개는 찐 후 작게 썰어서 준비

마요네즈 2큰술(되도록 아보카도 오일 또는 올리브 오일)

물기를 제거한 시판 홀스래디쉬 2작은술

애플 사이다 비니거 1/4작은술

고운 소금과 간 후추

장식용 다진 차이브(선택 사항)

1. 삶은 달걀은 세로로 반을 자른다. 노른자는 푸드 프로세서 볼에 숟가락으로 떠 넣는다. 비트, 마요네즈, 홀스래디쉬, 식초를 넣고

부드러워질 때까지 블렌딩한다. 소금과 후추로 맛을 보고 간을 맞춘다.

2. 달걀흰자 위에 필링을 숟가락으로 떠서 넣거나, 짤주머니에 속을 넣어 달걀흰자 위에 짜서 넣는다. 기호에 따라 차이브를 올려도 좋다(미리 만들려면 필링과 흰자를 별도의 뚜껑이 있는 용기에 담아 냉장고에 최대 하루 동안 보관한다. 흰자에 필링을 넣기 전에 필링을 한 번 섞어 준다. 미리 속을 채워 놓으면 흰자에 비트가 물들 수 있다).

1회 제공량(2조각): 114kcal, 단백질 6g, 지방 9g, 탄수화물 1g, 섬유질 0g

채식 레시피

콜리플라워 뇨키 카프레제

카프레제 샐러드를 좋아한다면 이 레시피도 좋아할 수밖에 없다. 이 간단한 채식 요리는 바질, 토마토, 모차렐라의 풍미와 속이 꽉 찬 콜리플라워 뇨키를 결합한 요리이다. 뇨키를 구우면 식감이 더 좋아지고 프라이팬에 익히는 것보다 손이 덜 가기 때문에 일거양득이다.

준비 시간: 10분
조리 시간: 25분
조리 분량: 4인분

냉동 콜리플라워 뇨키 340g 패키지 2개
올리브 오일 쿠킹 스프레이

시판 페스토 1/4컵

엑스트라 버진 올리브 오일 2큰술

반으로 자른 방울토마토 또는 송이 토마토 2컵

반으로 자른 신선한 모차렐라 볼 1컵

고운 소금과 간 후추

1. 오븐을 220도로 예열한다. 큰 베이킹 시트에 유산지를 깔아 준다.
2. 냉동 뇨키를 베이킹 시트에 골고루 펴고 쿠킹 스프레이를 뿌린다. 중간중간 팬을 흔들면서 노릇하게 익을 때까지 20~25분간 굽는다.
3. 큰 볼에 페스토와 올리브 오일을 넣고 섞는다. 뇨키가 완성되면 볼에 넣고 재빨리 버무려 페스토 혼합물을 골고루 버무린다. 토마토와 치즈를 넣고 부드럽게 섞는다. 소금과 후추로 맛을 보고 간을 맞춘다. 혼합물을 얕은 그릇 4개에 나누어 담아낸다.

1회 제공량당: 380㎉, 단백질 10g, 지방 23g, 탄수화물 31g, 섬유질 9g

식물성 재료로 만들기:
유제품 치즈 대신 식물성 모차렐라를 잘게 썰어 넣는다.

유제품 없는 국수호박 알프레도

진하고 크리미한 소스를 얹은 스파게티 면은 언제나 마음을 편안하게 만드는 음식이다. 유제품으로 속이 더부룩하고 탄수화물로 속이 쓰리기 전까지만 말이다. 이 레시피에서는 면 대신 국수호박을 사용하고 캐슈너트, 햄프씨드, 영양 효모로 유제품 없는 알프레도 소스를 만들어 맛도 좋고 속도 편한 음식이다.

준비 시간: 20분
식히는 시간: 4시간
조리 시간: 50분
조리 분량: 2인분(또는 사이드 디시로 4인분)

생 캐슈너트 1컵

중간 크기 국수호박 1개(약 1.15kg)

엑스트라 버진 올리브 오일 3큰술

고운 소금, 간 후추, 다진 마늘 2쪽(2작은술)

레몬즙 1.5큰술

영양 효모 2.5큰술

햄프씨드 1큰술

끓는 물 1컵~ 1/2컵과 다진 파슬리 1큰술

크러시드 레드 페퍼(선택 사항)

1. 캐슈너트를 중간 크기의 볼에 넣고 물이 가득 잠기도록 붓는다. 뚜껑을 덮고 최소 4시간 또는 하룻밤 동안 냉장 보관한다.
2. 큰 베이킹 시트에 유산지를 깔고 오븐을 200도로 예열한다.
3. 국수호박은 튼튼한 도마 위에 놓는다. 식칼을 사용하여 호박의 둥근 바닥 부분과 줄기 끝을 잘라 낸다. 잘라 낸 바닥 부분이 아래로 가게 놓는다. 호박은 세로로 반으로 자른 뒤 스푼으로 씨를 긁어낸다.

4. 국수호박 안쪽에 올리브 오일 1큰술을 바르고 소금과 후추로 간을 한다. 자른 면이 아래로 향하도록 베이킹 시트 위에 놓는다. 국수호박이 부드러워지고 칼로 쉽게 뚫릴 때까지 40~50분간 굽는다. 조심스럽게 뒤집어 살짝 식힌다.

5. 소스를 만든다. 남은 오일 2큰술과 마늘을 가열하지 않은 작은 프라이팬에 두르고 섞어 준다. 약한 불에 올리고 혼합물이 지글지글 끓기 시작할 때까지 조리한다. 1분간 끓인 후 블렌더로 옮긴다. 캐슈너트의 물기를 제거한다. 레몬즙, 영양 효모, 햄프씨드, 끓는 물 1/2컵을 넣고 잘 섞일 때까지 블렌딩한다. 혼합물이 부드러워지고 농도가 걸쭉하게 될 때까지 물을 한 번에 1~2큰술씩 더 추가하면서 블렌딩한다. 맛을 보고 소금과 후추로 간을 맞춘다(약 1.5컵 분량).

6. 포크를 사용해 양쪽에서 국수호박 가닥을 긁어낸다(약 3.5컵 분량). 호박이 식으면 큰 프라이팬에 빠르게 볶아 재가열한다. 소스의 절반 정도를 넣고 버무린 후 파슬리와 레드 페퍼(기호에 따라)를 뿌려 상 위에 올린다.

1회 제공량당: 676kcal, 단백질 18g, 지방 50g, 탄수화물 46g, 섬유질 9g

참고:

요리 후 남은 채소를 얹어 먹어 보자. 원한다면 얇게 썬 닭고기나 빠르게 볶은 새우 같은 단백질을 추가해도 좋다. 남은 소스는 최대 3일간 냉장 보관할 수 있다. 국수호박을 더 넣거나 파스타와 함께 사용하자.

채소를 곁들인 참깨 주키니 국수

　뜨겁게, 따뜻하게, 차갑게 모두 즐길 수 있는 풍부하고 감칠맛 나는 채식 요리이다. 이 요리에 영감을 준 테이크아웃 누들 요리와 마찬가지로 아몬드 버터 베이스의 크리미한 소스와 식초, 생강, 볶아서 짠 참기름이 들어간다. 면은 주키니 국수로 바꾸고 채소를 더 추가하여 영양을 높였다. 이 방법 그대로 즐기거나 좋아하는 단백질류를 추가해 먹어 보자.

　준비 시간: 25분

　조리 시간: 15분

　조리 분량: 4인분

　아보카도 오일 3큰술

　대파 3대는 어슷썰기 해 준비하고, 진한 녹색 부분은 얇게 썰어 장식용으로 남겨 두기(선택 사항)

　다진 마늘 2쪽(2작은술)

　다진 생강 2작은술

　크리미 무가당 아몬드 버터 1/2컵

　코코넛 아미노 3큰술

　조미하지 않은 식초 2작은술

　스리라차 1~2작은술(선택 사항)

　볶아서 짠 참기름 1큰술

　고운 소금과 간 후추

　중간 크기 빨간 피망 1개는 씨를 빼고 얇게 썰어서 준비(약 1컵)

　썰어서 준비한 스노우피 1컵

당근 1개는 채 썰어서 준비(약 1/2컵)

주키니 호박, 여름 호박 또는 두 종류를 섞은 호박 4개는 나선형으로 잘라서 준비(또는 미리 잘라 둔 주키니 국수 340~400g)

장식용 참깨 2작은술(선택 사항)

1. 아보카도 오일 2큰술, 파, 마늘, 생강을 프라이팬에 넣고 섞는다. 약한 불에 올리고 혼합물이 지글지글 끓기 시작할 때까지 조리한다. 1분간 끓인 후 아몬드 버터, 코코넛 아미노, 식초, 스리라차(기호에 따라)를 넣고 섞는다. 큰 볼에 옮겨 참기름을 넣고 섞은 후 소금과 후추로 간한다. 필요한 경우 뜨거운 물을 한 번에 1큰술씩 넣어 걸쭉한 소스가 될 때까지 묽게 만들어도 좋다(약 1컵 정도가 된다).

2. 프라이팬을 닦아 낸다. 프라이팬에 오일 1/2큰술을 넣고 가열한다. 피망과 스노우피를 넣고 소금과 후추로 간한다. 부드러워질 때까지 저어 가며 볶다가 당근을 넣고 부드러워질 때까지 1~2분간 더 볶아 준다. 큰 볼에 옮겨 식힌다.

3. 남은 오일 1/2큰술을 프라이팬에 추가한다. 주키니 국수를 넣고 소금으로 간한 후 부드러워질 때까지 4~6분간 저어 가며 익힌다. 집게를 사용하여 프라이팬에서 소쿠리로 옮겨 담고 물기를 뺀 뒤 식힌다.

4. 면을 다른 채소와 함께 볼에 담는다. 소스 1/4컵을 넣고 부드럽게 버무린다. 기호에 따라 소스를 더 추가한다. 집게를 사용하여 모든 재료를 골고루 섞어 준다. 맛을 보고 소금과 후추로 간한다(약 6컵 분량이 나온다). 그릇 4개에 나누어 담고 원하는 경우 참깨와 파채를 뿌린 후 실온에 맞춰 완성한다.

1회 제공량당: 394kcal, 단백질 10g, 지방 31g, 탄수화물 23g, 섬유질 10g

참고:

차갑게 먹고 싶으면 그릇에 나누어 담지 말고 뚜껑을 덮어 냉장 보관한 뒤 나중에 먹어도 좋다. 소스를 더 부드럽게 먹고 싶으면 데운 파 혼합물을 작은 푸드 프로세서에 옮긴 뒤 나머지 재료를 추가하여 블렌딩한다. 이렇게 만들어진 소스는 샐러드드레싱, 채소 딥 또는 구운 닭고기 토핑으로 좋다.

추가 레시피

콜리플라워 라이스를 곁들인 스킬렛 잠발라야

집에 케이준 시즈닝이 이미 있다면 양념 믹스 대신 사용할 수 있다 (2.5큰술이 필요하다). 이 경우 라벨을 확인하여 이미 소금과 후추가 들어 있는지 살펴보자. 이미 들어 있다면 더 추가하지 않는 것이 좋다. 마지막에 양념을 확인하여 소금 또는 후추가 더 필요한지 확인하자.

준비 시간: 20분
조리 시간: 35분
조리 분량: 4인분

양념 믹스:

스위트 파프리카 1작은술
훈제 파프리카 1/2작은술

마늘 가루 2작은술

말린 오레가노 1.5작은술

양파 가루 1작은술

카이엔 1/2작은술

잠발라야:

아보카도 오일 3큰술

중간 크기 새우 340g은 껍질을 벗기고 내장을 제거해 준비

고운 소금과 간 후추

소시지(돼지고기 또는 닭고기) 링크 85g 3개는 사선으로 잘라 준비

닭다리살 또는 가슴살 230g은 껍질을 벗기고 뼈를 제거해 2.5cm 크기로 자른 후 키친타월로 물기를 제거해 준비

냉동 콜리플라워 라이스 340g 1팩

중간 크기 붉은 피망 1개는 씨를 빼고 다져서 준비(1컵)

셀러리 2줄기 다져서 준비(3/4컵)

파 3대는 다져서 준비(약 1/3컵), 짙은 녹색 부분은 장식용으로 남겨두기

직화 다진 토마토 425g 캔 1개는 국물은 따로 보관하고 토마토는 물기를 최대한 제거해 준비

닭 뼈 육수 1/4컵

서빙용 핫소스(선택 사항)

1. 양념 믹스 만들기: 작은 볼에 스위트 파프리카, 훈제 파프리카, 마늘 가루, 오레가노, 양파 가루, 카이엔을 넣고 섞는다.

2. 잠발라야 만들기: 큰 프라이팬에 아보카도 오일 1큰술을 넣고 중간보다 센 불에서 가열한다. 새우를 넣고 소금과 후추로 간한 후

양념 믹스 1/2작은술을 뿌려 준다. 새우가 완전히 익을 때까지 저어 가며 볶아 준다. 큰 볼에 옮겨 담는다.

3. 소시지를 프라이팬에 넣고 5~7분간 저어 가며 옅은 갈색이 될 때까지 조리한다. 새우와 함께 볼에 옮긴다. 프라이팬에 기름 1큰술을 더 두르고 닭고기를 넣고 소금과 후추로 간을 한 후 양념 믹스 1/2작은술을 뿌려 볶는다. 6~8분간 저어 가며 군데군데가 노릇하게 익기 시작할 때까지 더 볶아 준다. 새우와 소시지가 담긴 볼에 옮긴다.

4. 콜리플라워 라이스를 추가하고 소금과 후추로 간을 한다. 프라이팬 바닥에 갈색으로 변한 부분을 긁어 올리면서 밥이 따뜻하게 해동될 때까지 볶아 준다. 피망과 셀러리를 넣고 소금과 양념 믹스 1/2작은술을 뿌린 후 약 3분간 저어 가며 더 조리한다. 준비한 대파와 남은 양념 믹스도 함께 넣어 준다.

5. 토마토와 육수를 넣고 저어 준다. 단백질 세 종류와 빠져나온 육즙을 추가한다. 불을 중간으로 줄인다. 1~2분간 저어 가며 조리하여 단백질이 다시 데워지고 풍미가 어우러지도록 한다. 혼합물이 너무 뻑뻑한 느낌이라면 원하는 농도가 될 때까지 토마토 통조림 국물을 한 번에 1큰술씩 추가하여 농도를 조절한다. 맛을 보고 필요하면 소금과 후추로 간을 맞춘다(약 8컵 분량).

6. 얕은 그릇 4개에 나누어 담고 원하는 경우 핫소스를 뿌린 후 파채를 얹어 완성한다.

1회 제공량당: 429kcal, 단백질 35g, 지방 25g, 탄수화물 15g, 섬유질 4g

식물성 재료로 만들기:

닭고기와 새우 대신 식물성 소시지를 사용하고 핀토빈을 추가한다.

에그 롤 볼

온 가족이 좋아하는 이 테이크아웃 메뉴는 집에서도 만들 수 있다. 집에 있는 단백질류에 따라 원하는 대로 응용 또한 가능하다. 요리를 시작하기 전에 모든 재료가 준비되어 있는지 확인하자. 일단 불을 올리면 매우 빠르게 진행되기 때문이다. 매운맛을 좋아하지 않는 사람이 있으면 스리라차는 원하는 사람만 뿌려 먹는 것이 좋다.

준비 시간: 20분

조리 시간: 15분

조리 분량: 4인분

칡 가루 1/2작은술

코코넛 아미노 1/4컵

맛술 1큰술

식초(또는 애플 사이다 비니거) 1.5작은술

스리라차 1작은술(선택 사항)

아보카도 오일 2큰술

원하는 단백질류 680g(껍질을 벗기고 내장을 제거한 새우, 간 돼지고기, 닭가슴살 또는 허벅지살 조각)

고운 소금과 간 후추

대파 6대는 어슷하게 썰어 준비(3/4컵), 짙은 녹색 부분은 얇게 썰어 장식용으로 남겨 두기*(선택 사항)*.

어슷하게 썬 스노우피 1컵

다진 마늘 3쪽(1큰술)

다진 생강 1큰술

코울슬로 믹스 400~450g 봉지 1개(잘게 썬 양배추와 당근)

참기름 1~2큰술

스리라차 및 글루텐 프리 호이신 추가(선택 사항)

1. 작은 컵에 칡 가루 1/2티스푼을 넣어 물에 녹인다. 컵에 코코넛 아미노, 미림, 식초, 스리라차(기호에 따라)를 넣고 섞어 준다.

2. 큰 프라이팬에 아보카도 오일 1큰술을 넣고 중간보다 센 불에서 가열한다. 단백질을 넣고 소금과 후추로 간한 후 완전히 익을 때까지 저어 가며 조리한다(조리 시간은 단백질의 종류에 따라 다르다). 접시에 옮겨 뚜껑을 덮은 후 보온한다. 프라이팬에 육즙이 남아 있으면 같이 부어 준다.

3. 남은 오일 1큰술을 프라이팬에 넣고 중강불에서 가열한다. 준비한 대파와 스노우피를 넣고 소금과 후추를 뿌린 후 1분간 저어 가며 볶는다. 마늘과 생강을 넣고 향이 날 때까지 볶다가 코울슬로 믹스를 넣고 소금으로 간한 후 부드러워질 때까지 몇 분 더 조리한다.

4. 불을 중간으로 줄인다. 접시에 모인 육즙과 함께 단백질을 다시 프라이팬에 추가한다. 코코넛 아미노 혼합물을 섞어서 프라이팬에 붓고 바닥에 눌은 부분을 저어 가며 떼 준다. 칡 혼합물을 뿌리고 소스가 졸아들고 걸쭉해지면 프라이팬의 모든 재료에 버무리듯 섞으며 1분 정도 더 볶아 준다.

5. 불을 끄고 참기름 1큰술을 뿌린다. 간을 보고 필요하면 소금, 후추, 참기름을 추가하여 간을 맞춘다. 원하는 경우 파채로 장식하여 낸다. 기호에 따라 스리라차와 호이신을 곁들인다.

식물성 재료로 만들기:

껍질을 벗긴 풋콩을 해동해서 사용하거나 구운 두부를 잘게 썰어 사용하면 이 요리를 채식 요리로 바꿀 수 있다. 미리 익힐 필요 없이 익힌 단백질을 넣는 마지막 단계에 둘 중 하나(또는 둘 다)를 넣고 저어 따뜻하게 데우기만 하면 된다.

1회 제공량당: 359kcal, 단백질 43g, 지방 14g, 탄수화물 14g, 섬유질 5g

사이드/간식

그레인 프리 골든 밀크 바나나 머핀

바나나 머핀은 누구나 좋아하는 메뉴이지만, 좀 더 특별하게 만들고 싶다면 인도의 치유 음료인 '골든 밀크'에 들어가는 향신료인 강황, 생강, 계피를 첨가해 보자. 강황의 항염증 효과는 이미 잘 알려져 있고, 계피는 혈당 조절에 도움을 주며, 생강은 항산화 작용을 돕는다. 게다가 이 머핀은 설탕이 전혀 첨가되지 않았다는 사실이 믿기지 않을 정도로 부드럽고 달콤한 맛을 낸다.

준비 시간: 15분
굽기: 25분

조리 분량: 머핀 12개

    고운 아몬드 가루 2컵

    칡 가루 1/4컵

    콜라겐 펩타이드 3큰술

    베이킹 소다 1작은술

    시나몬 가루 2작은술

    생강 가루 1작은술

    강황 가루 1작은술

    고운 소금 1/4작은술

    중간 크기의 익은 바나나 3개

    씨를 제거한 말린 대추야자 6개

    엑스트라 버진 올리브 오일 1/4컵

    바닐라 엑스트랙트 1작은술

    달걀 2개는 풀어서 준비

1. 12구 머핀틀에 종이 머핀컵을 깔고 오븐을 180도로 예열한다.
2. 큰 볼에 아몬드 가루, 칡 가루, 콜라겐, 베이킹소다, 계피, 생강, 강황, 소금을 넣고 섞는다.
3. 블렌더 또는 푸드 프로세서에 바나나, 대추야자, 올리브 오일, 바닐라를 넣고 부드러워질 때까지 블렌딩한다. 혼합물이 담긴 볼에 달걀을 추가하고 모든 재료가 잘 섞일 때까지 섞는다. 반죽을 머핀 컵에 나누어 담는다.
4. 머핀이 노릇해지고 중앙에 이쑤시개를 꽂았을 때 묻어나는 반죽이 없을 때까지 20~25분간 굽는다(윗부분이 너무 갈색으로 변하기 시작

하면 포일로 덮어 준다). 머핀을 팬에서 꺼내 랙으로 옮겨 담고 완전히 식힌다. 남은 머핀은 뚜껑을 덮어 냉장고에 보관한다.

1회 제공량(머핀 1개): 226kcal, 지방 16g, 단백질 7g, 탄수화물 16g, 섬유질 3g

글레이즈드 그레인 프리 당근 케이크 머핀

진하고 알싸한 당근 케이크를 곡물과 정제 설탕을 뺀 머핀 형태로 만들어 먹으면 정말 맛있다. 코코넛 버터 글레이즈는 선택 사항이지만, 머핀이 케이크처럼 느껴질 정도로 풍성하게 만들어 주고 건강한 지방도 조금 더 추가해 준다.

준비 시간: 15분
굽기: 25분
조리 분량: 머핀 12개

고운 아몬드 가루 1.5컵
칡 가루 1/4컵
콜라겐 펩타이드 1/4컵
시나몬 가루 2작은술
생강 가루 1작은술
넛맥 가루 1/4작은술
베이킹 파우더 1/2작은술
베이킹 소다 1/4작은술

고운 소금 1/4작은술 + 한 꼬집

달걀 3개는 실온 보관

메이플 시럽 1/3컵 + 2큰술

엑스트라 버진 올리브 오일 3큰술

바닐라 추출물 1.25작은술

잘게 썬 중간 크기의 당근 2개(1컵)

다진 호두 또는 피칸 1/2컵

잘게 썬 무가당 코코넛 1/4컵(선택 사항)

코코넛 버터 1/4컵

1. 오븐을 180도로 예열한다. 12구 머핀 틀에 종이 머핀 컵을 깔아 준비한다.

2. 큰 볼에 아몬드 가루, 칡, 콜라겐, 계피, 생강, 넛맥, 베이킹 파우더, 베이킹 소다, 소금 1/4작은술을 넣고 섞어 준다. 별도의 중간 크기 볼에 달걀, 메이플 시럽 1/3컵, 올리브 오일, 바닐라 1작은술을 넣고 섞는다. 달걀 혼합물을 밀가루 혼합물에 넣고 잘 섞일 때까지 저어 준다. 호두와 코코넛을 넣고 바닥부터 잘 섞이게 한다.

3. 반죽을 머핀 컵에 나눠 담는다. 머핀이 노릇해지면 머핀 중앙에 이쑤시개를 꽂았을 때 묻어나는 게 없을 때까지 굽는다. 다 구워진 머핀을 랙으로 옮겨 담은 뒤 완전히 식힌다.

4. 작은 볼에 코코넛 버터와 소금 한 꼬집, 메이플 시럽 2큰술, 바닐라 1/4작은술을 넣고 빠르게 섞는다. 코코넛 버터가 뻑뻑하면 작은 냄비에 재료를 넣고 약한 불에서 잘 섞이고 부드러워질 때까지 볶는다. 머핀이 완전히 식으면 각 머핀 위에 글레이즈 1작은술을 숟가락으로 떠서 숟가락 뒷면으로 부드럽게 펴 바른 후 완성

한다. 남은 머핀은 냉장고에 보관한다.

1회 제공량(머핀 1개): 255kcal, 지방 18g, 단백질 7g, 탄수화물 17g, 섬유
질 3g

초콜릿 대추야자 할바 바이트

나는 참깨로 만든 중동식 사탕 할바를 좋아하지만, 그 안에 들어 있
는 엄청난 양의 설탕은 좋아하지 않는다. 타히니로 만든 이 바이트는
대추야자로 단맛을 내고 메이플 시럽을 살짝 첨가한 것이 특징이다.
견과류가 들어 있지 않아 어른이나 아이들이 식후에 달콤한 간식으로
즐기기에 좋다.

준비 시간: 20분

조리 분량: 약 22조각

씨를 제거한 말린 대추 1.5컵

타히니 1/2컵

무가당 카카오 파우더 1/2컵(48g)

메이플 시럽 1큰술

바닐라 추출물 1작은술

인스턴트 커피 1/2작은술(선택 사항)

고운 소금 1/4작은술

푸드 프로세서에 대추야자를 넣고 잘게 다져질 때까지 섞는다. 타

히니, 카카오 파우더, 메이플 시럽, 바닐라, 소금, 그리고 기호에 따라 커피를 추가한다. 부드러워질 때까지 1~2분간 블렌딩한다. 숟가락을 사용하여 22조각으로 나눈다. 각각을 동그랗게 굴려 공 모양으로 만든다. 바로 먹거나 뚜껑을 덮어 냉장 보관(최대 1주일)하거나 냉동 보관(최대 2개월)한다.

1회 제공량당(1조각): 80kcal, 지방 3g, 단백질 2g, 탄수화물 12g, 섬유질 2g

참고:

부드러운 대추야자를 사용하지 않으면 혼합물이 서로 달라붙지 않는다. 대추야자가 딱딱하게 굳어 있다면 뜨거운 물에 10~15분간 담가두자. 물기를 빼고 두드려 말린 후 계속 진행한다. 기호에 따라 구운 코코넛, 카카오닙스, 참깨, 다진 견과류를 추가해도 좋다.

초콜릿 코코넛 냉동 퍼지

초콜릿 퍼지인데 건강하기까지? 정제 설탕을 넣지 않고 코코넛 버터로 만들어 진한 맛이 나기 때문에 소량만 먹어도 매우 만족스럽다. 게다가 냉동실에 보관하기 때문에 상하기 전에 빨리 먹어야 하는 걱정도 줄어든다. 나는 미니 머핀 통에 넣어서 만드는 것을 좋아하지만, 베이킹 접시에 얼려서 작은 사각형으로 잘라 만드는 것도 방법이다.

준비 시간: 20분
냉동: 1시간

조리 분량: 약 20조각

무가당 코코넛 버터 1컵

코코넛 오일 2큰술

무가당 카카오 파우더 1/4컵(24g)

메이플 시럽 1/2컵

바닐라 추출물 1작은술

고운 소금 1/4작은술

굵은 소금(선택 사항)

1. 24구 미니 머핀틀에 종이 머핀컵을 깔거나 20cm 정사각형 베이킹 접시에 유산지 또는 왁스 칠한 종이를 깔아 준다.
2. 끓는 물이 담긴 큰 볼에 코코넛 버터와 코코넛 오일을 넣고 섞는다. 부드러워질 때까지 잘 섞어 준다.
3. 볼에 카카오, 메이플 시럽, 바닐라, 소금을 추가한 뒤 부드러워질 때까지 휘젓는다.
4. 혼합물을 머핀 컵에 나누어 담거나 베이킹 접시에 평평하게 펼친다. 원하는 경우 소금을 뿌려도 좋다. 단단해질 때까지 1시간 이상 얼린다. 바로 먹거나 냉동 백에 옮겨 냉동 보관한다(퍼지를 베이킹 접시에 만든 경우 얼린 다음 작게 잘라 냉동 백에 옮겨 보관할 수 있다).

참고:

퍼지는 냉동 보관했다가 바로 꺼내서 먹어야 한다. 실온에서는 금방 녹기 시작한다.

1회 제공량당(1개): 110kcal, 단백질 1g, 지방 9g, 탄수화물 9g, 섬유질 2g

그레인 프리 그래놀라

시판 그래놀라는 건강에 좋아 보이지만 설탕이 많이 들어 있거나 저품질 기름으로 만든 경우가 많으니 먹을 때 주의가 필요하다. 다행히도 직접 그래놀라를 만드는 방법은 매우 간단하며 재료도 취향대로 조절할 수 있다. 이 레시피를 기본 레시피로 생각하고 취향에 맞게 향신료와 견과류 및 씨앗의 배합을 바꾸어 보자. 예쁜 병에 담긴 홈메이드 그래놀라는 선물용으로도 아주 좋다.

준비 시간: 10분

조리 시간: 45분

조리 분량: 4컵 정도

생 호두 또는 피칸 3/4컵

생 호박씨 1/2컵

생 캐슈너트 1/2컵

생 슬라이스 아몬드 3/4컵

무가당 잘게 썬 코코넛 1/2컵

햄프씨드 1/4컵

엑스트라 버진 올리브 오일 1/4컵

메이플 시럽 1/3컵

바닐라 엑스트랙트 1작은술

시나몬 2작은술

생강 가루 1/2작은술

고운 소금 1/2작은술

1. 오븐을 150도로 예열한다.
2. 호두, 호박씨, 캐슈너트를 굵게 다진다. 큰 볼로 옮겨 아몬드, 코코넛, 햄프씨드를 추가해 섞는다.
3. 올리브 오일, 메이플 시럽, 바닐라, 시나몬, 생강, 소금을 넣고 모든 재료가 잘 섞일 때까지 잘 버무린다. 테두리가 있는 큰 베이킹 시트에 평평하게 펼친다.
4. 15분간 굽는다. 다시 골고루 펴준 후 향이 나고 노릇하게 구워질 때까지 20~30분 더 굽는다. 10분마다 저어 준다(그래놀라가 식으면서 바삭해질 것이다). 큰 볼에 옮겨 식힌다. 내용물을 식히면서 몇 번 더 저어 준다. 밀폐 용기에 담아 실온에서 최대 1주일, 냉장고에서 최대 2주, 냉동실에서 최대 3개월까지 보관할 수 있다.

1회 제공량(1/4컵): 203kcal, 단백질 5g, 지방 17g, 탄수화물 10g, 섬유질 2g

소시지로 속을 채운 버섯

이 요리는 내가 개인적으로 가장 좋아하는 애피타이저다. 집에서도 먹고 싶을 때마다 먹을 수 있는 방법은 없을까 늘 고민했다. 포만감을 주고 단백질이 풍부하며 한 번에 많은 양을 만들 수 있는 요리다. 냉장고에 보관했다가 간단한 반찬이 필요할 때 토스터 오븐에 몇 개만 넣어 데워 먹어 보자.

준비 시간: 25분

조리 시간: 30분

조리 분량: 20조각

꼭지를 제거한 양송이버섯 20개

엑스트라 버진 올리브 오일 3큰술

고운 소금과 간 후추

달콤하거나 매운 이탈리안 소시지 450g은 껍질을 제거해 준비

파 4대는 다져서 준비(약 1/3컵)

다진 마늘 3쪽(1큰술)

파마산 치즈 가루 4큰술

고운 아몬드 가루 1/4컵(26g)

다진 생 파슬리 1큰술

올리브 오일 쿠킹 스프레이

1. 오븐을 180도로 예열한다. 테두리가 있는 큰 베이킹 시트에 유산지를 깔아 준다.

2. 버섯은 속이 빈 면이 위로 향하도록 베이킹 시트에 깔아 둔다. 버섯에 올리브 오일을 바르고 소금과 후추로 간을 맞춘다.

3. 큰 프라이팬에 남은 오일 1큰술을 두르고 중간 불에 올린다. 소시지를 넣고 8~10분간 나무 숟가락으로 저어 가며 부수면서 익힌다. 완전히 익어 옅은 갈색이 될 때까지 볶아 준다. 대파와 마늘을 추가하고 약 2분간 저어 가며 파 향이 올라올 때까지 익힌다. 파마산, 아몬드 가루, 파슬리 3큰술을 넣고 입맛에 따라 소금과 후추로 간을 맞춘다.

4. 버섯 위에 볶은 소시지로 속을 채운다. 버섯이 완전히 익고 속이 뜨거워질 때까지 10~12분간 굽는다. 남은 파마산 1큰술을 각 버섯 위에 뿌리고 쿠킹 스프레이를 뿌린 후 치즈가 노릇해질 때까지 3분 더 구워 준다.

1회 제공량(2조각): 143kcal, 단백질 11g, 지방 10g, 탄수화물 3g, 섬유질 1g

참고:

중간 크기의 버섯이 가장 좋다. 작은 버섯은 속을 채우기 어렵다. 만약 작은 버섯만 있다면 5~10개를 추가로 더 준비하여 속을 채운다.

프로슈토로 감싼 아스파라거스

간단하고 맛있게 한입에 먹을 수 있는 이 요리를 하려면 너무 얇거나 두껍지 않은 아스파라거스를 구입해야 한다. 아스파라거스가 너무 가늘고 약하면 프로슈토가 바삭해지는 동안 너무 많이 익어 버리고 너무 두꺼우면 그 시간 동안 충분히 익지 않을 것이다. 중간 정도 굵기의 아스파라거스가 딱 알맞다. 프로슈토는 특히 구웠을 때 충분히 짠 맛이 나기 때문에 소금을 넣을 필요가 없다.

준비 시간: 10분
조리 시간: 12분
조리 분량: 12조각

프로슈토 슬라이스 6조각

중간 두께 아스파라거스 12개

엑스트라 버진 올리브 오일 1큰술

간 후추

레몬즙 1작은술*(선택 사항)*

파마산 치즈*(선택 사항)*

1. 오븐은 200도로 예열한다. 큰 베이킹 시트에 유산지를 깔아준다.
2. 프로슈토를 세로로 반으로 자른다. 가지가 많은 아스파라거스 끝 부분을 꺾거나 잘라 낸다. 베이킹 시트에 놓고 올리브 오일을 뿌린다. 아스파라거스 깃털 부분 바로 아래부터 시작하여 프로슈토를 한 조각씩 감싸 준다. 베이킹 시트에 다시 올린다. 후추로 가볍게 간한다.
3. 아스파라거스가 부드러워지고 프로슈토가 바삭해질 때까지 10~12분간 굽는다. 레몬즙을 뿌리고 원하는 경우 파마산에 살짝 담가서 식탁 위에 올린다.

참고:

아스파라거스는 오븐에서 바로 꺼내 뜨겁고 바삭할 때 먹는 것이 가장 좋다. 미리 준비해 둘 수는 있지만 구워 놓을 수는 없다. 뚜껑을 덮어 최대 2일간 냉장 보관할 수 있다. 필요에 따라 오븐이나 토스터 오븐에서 조리한다.

1회 제공량*(아스파라거스 2대)*: 96kcal, 단백질 9g, 지방 7g, 탄수화물 1g, 섬유질 1g

허브 마요네즈를 곁들인 에어프라이어 히카마 감자튀김

간헐적 단식을 하면서 감자튀김은 먹을 수 없을 것이라 생각했다면 이 메뉴가 딱이다. 감자 대신 멕시코에서 자생하는 영양이 풍부한 덩이줄기인 히카마(히크아마라고 발음함)로 만든 감자튀김이다. 히카마에는 장내 유익균의 먹이가 되는 프리바이오틱 식이 섬유가 풍부하게 함유되어 있어 건강 증진에 도움이 된다. 아삭아삭하고 약간 단맛이 나며 과카몰리나 다른 디핑 소스에 찍어 먹어도 맛있다.

준비 시간: 25분
조리 시간: 40분
조리 분량: 4인분

허브 마요네즈:

엑스트라 버진 올리브 오일 1큰술
다진 마늘 1쪽(1작은술)
아보카도 오일 마요네즈 1/2컵
레몬 제스트 1작은술
레몬즙 1큰술
다진 생 파슬리 3큰술
다진 생 딜 2큰술
고운 소금과 간 후추

히카마 튀김:

고운 소금
껍질을 벗긴 히카마 560g은 0.6cm 두께로 잘라서 준비

아보카도 오일 1큰술

마늘 가루 1/2작은술

칠리 파우더 1/4작은술(선택 사항)

간 후추

올리브 오일 쿠킹 스프레이

1. 허브 마요네즈 만들기: 달구지 않은 작은 프라이팬에 올리브 오일과 마늘을 넣고 섞는다. 혼합물이 지글지글 끓기 시작할 때까지 약불로 볶는다. 30초간 끓인 후 중간 크기의 볼에 옮겨 담아 식힌다. 마요네즈, 레몬 제스트와 주스, 파슬리, 딜을 볼에 넣고 잘 섞어 준다(또는 작은 푸드 프로세서로 재료들이 부드러워질 때까지 블렌딩한다). 맛을 보고 소금과 후추로 간을 맞춘다(약 2/3컵이 된다).

2. 감자튀김 만들기: 냄비에 소금물을 넣고 끓인다. 히카마를 넣고 10분간 끓인다. 물기를 빼고 히카마를 두드려 완전히 말린다.

3. 에어프라이어를 200도로 예열한다.

4. 히카마에 아보카도 오일, 마늘 가루, 칠리 가루를 넣고 버무린다. 후추로 간한다. 에어프라이어에 쿠킹 스프레이를 뿌린다. 감자튀김을 겹치지 않게 펼친다(에어프라이어에 한 번에 너무 많은 양을 넣어 조리하지 말고 필요한 경우 여러 번 나누어 조리한다). 중간에 바구니를 흔들면서 감자튀김이 노릇노릇하고 바삭해질 때까지 18~20분간 에어프라이어에 굽는다. 감자튀김을 허브 마요네즈와 함께 완성 접시에 담는다.

1회 제공량당(감자튀김의 1/4에 마요네즈 2큰술): 318kcal, 단백질 1g, 지방 31g, 탄수화물 13g, 섬유질 7g

참고:

마요네즈는 최대 하루 전에 만들어서 냉장 보관할 수 있다. 남은 마요네즈가 있다면 참치 통조림이나 연어 통조림에 섞어 사용해 보자. 감자튀김을 여러 번에 나누어 만드는 경우, 첫 번째 감자튀김은 오븐에서 따뜻하게 유지한다. 오븐을 200도로 예열하고 베이킹 시트에 쿠킹 스프레이를 뿌린 와이어 랙을 깔아 준다. 남은 감자튀김을 조리하는 동안 조리된 감자튀김을 오븐의 선반에 놓는다.

로메스코 딥

이 감미롭고 톡 쏘는 딥 소스는 구운 고추와 아몬드로 만든 스페인 소스를 내가 새롭게 응용해 만든 것이다. 바로 만들어 먹어도 맛있지만 하루 정도 숙성시키면 더 맛있기 때문에 시간이 있다면 미리 만들어 두길 추천한다. 채소와 함께 찍어 먹거나 그레인 프리 크래커에 발라 먹어도 좋다. 햄버거, 구운 닭고기, 생선 조각에 발라 먹어도 맛있다.

준비 시간: 15분
조리 시간: 2분
조리 분량: 1.25컵

엑스트라 버진 올리브 오일 2큰술
다진 마늘 3쪽(1큰술)
물기를 제거한 시판 구운 고추 1컵
크리미 무가당 아몬드 버터 1/3컵
다진 생 이탈리안 파슬리 1큰술

레드 와인 식초 2작은술

매운 파프리카 1/2작은술

카이엔 1꼬집

생 꿀 1/4작은술

고운 소금과 간 후추

1. 가열하지 않은 작은 프라이팬에 올리브 오일과 마늘을 넣고 약한 불에서 볶아 준다. 혼합물이 지글지글 끓기 시작할 때까지 조리한다. 재료가 어느 정도 익으면 작은 볼에 옮겨 식힌다.
2. 푸드 프로세서에 구운 고추, 아몬드 버터, 파슬리, 식초, 파프리카, 카이엔(사용 시), 꿀을 넣고 섞는다. 식힌 마늘 혼합물을 추가한다. 부드러워질 때까지 블렌딩하면서 볼의 측면과 바닥까지 골고루 긁어내 섞는다. 소금과 후추로 맛을 보고 간을 맞춘다.
3. 바로 먹거나 뚜껑을 덮고 냉장 보관한 뒤 먹는다.

1회 제공량(2큰술): 84kcal, 단백질 2g, 지방 7g, 탄수화물 5g, 섬유질 1g

감사의 말

5년 전 임상 의학계를 떠나면서 간헐적 단식과 여성 건강에 나의 경험과 전문 지식을 헌신하기로 결심했다. 그때까지만 해도 언젠가 이 중요한 주제로 책을 쓰게 되리라곤 상상도 못 했다. 하지만 이 책을 집필하는 동안 전 세계적인 팬데믹과 사회적 거리두기, 그리고 두 자녀가 집에서 온라인 수업을 듣는 상황 속에서 놀랍고도 겸허한 경험을 하게 되었다. 그 과정에서 한 권의 책을 만드는 일은 많은 사람이 크고 다양하게 중요한 역할을 하는 협업의 과정이라는 것을 깨달았다. 나를 지지해 주고, 가르쳐 주고, 이 꿈과 프로젝트가 결실을 볼 수 있도록 도와준 많은 분께 감사의 마음을 전한다.

먼저 나를 문학 에이전트 파크 파인 소속 안나 펫코비치와 연결해 준 크리스 윈필드에게 감사하다. 나를 믿어 주고 이 책의 기본적인 청사진을 만드는 과정을 안내해 주며 필요할 때 의견을 들어 주고, 이 책을 많은 사람에게 소개할 수 있는 완벽한 출판사를 찾는 데 도움을 준 안나에게 감사를 전한다. 펭귄 랜덤 하우스의 문학 팀, 루시아 왓슨과 수지 슈왈츠에게도 감사를 전한다. 맡은 일에 놀라울 정도로 뛰어나고 통찰력이 있는 이들이다. 그들을 만난 후 내가 업계에서 가장 뛰어난 편집 팀과 함께 일하게 되었다는 걸 알게 됐다. 모든 과정 동안 나를 도와주고 아낌 없이 지원해 준 것에 감사를 표한다!

JJ 버진, 당신의 통찰력, 사업적 감각, 그리고 영감 덕분에 나는 더 큰 성취를 이루게 되었고, 더 높이 올라갈 수 있었다. JJ 버진과 칼 크룸 메나커와 함께한 마인드쉐어 마스터마인드 커뮤니티 전체에게… 나에게 보내준 사랑, 아낌없는 격려와 지원에 감사하다. 정말로 가장 마음이 따뜻한 기업가들이다.

제이미 팔로톨로, 나의 마음가짐 전문가이자 친구, 아직 나 자신도 모르던 나의 잠재력을 발견해 주고 모든 사랑과 지지를 보내 준 것에 감사하다. 테리 코크랜, 당신의 지도력, 우정, 그리고 역동적인 잠재력은 그야말로 무한하다. 우연히 일어나는 일은 없다는 걸 다시 기억하며, 내 인생에 당신이 있어 정말 기쁘다. 터커 스타인, 당신의 열정, 긍정적인 마음, 그리고 끊임없는 전문적인 이야기들에 감사하다. 한 번의 대화가 정말 인생을 바꿀 수 있는 것 같다. 나의 비전에 대한 투자와 신선한 눈빛으로 이 모든 것을 지켜보는 데 전념해 주어서 고맙다. 토니 왓리, 특히 2019년에 작게 놀지 말라며 밀어붙여 줘서 감사하다.

카르페 디엠! www.cynthiathurlow.com 소속 팀과 IF:45 코치들에게 감사하다. 열심히 일하고, 전문적이며, 헌신적이고, 정말 특별한 사람들이다. 베스 리프턴은 분명 이 나라 최고의 요리사 중 한 명으로, 영양이 풍부한 음식뿐만 아니라 믿을 수 없을 정도로 맛있는 요리와 레시피를 개발하는 뛰어난 능력을 갖췄다. 베스, 너는 요리계의 록 스타야! 매기 그린우드-로빈슨에게 또한 감사의 마음을 전한다. 정말로 내가 글로 전달하고 싶은 것을 이해하고, 놀라운 흐름으로 자료를 구성하여 이루게 도와주었다. 그리고 그것을 아주 타이트한 마감 시간 내에 해냈다. 동시에 글쓰기의 속도와 스트레스에 휘말리지 않고 큰 그림에 집중하도록 나를 격려해 주었다. 내가 차분하고 냉정하게, 그리고 올바른 길에 있도록 도와줘서 고맙다.

부모님께도 감사를 전한다. 고집 센 성격과 배움에 대한 사랑을 심어 주셔서 감사하다. 오빠에게도 고마운 마음이 크다. 항상 스스로 웃어넘길 수 있게 도와주고 인생을 너무 진지하게 보지 않도록 힘이 되어 주어 고맙다. 친척과 친한 친구들에게도 감사를 전한다. 이 경험을 함께 나누게 해 주고, 사랑과 지지를 보내 줘서 고맙다. 이분들 없이 지금의 나는 없었을 것이다. 그리고 나에게 단식과 대사 건강을 추구하고 받아들일 수 있는 영감을 준 동료들에게 감사의 마음을 전한다. 닥터 제이슨 펑, 닥터 가브리엘 라이언, 닥터 벤 비크만, 닥터 피터 아티아, 닥터 켄 베리, 닥터 데이비드 조커스, 닥터 브라이언 렌즈케스, 닥터 다니엘 폼파, 닥터 트로 칼라이지안, 닥터 케이트 샤나핸, 닥터 민디 펠츠, 데이브 애스프리, 시임 랜드, 벤 아자디, 롭 울프, 지미 무어, 마티 켄달, 숀 웰스, 멜라니 아발론, 진 스티븐스, 메간 라모스, 마리아 에메릭 그리고 여성 호르몬 건강 전문가 닥터 사라 곳프리드, 닥터 안나 카베카, 닥터 캐리 존스, 닥터 리사 모스코니, 닥터 제이미 시먼 등 많은 분께 감사하다. 여러분은 내가 지식 기반을 키우고 많은 사람에게 영향을 미칠 수 있게 도와주었다!

마지막으로 내 맹장에게 감사를 전한다. 맹장이 터질 때까지는 그 가치를 깨닫지 못했지만, 13일 동안의 병원 입원이 이후 나의 모든 삶을 바꿔 놓았다. 두 번째 TEDx 강연을 하고 싶다는 열망과 소명을 느낀 뒤 나의 인생 2막이 시작되었고, 지금껏 힘차게 그 여정을 이어 오고 있다. 이 책을 읽어 준 독자 분들에게도 무한한 감사와 사랑을 전한다.

절제 식단

저속 노화와 여성 건강을 위한 45일 간헐적 단식

초판 발행일   2024년 11월 18일
펴낸곳   현익출판
발행인   현호영
지은이   신시아 서로우
옮긴이   이솔
편 집   송희영, 황현아
디자인   강지연
주 소   서울특별시 마포구 월드컵북로58길 10, 더팬빌딩 9층
팩 스   070.8224.4322

ISBN   979-11-93217-76-4

Intermittent Fasting Transformation
: The 45-Day Program for Women to Lose Stubborn Weight, Improve Hormonal Health, and Slow Aging
by Cynthia Thurlow

All rights reserved including the right of reproduction in whole or in part in any form.
This edition published by arrangement with Avery, an imprint of Penguin Publishing Group, a division of Penguin Random House LLC.

이 책의 한국어판 저작권은 알렉스리 에이전시 **ALA**를 통해
Avery, an imprint of Penguin Random House LLC와 독점 계약한 골드스미스가 소유합니다.
저작권법에 의하여 한국 내에서 보호를 받는 저작물이므로 무단 전재 및 복제를 금합니다.

- 현익출판은 골드스미스의 일반 단행본 출판 브랜드입니다.
- 잘못 만든 책은 구입하신 서점에서 바꿔 드립니다.

> 좋은 아이디어와 제안이 있으시면 출판을 통해 가치를 나누시길 바랍니다.
> 투고 및 제안: uxreviewkorea@gmail.com